高 等 学 校 规 划 教 材

热工基础

REGONG JICHU

周 艳 李 超 隋春杰 编著

化学工业出版社

·北京·

内 容 简 介

《热工基础》是为本科机械类及近机类专业学生编写的教材，分工程热力学和传热学两篇。工程热力学部分将理想气体的性质及其相关热力过程合成一章，气体动力循环、水蒸气和蒸汽动力循环以及制冷循环等几章紧接在热力学第一、第二定律之后，以便学生加深对基本定律的理解，更好地掌握与运用基本定律；传热学部分在阐述三种基本传热方式的基础上，讲解了传热过程分析和换热器的计算，这部分内容对学生解决实际工程中的传热问题很有帮助。

为了帮助学生复习以及培养学生独立思考和解决问题的能力，每章附有例题、思考题和习题，这些题的针对性、启发性与工程性较强，并与正文内容配合较好。在工程热力学部分附加了重点难点内容的在线资源，学生可以通过扫描二维码实现课下自学与复习。

《热工基础》可作为机械类及近机类专业本科生的教材，也可供相关专业人员参考。

图书在版编目（CIP）数据

热工基础/周艳，李超，隋春杰编著 . —北京：
化学工业出版社，2022.4（2024.5重印）
高等学校规划教材
ISBN 978-7-122-40801-3

Ⅰ.①热⋯ Ⅱ.①周⋯ ②李⋯ ③隋⋯ Ⅲ.①热工学-
高等学校-教材 Ⅳ.①TK122

中国版本图书馆 CIP 数据核字（2022）第 027722 号

责任编辑：刘俊之 装帧设计：韩 飞
责任校对：宋 夏

出版发行：化学工业出版社（北京市东城区青年湖南街 13 号 邮政编码 100011）
印 装：北京天宇星印刷厂
787mm×1092mm 1/16 印张15¼ 字数373千字 2024 年 5 月北京第 1 版第 2 次印刷

购书咨询：010-64518888 售后服务：010-64518899
网 址：http://www.cip.com.cn
凡购买本书，如有缺损质量问题，本社销售中心负责调换。

定 价：**39.80 元** 版权所有 违者必究

前言
PREFACE

本书是参照教育部机械类及近机类本科专业的教学大纲，在多年教学实践的基础上编写而成的，编写过程中参考了国内已有的热工基础、热工学、工程热力学及传热学教材和国内外的有关文献。

在体系编排方面，本书将工程热力学内容中理想气体的性质及其相关热力过程合成一章，气体动力循环、水蒸气和蒸汽动力循环以及制冷循环等几章紧接在热力学第一、第二定律之后，以便加深学生对基本定律的理解，能更好地掌握与运用基本定律；传热学内容方面，在阐述三种基本传热方式的基础上，讲解了传热过程分析和换热器的计算，这部分内容对学生解决实际工程中的传热问题很有帮助。

在内容方面，本书力图对基本概念及基本理论进行严密而深入的论述，突出工程观点，注重结合生产生活的实际问题，重点对基本理论的应用进行深入分析，使理论密切联系实际，注重培养学生运用热力学理论解决工程问题的能力。

为了帮助学生复习以及培养学生独立思考和解决问题的能力，每章附有例题、思考题和习题，这些题的针对性、启发性与工程性较强，并与正文内容配合较好。全书采用我国法定计量单位。本书工程热力学部分对重点、难点内容附上在线资源，学生可以通过扫描二维码实现课下自学与复习。

参加本书编写工作的有周艳（第1章至第7章，附录）、李超（第8章至第12章）、隋春杰（绪论，习题及思考题校对）。全书由周艳统稿。

本书在编写过程中得到了苗展丽、陈海龙、刘云霞的帮助。

鉴于编著者水平有限，难免有疏漏与不妥之处，请读者指正。

编著者

2021年10月

目录
CONTENTS

工程热力学篇

[0] 绪 论

0.1 热能和热能利用

能源是自然界中能为人类提供某种形式能量的物质资源，呈多种形式。亘古至今，能源作为人类社会生产与生活中不可缺少的动力，其开发利用成为衡量社会物质文明的重要标志，其过程亦不是一成不变的。随着社会生产力的不断发展，人类对能源的利用深度和广度在不断发展和扩大。人类利用能源经历了柴草时期、煤炭时期、石油时期，并发展至现在的多元化能源利用时期。随着社会突飞猛进的发展，能源需求量也迅猛增加。世界上的常规能源——煤、油资源告急并逐渐枯竭。另外，能源的开发利用也造成了自然环境的破坏和污染，能源问题成为世界性的危机和挑战。人类开始深入地研究能源问题和能源开发，以实现第三次能源变革——由以石油为主要能源逐步向多元化能源结构过渡，开始了对核能、太阳能、海洋能、生物质能等的研究与开发利用，并从社会、经济、环境等多角度全方位研究，增强能源利用的可持续性。能源的多元化利用尚处于起步阶段，今后将有更多的新能源被人类所认识、开发和利用。

在所有的能源形式中，热能是最易得且使用最方便的形式之一，是人类最早利用的能源形式。热现象也是人类最早接触的自然现象之一。热能的利用通常有两种基本形式：一种是直接利用，即直接用热能加热物体，为生产工艺和生活服务，如在冶金、化工等工业和生活中的各类应用；另一种是间接利用，如将热能转化为机械能或电能，以机械能或者电能的形式为人类社会的各方面提供动力。所以，热能利用的实质是能量的转换和热量的传递。这两种热能利用方式在人类生产生活中都非常重要，均需要通过一定热工设备或过程才能实现。能量的转换和热量的传递不仅在热能动力装置中普遍存在，也是自然界和生产技术中非常普遍的现象。

了解能量转换规律及热量传递的相关原理对提高能源利用效率、实现能源可持续利用具有非常重要的指导意义。《中华人民共和国国民经济和社会发展第十四个五年规划和 2035 年远景目标纲要》正式公布了碳达峰、碳中和路线图，我国提出要把碳达峰、碳中和纳入生态文明建设整体布局，拿出抓铁有痕的劲头，如期实现 2030 年前碳达峰、2060 年前碳中和的目标，这对我国未来发展具有重要的意义。实现碳达峰、碳中和，是一项复杂艰巨的系统工程，研究热能利用规律、提高利用效率是减少碳排放的有效途径之一。

0.2 热工理论发展简史

人类对于热能的利用和认识经历了漫长的岁月，早期人们对热现象的认识未形成系统的理论体系,直到近 300 年,人类对于热的认识才逐步形成了一门学科,特别是热力学四大定律的发现,为人类合理科学利用热能提供了理论基础。

热力学四大定律简述如下。

热力学第零定律——如果两个热力学系统中的每一个都与第三个热力学系统处于热平衡(温度相同),则它们彼此也必定处于热平衡。

热力学第一定律——能量守恒与转换定律在热现象中的应用。

热力学第二定律——热能向高级能转换过程是有条件、有方向、有限度的。

热力学第三定律——绝对零度不可能达到,但可以无限趋近。

法国物理学家卡诺(Nicolas Léonard Sadi Carnot,1796—1832)从理论的高度对热机的工作原理进行研究,1824 年他在其著作中指出:热机必须工作于两个热源之间,才能将高温热源的热量不断地转化为有用的机械功。卡诺运用理想模型的研究方法,构思卡诺可逆热机(卡诺热机),指明了循环工作热机的效率有一极限值,而按可逆卡诺循环工作的热机所产生的效率最高。卡诺提出了作为热力学重要理论基础的卡诺循环和卡诺定理。

德国物理学家、医生迈耶(Julius Robert Mayer,1814—1878)发表论文,表述了物理、化学过程中各种力(能)转化和守恒的思想。迈耶是历史上第一个提出能量守恒定律并计算出热功当量的人,但在当时未受到足够重视。1843 年英国杰出的物理学家焦耳(James Prescott Joule,1818—1889)强调自然界的能是等量转换、不会消失的,哪里消耗了机械能或电磁能,总在某些地方得到相当的热。焦耳先后用不同的方法做了400 多次实验,并得出如下结论:热功当量是一个普适常量,与作功方式无关。这为能量守恒与转换定律提供了毋庸置疑的证据。1847 年,德国物理学家亥姆霍兹(Hermannvon Helmholtz,1821—1894)从理论上把力学中的能量守恒原理推广到热、光、电、磁、化学反应等过程,揭示其运动形式之间的统一性,它们不仅可以相互转化,而且在量上还有一种确定的关系。能量守恒与转换使物理学达到空前的综合与统一。将能量守恒定律应用到热力学上,就是热力学第一定律。

热力学第二定律是在能量守恒定律建立之后,在探讨热力学的宏观过程中得出的一个重要的结论。1850 年,德国物理学家克劳修斯(Rudolph Julius Emmanuel Clausius,1822—1888)从热量传递的方向性角度提出了热力学第二定律:热量不可能自发地、不花任何代价地从低温物体传向高温物体。他还首先提出了熵的概念。1851 年,英国物理学家开尔文(Lord Kelvin,1824—1907)从热功转换的角度提出了热力学第二定律:不可能从单一热源取热,使之完全变为有用功而不产生其他影响;或不可能用无生命的机器把物质的任何部分冷至比周围最低温度还低,从而获得机械功。

1877 年,奥地利物理学家玻尔兹曼(Ludwig Edward Boltzmann,1844—1906)发现了宏观熵与体系热力学概率的关系。1906 年,德国物理化学家能斯特(Walther Hermann Nernst,1864—1941)根据对低温现象的研究,得出了热力学第三定律,人们称之为能斯特热定理,有效地解决了平衡常数计算问题和许多工业生产难题。德国物理学家普朗克(Max Karl Ernst Ludwig Planck,1858—1947)利用统计理论指出:各种物质的完美晶体在绝对零度时熵为零。1911 年普朗克提出了对热力学第三定律的表述:与任何等温可逆过程相联系的熵变,随着温度趋近于零而趋近于零。

通常将热力学第一定律及第二定律作为热力学的基本定律,但有时增加能斯特热定理当作第三定律,又有时将温度存在定律当作第零定律。

人们在探讨提高热机功率及效率和更有效利用热能的过程中发现,迫切需要对热量传递的基本规律进行深入研究以便更有效地利用热能。这样就导致了传热学的诞生和发展。

1822 年傅里叶（J. Fourier，1768—1830）根据实验结果总结出物体的导热规律，进而结合能量守恒定律推出的导热微分方程，成为求解大多数工程导热问题的出发点。对流传热现象是很普遍的现象，1823 年纳维（M. Navier 1785—1836）提出的流动方程可适用于不可压缩性流体。1845 年此方程经斯托克斯（G. G. Stokes，1819—1903）改进为纳维-斯托克斯方程，完成了建立流体流动基本方程的任务。但该方程较复杂，只有少数简单流动方程才能进行求解。直到 1880 年雷诺（O. Reynolds，1842—1912）提出了雷诺数之后才开始有所改观。努塞尔（Nusselt，1882—1957）在 1910 年和 1916 年提出的管内换热的理论解及凝结换热理论解对对流传热研究作出了重大贡献。他对强制对流和自然对流的基本微分方程及边界条件进行量纲分析获得了有关无量纲数之间的原则关系，开辟了在无量纲数原则关系正确指导下，通过实验研究求解对流换热问题的一种基本方法，有力地促进了对流换热研究的发展。普朗特（L. Prandtl，1875—1953）于 1904 年提出的边界层概念，简化了微分方程，有力推进了对流传热微分方程理论求解的发展。1929 年的普朗特比拟、1939 年的卡门（Th. Von. Karman，1881—1963）比拟开始了湍流计算模型的发展历程，有力地推动了理论求解向纵深发展。在热辐射的研究中，19 世纪末斯蒂芬（J. Stefan，1835—1893）根据实验确立了黑体辐射力正比于它的绝对温度四次方的规律，后来在理论上被玻尔兹曼所证实。这个规律被称为斯蒂芬-玻尔兹曼定律。1900 年普朗克（M. Planck，1858—1947）总结了维恩（W. Wien，1864—1928）、瑞利（L. Rayleigh，1842—1919）等人对辐射的研究成果，得出在整个光谱与实际情况完全符合的光谱能量分布公式——普朗克公式，正确地揭示了黑体辐射能量光谱分布的规律，奠定了热辐射理论的基础。

0.3 热工理论的研究对象和方法

由于能源对人类文明进步的意义，研究能源利用的方式和提高能源利用的效果是当今世界的重要课题。热工理论就是研究能量转换（特别是热能转换成机械能）以及热量传递的规律的科学，是动力和能源工程、航空航天工程、化学工程及机械工程等专业重要的技术基础课。现代能源环境、航空航天微电子、信息工程、生物医学工程、军事等领域内的许多进展都直接或间接建立在热工学科研究进展的基础之上。可以预见，今后热工理论的研究仍将在高新科技发展中占有重要地位。因此，热工类课程是高等院校工程类专业的重要基础课程，是上述各类专业学生提高知识层次和自身科技素质的重要课程。

热工基础理论包括工程热力学和传热学两部分。工程热力学主要是研究热能与机械能相互转换的规律及其在热能动力工程中的应用；传热学主要研究热量传递的规律及其工程应用。热工理论为研究热力设备的工作情况及提高转换效率提供必需的理论基础。

热力学是一门研究物质能量、能量传递和转换以及能量与物质性质之间普遍关系的科学。工程热力学是热力学的工程分支，它从工程应用的角度研究热能和机械能之间相互转换的规律，并以提高能量的有效利用率为目的。掌握工程热力学的基本原理，必将为能源、动力、机械、航空航天、化工、生物工程及环境工程等领域的深入研究打下坚实的基础。

工程热力学所涉及的领域很多，包括动力的产生——发动机、电厂等；也涉及一些驱动系统，如航行器、火箭等；同时也对可再生能源（如燃料电池、太阳能加热系统、地热系统、风能、海洋能等）利用中所涉及的能量转换过程进行研究；并且涉及流体压缩和运动如风机、泵压缩机等，以及供热通风与空调工程如制冷系统、热泵等；热力学也在低温工程，如气体分离及液化和生物医学应用等方面展现出其生命力。

工程热力学的研究方法主要有宏观方法（经典热力学方法）及微观方法（统计热力学方法）。宏观研究方法的特点是以热力学第一定律、热力学第二定律等为基础，针对具体问题采用抽象、概括、理想化和简化的方法，抽出共性，突出本质，建立分析模型，推导出一系列有用的公式，得到若干重要的可靠结论。微观研究方法从物质是由大量分子和原子等粒子所组成的事实出发，将宏观性质作为在一定宏观条件下大量分子和原子的相应微观量的统计平均值，利用量子力学和统计方法，将大量粒子在一定宏观条件下一切可能的微观运动状态予以统计平均，来阐明物质的宏观特性，导出热力学基本规律，因而能阐明热现象的本质。

在工程热力学的学习过程中，首先要研究热能转化为机械能的规律、方法以及怎样提高转化效率和热能利用的经济性；其次是在深刻理解基本概念的基础上运用抽象、简化的方法抽出各种具体问题的本质，应用热力学基本定理和基本方法进行分析研究；最后是必须重视思考题、习题等，增强分析问题和解决问题的能力。

工程热力学第二定律指出：凡是有温差存在的地方，就有热能自发地从高温物体向低温物体传递（传递过程中的热能常称为热量）。自然界和工程中普遍存在温差，所以传热是日常生活和工程中一种非常普遍的物理现象。热量传递有热传导、热对流和热辐射三种基本方式。热量传递规律就是以这三种传热方式为基础展开研究的。工程上常遇到的传热问题主要有两类。第一类以求出局部或者平均传热速率为目的。第二类以求得研究对象内部温度分布为目的，以便进行某些现象的判断、温度控制和其他热力学计算。随着现代高新技术的发展，出现了一系列问题，如电子技术中为解决超大规模集成电路的冷却而引起的微尺度的传热问题，航天领域中为航天器载人飞船热控制而产生的微重力、零重力条件下的传热问题，生物医学领域中的生物活体组织的传热问题等。传热学与其他学科领域的关系愈来愈密切，并且不断深入这些学科领域内形成新的边缘学科、交叉学科，使传热理论在许多高科技领域都发挥着极其重要的作用。

一切热能利用过程都离不开传热。工程热力学将热机的工作过程概括为：工质从高温热源吸取热量，将其中一部分转变为机械能，其余部分传给低温热源。这说明，在热机的工作过程中自始至终都伴随着热量的传递。热力学第二定律指出，热量传递是一种典型的不可逆过程，随着热量从高温热源传向低温热源，热量中的可用部分（转换为机械能的部分）逐渐减少。这意味着热量从高温热源传向低温热源的过程中逐渐贬值，并且所经历的温差越大，热量可用部分的损失也越大。所以，热机的热效率和传热过程密切相关。热量怎样从高温热源传向低温热源，如何通过控制和优化传热过程将可用能量的损失减少到最低，都属于传热学的研究内容。

以燃气轮机燃烧室为例展开介绍热工基础理论在实际问题分析过程中的应用。为发展我国高效清洁能源利用方式、建设强大国防力量，我国已全面启动实施航空发动机和燃气轮机重大专项，推动大型客机发动机、先进直升机发动机、重型燃气轮机等产品研制，建立航空发动机和燃气轮机自主创新的技术研发和产业体系。航空发动机和燃气轮机产业在全球制造业中占有举足轻重的地位。各类航空发动机产品需求旺盛，而燃气轮机则被广泛应用于电力、船舶、制造业等众多领域，两机专项的实施也将极大提升国家制造业的水平。燃烧室是航空发动机和燃气轮机核心部件之一，实现燃料化学能向工质热能的转化，从工程热力学角度研究，化学能转化为热能可等效为工质吸热过程，属于定压吸热，应遵循热力学第一定律，对其开展热力学分析将建立吸热量与工质所包含能量的数量关系，从而进一步开展整机的能量分析；从传热学角度，则研究燃烧室内部热量是否传至外壁、散热过程的快慢、采用什么手段可强化或削弱传热过程等。燃烧室内高温工质会破坏燃烧室外壁结构，为弱化这种破坏通常采用冷却孔形式进行保护，则属于传热学中对流换热范畴。

总之，热工基础是现代工程技术人才必备的技术基础知识，是 21 世纪工科各类专业人才工程素质的重要组成部分。除了能源与动力类专业学生必须更进一步深入学习工程热力学与传热学外，热工基础课程是机械类、材料类、化工制药类、轻工纺织食品类、环境科学类、航空航天类、土建类等专业大学本科生的一门技术基础课。

工程热力学篇

[1] 基本概念

本章主要介绍与工程热力学相关的基本概念，了解和掌握这些基本概念是学习工程热力学的基础。

1.1 热力系统

从燃料中得到热能以及利用热能得到动力的整套装置（包括辅助设备），统称热能动力装置。根据所用工质的不同，热能动力装置又可分为燃气动力装置和蒸汽动力装置两大类。燃气动力装置的典型系统有内燃机、燃气轮机等。蒸汽动力装置的典型系统包括凝汽式发电厂、热电厂、核电厂、低温余热发电系统等。

1. 热力系统

热能与机械能之间的转换是通过某种媒介物质在热能动力装置中的一系列状态变化过程实现的，**实现热能和机械能相互转换的媒介物质称为工质**，例如空气、燃气、水蒸气等。工质从中吸取热能的物质称为热源或高温热源，接受工质排出热能的物质称为冷源或低温热源。热源和冷源可以是恒温的，也可以是变温的。

热能动力装置有相同点，也有不同点，活塞式内燃机的燃烧、膨胀、压缩过程在气缸内进行；蒸汽动力装置的燃烧、膨胀、冷凝等过程发生在不同的设备里。同时，活塞式内燃机中气体的膨胀过程发生在气体无宏观运动的状况下，蒸汽动力装置中气体的膨胀过程发生在有宏观运动的状况下。

这样，热能动力装置的工作过程可概括为：**工质自高温热源吸热，将其中一部分转化为机械能，把余下部分传给低温热源，并利用工质的循环不断地将热能转化为机械能**。

热力系统就是具体指定的热力学研究对象，是**被人为分离出来作为热力学分析**

对象的有限物质系统，简称系统。**将与热力系统有相互作用的周围物体统称为外界，而系统和外界之间的分界面被称为边界。**边界可以是实际存在的，也可是假想的。

一般根据热力系统和外界能量、物质交换情况，热力系统主要有以下几种。

① 一个热力系统如果和外界只有能量交换而无物质交换，则该系统称为闭口系统。

②一个热力系统和外界不仅有能量交换而且有物质交换，则称为开口系统。

区分闭口系统和开口系统的关键是有没有质量越过了边界，并不是系统的质量是不是发生了变化。例如进入储水池中的水量与离开储水池中的水量一样，此时储水池中水的总量保持不变，但此时该储水池系统为开口系统，而非闭口系统。

③ 当热力系统和外界无热量交换，则称为绝热系统。

④ 当一个热力系统和外界既无能量交换又无物质交换时，则称为孤立系统。孤立系统的一切相互作用都发生在系统内部。孤立系统必定是绝热的，但绝热系统不一定是孤立系统。

在热力工程中，最常见的热力系统由可压缩流体（如水蒸气、空气、燃气等）构成，**这类热力系统若与外界的可逆功交换只有体积变化功（膨胀功或压缩功）一种形式，这种系统称为简单可压缩系统。**工程热力学中讨论的大部分系统均是简单可压缩系统。

1.2 状态及状态参数

1.2.1 状态定义及状态参数的特征

2. 热力学状态中的
温度及比体积

人们把工质在热力变化过程中某一瞬间所呈现的宏观物理状况称为工质的热力学状态，简称状态，而将**描述工质所处宏观物理状况的物理量称为状态参数。**当描述工质状态的一组参数中的一个或多个发生变化时，则系统的状态就发生了变化，状态参数一旦确定，工质的状态也就确定了。状态参数具有如下特征：

① 单值性：对于某个给定的状态，只能用一组确定的状态参数去描述，反之一组数值确定的状态参数只能用于描述一个确定的状态；

② 状态参数的数值仅取决于系统的状态，而与达到该状态所经历的途径无关，进而当系统经历某一循环后，其状态参数的变化值为零，即：

$$\oint \mathrm{d}p = 0 \tag{1-1}$$

研究热力变化过程时，**常用的状态参数有压力 p、温度 T、体积 V、热力学能（内能）U、焓 H 及熵 S。**其中压力 p、温度 T 及体积 V 可以用仪表直接测量，使用最多，称为基本状态参数。其余状态参数可据基本状态参数间接算得。

在常用的状态参数中，压力 p 和温度 T 这两个参数与系统的质量无关，称为强度量；体积 V、热力学能 U、焓 H 及熵 S 与系统质量成正比，具有可加性，称为广延量。广延量与质量的比值称为比参数，例如比体积 v、比热力学能 u、比焓 h 及比熵 s，比参数具有强度量的性质，与质量无关。热力学的广延参数用大写字母表示，其比参数则用小写字母表示。接下来重点介绍基本状态参数温度 T、压力

p 及比体积 v。

1.2.2 温度

从宏观上讲，温度是物体冷热程度的标志。从微观角度看，温度标志着物质分子热运动的激烈程度。

温度的高低用温度计来进行测量，温度计的感应元件（如金属丝电阻、封在细管中的水银柱等）应随物体冷热程度不同有显著的变化。为了给温度确定的数值，还应建立温标，温度的数值表示称为温标，例如摄氏温标规定在 1 个标准大气压下纯水的冰点是 0℃，汽点是 100℃。我国常用的温标是摄氏温标，而热力学温标是国标温标，热力学温标的温度单位是开尔文，符号 K（开），摄氏温标（℃）与热力学温标之间的换算关系为：

$$t = T - 273.15 \qquad (1\text{-}2)$$

式中，t 为摄氏温度，其单位为摄氏度（℃）；T 为热力学温度，单位为开尔文（K）。由式(1-2)可知：摄氏温度与热力学温度无实质差异，仅零点的取值不同。

1.2.3 比体积及密度

单位质量物质所占有的体积称为比体积，其表达式为：

$$v = \frac{V}{m} \qquad (1\text{-}3)$$

式中，v 为比体积，m^3 / kg；V 为物质的体积，m^3；m 为物质的质量，kg。

单位体积物质的质量称为密度，其表达式为：

$$\rho = \frac{1}{v} \qquad (1\text{-}4)$$

式中，ρ 为密度，kg/m^3。显然 v 和 ρ 互成倒数，因此二者不是相互独立的参数，可以任意选用其中之一。工程热力学中通常用 v 作为独立参数来表征系统所处的状态。

1.2.4 压力

单位面积上所受的垂直作用力称为压力（压强）。测量工质压力大小的仪器称为压力计。由于测量压力的测压元件（压力计）处于某种环境压力作用下，因此不能直接测得绝对压力，而只能测出绝对压力和当时当地大气压的差值，该差值称为相对压力，又分为表压力或真空度。用 p 表示工质的绝对压力，p_b 表示环境压力，p_e 表示表压力，p_v 表示真空度，绝对压力、环境压力、表压力、真空度的关系如图 1-1 所示，而 p、p_b、p_e、p_v 的换算关系可由以下公式表示：

3. 热力学状态中的压力

① 当绝对压力大于大气压时：

$$p = p_b + p_e \qquad (1\text{-}5)$$

② 当绝对压力小于大气压时：

$$p = p_b - p_v \qquad (1\text{-}6)$$

需要注意的是，p_b 指测压元件所处的环境压力，而非特指大气环境，因此即使工质的绝对压力不变，由于压力计所处的环境压力会发生改变，表压力和真空度都有可能变化。

压力的单位有多种，我国常用的压力单位是帕斯卡（简称帕），符号为 Pa。

$$1Pa = 1N/m^2$$

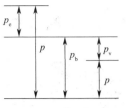

图 1-1　绝对压力、环境压力、表压力和真空度的关系

其他工程中常用的压力单位有：标准大气压（atm，也称物理大气压）、巴（bar）、工程大气压（at）、毫米汞柱（mmHg）、毫米水柱（mmH$_2$O）。它们之间的相互换算关系可见表 1-1。

表 1-1　各压力单位的互换

压力单位	Pa	bar	atm	at	mmHg	mmH$_2$O
Pa	1	1×10^{-5}	0.986923×10^{-5}	0.101972×10^{-4}	7.50062×10^{-2}	0.1019712
bar	1×10^5	1	0.986923	1.01972	750.062	10197.2
atm	101325	1.01325	1	1.03323	760	10332.3
at	98066.5	0.980665	0.967841	1	735.559	1×10^4
mmHg	133.3224	133.3224×10^{-5}	1.31579×10^{-3}	1.35951×10^{-3}	1	13.5951
mmH$_2$O	9.80665	9.80665×10^{-5}	9.07841×10^{-5}	1×10^{-4}	735.559×10^{-4}	1

【例 1-1】　如图 1-2 所示，某容器被一刚性壁分成两部分，在容器的不同部位设有压力计，设大气压力为 97kPa。（1）若压力表 B、C 读数分别为 75kPa、0.11MPa，试确定 A 表读数及容器两部分气体的绝对压力；　（2）若表 C 为真空计，读数为 24kPa，压力表 B 读数为 36kPa，A 表是什么表，读数是多少？

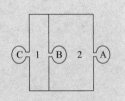

图 1-2　例 1-1 附图

解：（1）$p_1 = p_C + p_b = p_B + p_2 = p_B + p_A + p_b$

因为　　　　　　　　　　$p_C = p_A + p_B$

则　　　　　　$p_A = p_C - p_B = 110 - 75 = 35(kPa)$

$$p_1 = p_C + p_b = 110 + 97 = 207(kPa)$$

$$p_2 = p_A + p_b = 35 + 97 = 132(kPa)$$

（2）由表 B 的读数可知：

因为　　　　$p_1 = p_C + p_b = p_B + p_2 \Longrightarrow p_1 > p_2$

　　　　C 表为真空表 $\Longrightarrow p_b > p_1 > p_2$

又　　　　　$p_1 = p_B + p_2 = p_B + (p_A + p_b)$

得　　　　表 A 的读数为真空度，A 表为真空表

则　　　　　$p_1 = p_b - p_C = 97 - 24 = 73(kPa)$

$$p_A = p_1 - p_B - p_b = 73 - 36 - 97 = -60(kPa)$$

即表 A 的读数为真空度 60kPa。

1.3 平衡状态、状态方程式、坐标图

4. 平衡状态
状态方程式
坐标图

一个热力系统，若在不受外界影响的条件下，系统状态能够始终保持不变，则叫作系统的**平衡状态**。系统达到平衡状态后，系统本身没有热量的传递，各部分之间没有相对位移，系统就处于热和力的平衡，即处于热力平衡；如果系统内还存在化学反应，则尚包括化学平衡。不平衡的系统，在没有外界条件的影响下总会自发地趋于平衡状态，此时系统本身所具有的宏观性质就完全确定，即其各状态参数也就确定了。**平衡的本质是系统不存在不平衡势差。**

一热力系统，若其两个状态相同，则其所有的状态参数均一一对应相等。对于简单可压缩系统，只要两个独立状态参数对应相等，即可判定该热力系统的两状态相同。

简单可压缩系统处于平衡状态时，两个独立的状态参数确定后，其他的状态参数可通过一定的热力学函数关系来确定，这样系统的平衡状态就完全确定了。处于平衡状态的系统的温度、压力和比体积（三个基本状态参数）之间的函数关系是最基本的热力学函数关系，称为状态方程，可表示为：

$$f(p,v,T)=0 \tag{1-7}$$

上式也可写成：

$$T=T(p,v), p=p(T,v), v=v(p,T)$$

对于理想气体，其状态方程为：

$$pv=R_gT$$
$$pV=mR_gT \tag{1-8}$$
$$pV=nRT$$

平衡状态可以在状态参数坐标图中表示出来。由于简单可压缩系统两个独立的状态参数确定后，其平衡状态也就确定了，因此应用二维平面坐标图就足够了。常用的坐标图有压容图（p-v 图）、温熵图（T-s 图）、焓熵图（h-s 图）等。

当系统处于非平衡状态时，不能用确定的状态参数来描述，自然也不能用状态参数坐标图上的一点来表示其状态了。

状态参数坐标图不仅能用点来表示系统的平衡状态，而且能用曲线或面积形象地表示工质所经历的变化过程及过程中相应的热量和功量，在热力分析中，状态参数坐标图将起很大作用。例如在 p-v 图 [图 1-3(a)] 中，阴影部分面积表示准静态过程所作的容积变化功，因此 p-v 图也称为示功图；在 T-s 图 [图 1-3(b)] 中，阴影部分面积表示可逆过程所交换的热量，因此 T-s 图也称为示热图。

因此状态参数坐标图的两个功能为：

① 其上每一点表示一个平衡状态，其对应的坐标值为该平衡状态下独立状态参数；

② 在两图中，过程曲线与横坐标所围的面积分别表示过程的热量及功量。

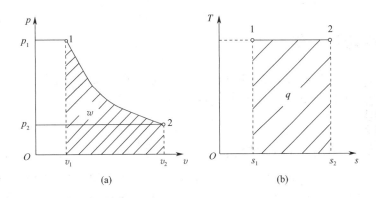

图 1-3　$p\text{-}v$ 图和 $T\text{-}s$ 图

1.4　工质的状态变化过程

1.4.1　准平衡过程

系统内部存在着势差，这是系统发生状态变化的内因。系统趋于平衡的过程称为弛豫过程，弛豫过程所经历的时间称为弛豫时间。

当系统和外界之间的势差足够小，即系统在每次变化时仅足够小地偏离平衡状态，而且外界条件的变化速度又足够慢，外界变化速度慢到每次变化都能使系统有足够的时间（弛豫时间）来恢复平衡后再承受下一次变化时，就能实现每个中间状态都是平衡状态的准平衡过程（也称为准静态过程）。

5. 准平衡过程
及可逆过程

由于准平衡过程所经历的中间状态都是平衡态，每个状态就可在状态参数坐标图上描述出来，并可用一条过程曲线将该过程形象地表示出来。

准平衡过程实际上是一种理想的过程，但工程上的大多数过程，由于热力系统平衡的速度很快，仍可作为准平衡过程进行分析。

1.4.2　可逆过程和不可逆过程

当系统经历了一个热力过程之后，如果可沿原过程逆向进行，并使系统和外界都回到初态而不留下任何影响，则系统原先经历的过程叫可逆过程。

可逆过程必须满足下列条件：

① 必须是准平衡过程，势差足够小，变化足够慢，这样每个中间状态均为平衡态，而且一旦势差改变方向，即可改变过程的方向；

② 不存在任何耗散，如摩擦、扰动、电阻、永久变形等，因为耗散必导致无法消除的影响，因此可逆过程可表述为无耗散的准平衡过程。

那么，显然不满足可逆过程条件的所有过程叫作不可逆过程，因此只要有下列因素之一即为不可逆过程：①温差传热；②混合过程；③自由膨胀；④摩擦生热；⑤阻尼振动；⑥电阻热效应；⑦燃烧过程；⑧非弹性变形等。

值得注意的是：一切实际过程均为不可逆过程，可逆过程仅是热力学特有的、纯理想化的过程。因为实际上，有势差才有过程，摩擦等耗散效应是不可避免的，而可逆过程是为了研究上的简便，研究各种热力过程的目的也是为了设法减小不可逆因素的影响，使其尽可能地接近可逆过程。

1.5 过程功和热量

6. 过程功及热量
示功图、示热图

功和热是在热力过程中系统与外界发生的两种能量交换形式。下面分别介绍这两种能量交换形式，以及可逆过程中功和热量的计算式。

1.5.1 可逆过程的功

力学中，功是力与力方向上位移的乘积。在热力学中功是热力系统通过边界而传递的能量。热力学中规定：**系统对外界做功为正，而外界对系统做功为负**。

单位质量的物质所做的功称为比功，单位为 J/kg，且有：

$$w = \frac{W}{m} \tag{1-9}$$

热力学中常用准静态过程的容积变化功为：

$$\delta W = p\,\mathrm{d}V \tag{1-10}$$

$$W_{1-2} = \int_1^2 p\,\mathrm{d}V \tag{1-11}$$

如果是 1kg 气体，则所做的功为：

$$\delta w = p\,\mathrm{d}v \tag{1-12}$$

$$w_{1-2} = \int_1^2 p\,\mathrm{d}v \tag{1-13}$$

工程热力学中约定：正值代表气体膨胀对外做的功；负值表示外力压缩气体所消耗的功。

功不是一个状态参数，而是一个过程量。膨胀功和压缩功都是通过工质的体积变化而与外界交换的功，因此统称为体积变化功。

1.5.2 有用功

在闭口系统中，若存在摩擦等耗散，则工质膨胀所作的功则不全部用于对外界作有用功，它所作的功一部分用于反抗外界大气压力，一部分因摩擦而耗散，剩下的才是对外界作的有用功，用 W_u、W_1、W_r 分别表示有用功、摩擦耗功及排斥大气功，则：

$$W = W_r + W_1 + W_u = p_0 \Delta V + F\frac{\Delta V}{A} + W_u \tag{1-14}$$

而大气压力可作定值，故克服大气压力所做的功为：

$$W_r = p_0 \Delta V \tag{1-15}$$

【例1-2】 某种气体在气缸中进行一缓慢膨胀过程，其体积由 $0.1m^3$ 增加到 $0.25m^3$，过程中气体压力遵循 $\{p\}_{MPa}=0.24-0.4\{V\}_{m^3}$ 变化。其过程中气缸与活塞的摩擦保持为 1200N，当大气压力为 0.1MPa，气缸截面面积为 $0.1m^2$ 时，试求：

(1) 气体所做的膨胀功；

(2) 系统输出的有用功 W_u；

(3) 若活塞与气缸无摩擦，系统输出的有用功 W_u。

解：(1)

$$W=\int_1^2 p\,\mathrm{d}V=\int_{0.1}^{0.25}(0.24-0.4V)\,\mathrm{d}V$$
$$=0.24\times0.15-0.4\times\frac{(0.25^2-0.1^2)}{2}$$
$$=0.0255(MJ)$$
$$=25500(J)$$

(2) 据题意可知：

$$W=W_b+W_f+W_u$$
$$=p_b\times\Delta v+F\times\frac{\Delta V}{S}+W_u$$
$$W_u=25500-0.1\times10^6\times0.15-1200\times\frac{0.15}{0.1}$$
$$=8700(J)$$

(3) 当 $W_f=0$ 时，

$$W_u=W-W_b=25500-15000=10500(J)$$

1.5.3 过程热量

热力系统和外界之间仅由于温度不同而通过边界传递的能量叫作热量。热量的单位是焦耳（J），工程上常用千焦（kJ）来表示热量。工程中约定：**系统吸热，热量为正；反之热量为负**。热量用大写字母 Q 表示，小写字母 q 表示 1kg 工质所吸收的热量。

热量同功量一样，均是能量传递的度量，同样也是过程量，只有在能量传递过程中才有所谓的功和热量，但功和热量也有不同之处，主要表现为以下几点：

① 功是通过有规则的宏观运动来传递能量的，而热量则是通过大量微观粒子杂乱的热运动来传递能量的；

② 做功过程中往往伴随着能量形式的转化，传热不出现能量形式的转化；

③ 功变热量是无条件的、自发的，热量变功则是有条件的，需消耗外功。

1.6 热力循环

7. 热力循环

工质由某一初态出发，经历一系列热力状态变化后，又回到原来初态的封闭热力过程称为热力循环，简称循环。根据过程性质，循环可分为可逆循环和不可逆循环。按照循环的效果及进行的方向，循环可分为正向循环和逆向循环。将热能转换为机械能的循环称为正向循环，它使外界得到功；消耗能量，使热量从低温热源向高温热源传递的循环称为逆向循环。根据逆向循环目的性的不同，又可分为制冷循环和热泵循环。

正向循环也叫热动力循环。如图 1-4(a)、图 1-4(b) 所示。

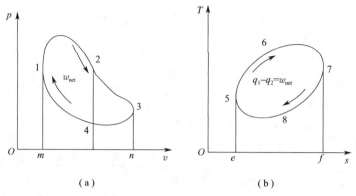

（a）　　　　　　　　　　（b）

图 1-4　正向循环

正向循环在 $p\text{-}v$ 及 $T\text{-}s$ 图上都是沿顺时针方向进行的。正向循环的经济性用热效率 η_t 来衡量，正向循环的收益是 w_{net}，花费的代价为工质吸收的热量 q_1，故 $\eta_t = \dfrac{w_{net}}{q_1}$。$\eta_t$ 越大，表明吸入同样热量 q_1 时得到的循环功 w_{net} 越多，即热机的经济性越好。

逆向循环主要用于制冷装置及热泵系统。在制冷装置中，功源（如电动机）供给一定的机械能 w_{net}，使低温冷藏库或冰箱中的热量 q_2 排向温度较高的大气环境；而在热泵中，热泵消耗机械能 w_{net}，将低温热源（如室外大气）的热量 q_2 提取出来后，与 w_{net} 一起合并为 q_1 输入到高温热源（室内空气），以维持高温热源的温度。两种装置用途不同，但热力学原理相同，均是消耗机械能或其他能量，把热量从低温热源传向高温热源。如图 1-5 所示的逆向循环在 $p\text{-}v$ 及 $T\text{-}s$ 图上都沿逆时针方向进行。

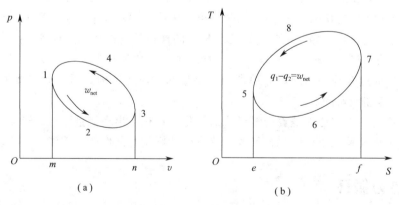

（a）　　　　　　　　　　（b）

图 1-5　逆向循环

制冷循环及热泵循环用途不同，收益不同，故其经济指标也不同。

制冷循环的经济性用制冷系数 ε 表示：

$$\varepsilon = \frac{q_2}{w_{net}} \tag{1-16}$$

在热泵系统中，用泵热系数 ε' 表示系统的经济性：

$$\varepsilon' = \frac{q_1}{w_{\text{net}}} \tag{1-17}$$

ε 或 ε' 越大，其循环经济性越好。

思 考 题

1-1　闭口系统中工质的质量保持恒定不变。那么质量保持恒定不变的热力系统一定是闭口系统吗？

1-2　有人说开口系统一定不能是绝热系统。对不对？为什么？

1-3　表压力或真空度能否作为状态参数进行热力计算？若工质的压力不变，其表压力或真空度一定不变吗？

1-4　平衡状态与稳定状态有何区别与联系？

1-5　促使系统状态变化的原因是什么？举例说明。

1-6　准平衡过程与可逆过程有何区别与联系？

1-7　系统经历一可逆正向循环和其逆向可逆循环后，系统和外界有什么变化？若上述正向及逆向循环中有不可逆因素，则系统及外界有什么变化？

习 题

1-1　一立方形刚性容器，每边长 1m，将其中气体的压力抽至 1000Pa，其真空度为多少毫米汞柱？容器每面受力多少牛顿？已知大气压力为 0.1 MPa。

1-2　试确定表压力为 0.5MPa 时 U 形管压力计中液柱的高度差。(1) U 形管中装水，其密度为 1000kg/m^3；(2) U 形管中装酒精，其密度为 789kg/m^3。

1-3　用斜管压力计测量锅炉烟道中烟气的真空度（图 1-6）。管子的倾角 $\alpha = 30°$；压力计中为密度为 800kg/m^3 的煤油；斜管中液柱长度 $l = 200 \text{mm}$。此时大气压 $p_b = 745 \text{mmHg}$。烟气的真空度为多少 mmH_2O？绝对压力为多少 mmHg？

1-4　如图 1-7 所示，已知大气压 $p_b = 101325 \text{Pa}$，U 形管内汞柱高度差 $H = 300 \text{mm}$，气压表 B 读数为 0.278MPa，求 A 室压力 p_A 及气压表 A 的读数 p_{eA}。

1-5　一气球直径为 0.3m，球内充满 120kPa 的空气。由于加热，气球直径可逆地增大到 0.35m。已知空气压力正比于气球直径面变化。试求该过程空气所做的功。

1-6　气体初态时 $p_1 = 0.5 \text{MPa}$，$V_1 = 0.4 \text{m}^3$，在压力不变的条件下膨胀到 $V_2 = 0.7 \text{m}^3$。求气体所做的膨胀功。

1-7　有一橡皮气球，当它内部的气体压力和大气压力同为 0.1 MPa 时，气球处于自由状态，其容积为 0.3m^3。当气球受太阳照射其内部气体受热时，容积膨胀 10%，压力升高为 0.15 MPa。设气球压力的增加和容积的增加成正比，试求：(1) 该膨胀过程在 p-v 图上的过程曲线；(2) 该过程中气体所做的功；(3) 用于克服橡皮球弹力所做的功。

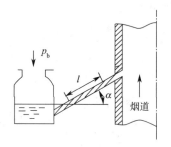

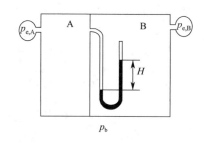

图 1-6　习题 1-3 附图　　　　　　　　　图 1-7　习题 1-4 附图

1-8　某蒸汽动力厂每向锅炉加入 1MW 能量，需要从冷凝器排出 0.61MW 的能量，同时消耗水泵功 0.01MW。求汽轮机的输出功率和电厂的热效率。

1-9　某空调器输入功率 1.5kW，需向环境介质输出热量 5.1kW，求空调器的制冷系数。

1-10　一所房子利用供暖系数为 2.1 的热泵供暖，维持房间内温度为 20℃，据估算室外大气温度每低于房间 1℃，房子向外散热 0.8kW，若室外温度为 -10℃，求驱动热泵所需的功。

2 热力学第一定律

热力学第一定律是热力学的基本定律之一，它给出了系统与外界相互作用过程中，系统能量变化与其他形式能量之间的数量关系。根据这条定律建立起来的能量方程，是对热力学系统进行能量分析和计算的基础。学习本章应着重培养以下能力：①正确识别各种不同形式能量的能力；②根据实际问题建立具体能量方程的能力；③应用基本概念及能量方程进行分析的能力。

2.1　热力学第一定律的实质及表达式

热力学第一定律是能量转换与守恒定律在热力学中的应用，它确定了热力过程中各种能量在数量上的关系。

热力学第一定律可表述为：热是能的一种，机械能变热能，或热能变机械能的时候，它们间的比值是一定的。那种企图不消耗能量而获取机械动力的"第一类永动机"都不可避免地归于失败，因而热力学第一定律也常表述为**第一类永动机是不可能制成的。**

8. 热力学第一
定律的实质

热力学第一定律的能量方程式就是系统变化过程中的能量平衡方程式，是分析状态变化过程的根本方程式。它可根据系统在状态变化过程中各项能量的变化和它们的总量守恒这一原则推出。这一原则应用于系统中的能量变化时可写成：

$$进入系统的能量-离开系统的能量=系统中储存能量的增加 \qquad (2-1)$$

式(2-1)是系统能量平衡的基本方程式。任何系统、任何过程均可据此原则建立平衡式。

2.2　热力学第一定律在闭口系统中的表达

2.2.1　热力学能和总能

热力学能是指不涉及化学能和原子能的系统内部储存能，包括以下两个部分：

9. 闭口系的
能量方程

① 分子热运动形成的内动能，它是温度的函数；

② 分子间相互作用形成的内位能，它是比体积的函数。

热力学能用符号 U 表示，我国法定的热力学能计量单位是焦耳（J），1kg 物质的热力学能称为比热力学能，用符号 u 表示，单位为 J/kg。

热力学能是状态参数，但是个不可测量的状态参数，其绝对值是无法确定的。可以人为规定其基准点（零点），例如取 0K 或 0℃ 时气体的热力学能为零。在工程热力学中，经常遇到的是工质从一个状态变化到另一个状态，此时热力学能的变化可通过相关的计算获得。

工质除了由本身一些粒子微观运动等引起的热力学能外，还有由外界作用等引起的宏观运动的动能及重力位能等（统称外部储存能）。若工质质量为 m，速度为 c_f，在重力场高度为 z，则外部储存能的表达式为：

$$外部储存能 = \frac{1}{2}mc_f^2 + mgz$$

内部储存能和外部储存能的总和，即热力学能与宏观运动能及位能的总和，叫作工质的总能，用 E 表示，另用 E_k、E_p 分别表示动能及位能，则：$E = U + E_k + E_p$。代入 E_k、E_p 表达式，E 又可写成：

$$E = U + \frac{1}{2}mc_f^2 + mgz \tag{2-2}$$

1kg 工质的比总能 e 为：

$$e = u + \frac{1}{2}c_f^2 + gz \tag{2-3}$$

2.2.2 闭口系统的能量守恒方程

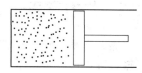

图 2-1 气缸活塞系统

如图 2-1 所示，在一气缸活塞系统中，取系统中工质为研究对象，考虑其在状态变化过程中和外界（热源和机械设备）的能量交换。由于在此过程中，没有工质越过边界，所以这是一个闭口系统。当工质从外界吸热 Q 后，从状态 1 到状态 2 对外做功为 W，若忽略工质宏观动能及位能，则工质（系统）储存能的增加即热力学能的增加 ΔU。所以根据式(2-1)可得到下列方程：

$$Q - W = \Delta U = U_2 - U_1 \quad 或 \quad Q = W + \Delta U \tag{2-4}$$

式中，U_1、U_2 分别表示系统在状态 1 及状态 2 下的热力学能。

式(2-4)就是热力学第一定律应用于闭口系统的能量方程。

从式(2-4)可以看出：当工质从外界吸取热量 Q 后，一部分用于增加工质的热力学能，储存于工质内部，余下的一部分以做功的方式传递给外界。在状态变化过程中，转化为机械能的部分为：

$$W = Q - \Delta U \tag{2-5}$$

对于一个微元过程，第一定律解析式为：

$$\delta Q = dU + \delta W \tag{2-6a}$$

对于 1kg 工质，则有：

$$\delta q = du + \delta w \tag{2-6b}$$

式(2-5)直接从能量守恒及转化的普遍原理得出，没有作任何假设，所以适用于闭口系统的任何过程，对工质的性质也无要求。式中，热量 Q、热力学能变量 ΔU 和功 W 都是代数值，可正可负。

当工质经历可逆过程时有：

$$\delta Q = dU + p\,dV \quad 或 \quad Q = \int_1^2 p\,dV + \Delta U \tag{2-7a}$$

对于 1kg 工质，则有：

$$\delta q = \mathrm{d}u + p\,\mathrm{d}v \quad \text{或} \quad q = \int_1^2 p\,\mathrm{d}v + \Delta u \qquad (2\text{-}7\mathrm{b})$$

工质完成一循环,回复到初态后,由于 $\oint \mathrm{d}U = 0$ 或 $\oint \mathrm{d}u = 0$,所以:

$$\oint \mathrm{d}Q = \oint \mathrm{d}W \quad \text{或} \quad \oint \mathrm{d}q = \oint \mathrm{d}w \qquad (2\text{-}8)$$

即工质在经历一循环后,从外界净吸热量等于工质对外界所做的净功量。

2.3 开口系统稳定流动过程的热力学第一定律

2.3.1 推动功和流动功

10. 开口系统稳定
流动能量方程

工质在开口系统中流动而传递的功,叫作推动功(图 2-2),其值为 pV,对于 1kg 工质而言,推动功为 pv。推动功相当于一假想的活塞为把前方工质推进或推出系统所做的功。

推动功只在工质流动时才有,当工质不流动时,虽然工质也具有一定的状态参数 p 和 v,但这时的乘积并不代表推动功。在做推动功时,工质的热力学状态并没有改变,当然它的热力学能也没有改变。

工质在流动时,总是从后面工质获得推动功,而对前面工质做出推动功。进出系统时工质的推动功之差称为流动功,表示为:

$$W_{\mathrm{f}} = p_2 V_2 - p_1 V_1 \quad \text{或} \quad w_{\mathrm{f}} = p_2 v_2 - p_1 v_1 \qquad (2\text{-}9)$$

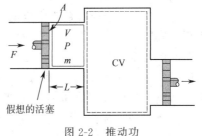

图 2-2 推动功

流动功还可理解为:在流动过程中,系统与外界由于物质的进出而传递的机械功。

2.3.2 焓

工质在流经一个开口系统时,随着工质进入或离开,系统的能量除了热力学能外,还有推动功,把流经开口系统时工质所携带的能量总和叫作焓,用大写字母 H 表示,则:

$$H = U + pV \qquad (2\text{-}10)$$

开口系统中,由于工质的流动,热力学能和推动功必同时出现,在此特定情况下,**焓可以理解为由于工质流动而携带的,并取决于热力状态参数的能量,即热力学能与推动功之和**。在分析闭口系统时,焓的作用相对次要。只有在分析开口系统经历定压变化时,焓才有特殊的意义。

1kg 工质的焓称为比焓,用小写字母 h 表示:

$$h = u + pv \qquad (2\text{-}11)$$

焓的单位为焦耳(J),比焓的单位是 J/kg,焓是一个状态参数。与热力学能一样,焓的绝对值是人为规定的,工程上更关心系统经历某一热力过程后的焓变,因此有:

$$\Delta h_{1\text{-}a\text{-}2} = \Delta h_{1\text{-}b\text{-}2} = \int_1^2 \mathrm{d}h = h_2 - h_1 \qquad (2\text{-}12)$$

2.3.3 稳定流动的特征

开口系统内部及其边界上任意一点的工质，其热力状态参数及运动参数都不随时间变化的流动过程称为稳定流动。实现稳定流动的必要条件是：

① 进、出口截面的参数不随时间而变；

② 系统与外界交换的功量和热量不随时间而变，即 $\dfrac{dE_{CV}}{d\tau}=0$；

③ 工质的质量流量不随时间而变，且进、出口的质量相等，即：$m_{in}=m_{out}=m=$ 常数。

以上三个条件可概括为：系统与外界进行物质和能量的交换不随时间而变。

2.3.4 稳定流动的能量守恒方程式

在实际设备中，开口系统是最常见的。分析这类热力设备，常采用开口系统及控制容积的分析方法。而闭口系统及稳定流动均为开口系统特例。

图 2-3 为一个开口系统稳定的流动系统，有工质不断地流进、流出。取进、出口截面 1-1、2-2 以及系统壁面作为系统边界，如图中虚线所示。假设在 τ 时间内，质量为 m 的工质以流速 c_{f1} 跨过进口截面 1-1 流入系统。与此同时，也有质量为 m 的工质以流速 c_{f2} 跨过截面 2-2 流出系统，系统与外界交换的热量为

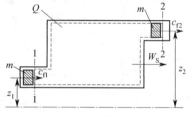

图 2-3　开口系统示意图

Q，工质通过机轴对外输出功（通常称为轴功）W_S。由于流体在开口系统进行稳定流动，因此系统储存能量的变化为零，即 $dE_{CV}=0$。

于是，在 τ 时间内进入系统的能量为：

$$Q+m\left(u_1+\frac{c_{f1}^2}{2}+gz_1\right)+mp_1v_1=Q+m\left(u_1+\frac{c_{f1}^2}{2}+gz_1+p_1v_1\right)$$

离开系统的能量为：

$$W_S+m\left(u_2+\frac{c_{f2}^2}{2}+gz_2\right)+mp_2v_2=W_S+m\left(u_2+\frac{c_{f2}^2}{2}+gz_2+p_2v_2\right)$$

根据能量守恒定律，并代入焓 H 的定义式有：

$$Q+m\left(h_1+\frac{c_{f1}^2}{2}+gz_1\right)=W_S+m\left(h_2+\frac{c_{f2}^2}{2}+gz_2\right)$$

经过进一步整理后有：

$$Q=m\left(h_2+\frac{c_{f2}^2}{2}+gz_2\right)-m\left(h_1+\frac{c_{f1}^2}{2}+gz_1\right)+W_S$$

或写成：

$$Q=m\Delta h+\frac{1}{2}m\Delta c_f^2+mg\Delta z+W_S$$

令 $H=mh$，上式又可写成：

$$Q=\Delta H+\frac{1}{2}m\Delta c_f^2+mg\Delta z+W_S \tag{2-13}$$

上式称为开口系统的稳定流动能量方程式。对于单位质量工质，稳定流动能量方程

式为:

$$q = \Delta h + \frac{1}{2}\Delta c_f^2 + g\Delta z + w_S \qquad (2\text{-}14)$$

对于微元过程,稳定流动能量方程式(2-13)及式(2-14)可分别表示为:

$$\delta Q = dH + \frac{1}{2}m\,dc_f^2 + mg\,dz + \delta W_S$$

$$\delta q = dh + \frac{1}{2}dc_f^2 + g\,dz + \delta w_S$$

2.4 技术功

2.4.1 技术功的定义

11. 技术功

由于 $q = \Delta h + \frac{1}{2}\Delta c_f^2 + g\Delta z + w_S$,且 $\Delta h = \Delta u + \Delta(pv)$,因此有:

$$q - \Delta u = \Delta(pv) + \frac{1}{2}\Delta c_f^2 + g\Delta z + w_S \qquad (2\text{-}15)$$

式(2-15)中,等式右边第一项 $\Delta(pv)$ 为维持工质流动的流动功;第二项及第三项 $\frac{1}{2}\Delta c_f^2 + g\Delta z$ 为工质机械能变化;第四项 w_S 为工质对机器所做的功。由于机械能可全部转变为功,所以 $\frac{1}{2}\Delta c_f^2 + g\Delta z + w_S$ 是技术上可利用的功,称为技术功,用 w_t 表示:

$$w_t = \frac{1}{2}\Delta c_f^2 + g\Delta z + w_S \qquad (2\text{-}16)$$

因此开口系统稳定流动能量方程也可写为:

$$q = \Delta h + w_t \qquad (2\text{-}17)$$

由式(2-15)及 $q - \Delta u = w_t + \Delta(pv)$,且 $q = w + \Delta u$,则有:

$$w = w_t + \Delta(pv) \qquad (2\text{-}18)$$

2.4.2 可逆过程中的技术功

对于可逆过程,$w = \int p\,dv$,将该式代入式(2-18),则有:

$$\int p\,dv = w_t + \Delta(pv)$$

上式可写成:

$$\int p\,dv = w_t + \int d(pv)$$

即:

$$w_t = \int p\,dv - \left(\int p\,dv + \int v\,dp\right) = -\int v\,dp \qquad (2\text{-}19)$$

对于可逆过程,开口系统稳定流动过程的能量方程则可表示为:

$$q = \Delta h - \int_1^2 v\,dp \quad \text{或} \quad \delta q = dh - v\,dp \qquad (2\text{-}20)$$

由以上分析可以看出,热力学第一定律的各种能量守恒方程在形式上虽然不同,但由于热变功的实质都是一样的,只是不同场合有不同应用而已。

【例 2-1】 如图 2-4 所示，已知活塞气缸设备内有 5kg 水蒸气。由初态的比热力学能 $u_1=2709.9\text{kJ/kg}$，膨胀到 $u_2=2659.6\text{kJ/kg}$，过程中给水蒸气加入热量为 80kJ，通过搅拌器输入系统 18.5kJ 的轴功。若系统无动、位能变化，试求通过活塞所做的功。

解 由题意，到活塞气缸内的水蒸气为研究对象，则该系统为闭口系统，因此有：

$$Q=\Delta U+W$$

上式中，W 是总功，应包括搅拌器的轴功和活塞的膨胀功，即 $W=W_{搅拌器}+W_{活塞}$，因此有：

$$Q=\Delta U+W_{搅拌器}+W_{活塞}$$

可得出通过活塞所做的功为：

$$
\begin{aligned}
W_{活塞}&=Q-\Delta U-W_{搅拌器}\\
&=Q-m(u_2-u_1)-W_{搅拌器}\\
&=80-5\times(2659.6-2709.9)-(-18.5)\\
&=350(\text{kJ})
\end{aligned}
$$

所以，气体膨胀对外做功（符号为正，说明对外做功，在代入功及热量时注意符号）。

【例 2-2】 如图 2-5 所示，已知汽轮机进口水蒸气参数为 $p_1=9\text{MPa}$，$t_1=500℃$，$h_1=3386.4\text{kJ/kg}$，流速 $c_{f,1}=50\text{m/s}$；出口水蒸气参数为 $p_2=0.5\text{MPa}$，$t_2=180℃$，$h_2=2812.1\text{kJ/kg}$，流速 $c_{f,2}=120\text{m/s}$。蒸汽的质量流量 $q_m=330\text{t/h}$，蒸汽在汽轮机中进行稳定的绝热流动，求汽轮机的功率。

解： 取系统如图 2-5 所示，则该系统为开口系统的稳定流动过程，据式(2-14)可得每千克工质所作的内部功为：

$$w_s=(h_1-h_2)+\frac{(c_{f,1}^2-c_{f,2}^2)}{2}+g(z_1-z_2)$$

由题意，以活塞气缸内的水蒸气为研究对象，则有：

$$
\begin{aligned}
w_s&=(h_1-h_2)+\frac{(c_{f,1}^2-c_{f,2}^2)}{2}\\
&=(3386.4-2812.1)\times10^3+\frac{(50^2-120^2)}{2}\\
&=568.4\times10^4(\text{J/kg})
\end{aligned}
$$

$$P=mw_s=330\times10^3\times568.4\times\frac{10^4}{3600}=5.21\times10^7(\text{W})$$
$$=5.21\times10^4(\text{kW})$$

注意：此处系统所做之功并不仅仅是工质膨胀而得，还有流动净功和动能差所带来的功。

【例 2-3】 空气在某压气机中被压缩，压缩前的空气：$p_1=0.1\text{MPa}$，$v_1=0.845\text{m}^3/\text{kg}$；压缩后的空气 $p_2=0.8\text{MPa}$，$v_2=0.175\text{m}^3/\text{kg}$。设在压缩过程中 1kg 空气的热力学能增加了 139.0kJ，同时向外放出 50kJ 热量。压气机每分钟产生压缩空

气10kg。试求：（1）生产1kg的压缩空气所需的功（技术功）；（2）带动此压缩机要用多大功率的电动机。

解：（1）压气机是开口热力系统，压气机耗功 $w_c = -w_t$。由稳定流动开口系统能量方程：

$$q = \Delta h + w_t$$

可得：

$$
\begin{aligned}
w_t &= q - \Delta h = q - \Delta u - \Delta(pv) = q - \Delta u - (p_2 v_2 - p_1 v_1) \\
&= -50 - 139.0 - (0.8 \times 10^3 \times 0.175 - 0.1 \times 10^3 \times 0.845) \\
&= -244.5 (kJ/kg)
\end{aligned}
$$

即每产生1kg压缩空气所需技术功为244.5kJ。

（2）压气机每分钟生产压缩空气10kg，故带动压气机的电机功率为：

$$P = q_m w_t = \frac{1}{6} \times 244.5 = 40.8 (kW)$$

2.5 稳定流动能量方程式的应用

稳定流动能量方程式在应用于各种热工设备时常常可以简化。例如，一般热工设备进出口高度差只有几米，工质在进出口的位能差与和系统与外界交换的热量及功量相比要小得多，因此可以忽略；而当设备进行了良好的保温，计算时可忽略系统与外界交换的热量。当工质的流速小于50m/s时，每千克工质动能的变化就小于1.25kJ/kg，当和系统与外界交换的热量及功量相比要小得多，且云计算精度要求不高时也可忽略。

12. 稳定流动能量方程的应用

下面以几种常见的热工设备为例，说明稳定流动能量方程式的应用。

（1）热交换器

热交换器也称换热器，如工程上各种加热器、散热器、冷却器、冷凝器、蒸发器等。工质流经这类设备时与外界无功量交换，即 $w_s = 0$，且动、位能的变化可忽略不计，因此根据式(2-14)可得：

$$q = h_2 - h_1 \qquad (2\text{-}21)$$

（2）动力机械

工质流经汽轮机、燃气轮机等动力机（图2-6）时，都是利用了工质膨胀做功，对外输出轴功 w_s。由于这类设备保温良好，通过设备外壳的散热量较少，可认为该膨胀过程是绝热的，即 $q = 0$。如果再忽略动能及位能的变化，由式(2-14)可得：

$$w_s = h_1 - h_2 \qquad (2\text{-}22)$$

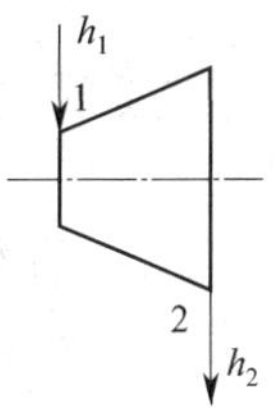

而当工质流经水泵、风机、压气机等压缩机械时，压力升高，外界对工质做轴功，这种情况正好与动力机械相反。如果设备无专门的冷却措施，也可认为是绝热的，即 $q = 0$。同时可利用式(2-22)。但此时算出的 w_s 值是负值。

图2-6 动力机示意图

（3）管道

工质在流经喷管（图 2-7）、扩压管等这类设备时，不对设备做功，位能差也很小，可不计；因喷管长度短，工质流速大，流经这类设备时工质与外界交换的热量很少，或忽略不计。若流动为稳定流动，则根据式(2-14)可得 1kg 工质动能的增加为：

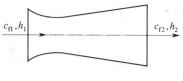

图 2-7　喷管示意图

$$\frac{1}{2}(c_{f2}^2 - c_{f1}^2) = h_1 - h_2 \tag{2-23}$$

（4）绝热节流

工质在流经阀门、孔板等设备（图 2-8）时，由于流动截面突然收缩，压力剧烈下降，并在收缩口附近产生漩涡，流过收缩口后流速减缓，压力又回升，这种现象称为节流。

节流是典型的不可逆过程，在收缩口附近存在涡流，工质处于不稳定的非平衡状态。但在远离收缩口的 1-1 截面及 2-2 截面上，流动情况基本稳定，如果选择这两个截面作为开口系统，可以近似地应用稳定流动的能量方程式进行分析。由于两个截面上流速差别不大，动能变化可以忽略，节流过程对外不做轴功，工质流过两个截面之间的时间很短，与外界交换的热量很少，可以近似地认为节流过程是绝热的，即 $q = 0$。于是，运用稳定流动的能量方程式可得：

图 2-8　绝热节流示意图

$$h_1 = h_2 \tag{2-24}$$

上式表明，在忽略动、位能变化的绝热节流过程中，节流前后工质的焓值相等。但是，在两个截面之间，特别是在收缩口附近，由于工质流速的变化很大，焓值并非处处相等，因此不可将绝热节流过程理解为定焓过程。

思　考　题

2-1　热力学第一定律的实质是什么？

2-2　写出热力学第一定律的一般表达式及闭口系统热力学第一定律的表达式。

2-3　说明下列公式的适用条件：

(1) $\delta q = \mathrm{d}u + p\,\mathrm{d}v$；　(2) $\delta q = \mathrm{d}h - v\,\mathrm{d}p$；　(3) $q = \Delta h + \frac{1}{2}\Delta c_f^2 + g\Delta z + w_s$；
(4) $q = \Delta h$；(5) $w_s = -\Delta h$

2-4　稳定流动的定义是什么？满足什么条件时才是稳定流动？稳定流动能量方程对不稳定流动是否适用？一般开口系统能量方程式与稳定流动能量方程式的区别是什么？

2-5　用稳定流动能量方程分析锅炉、汽轮机、压气机、冷凝器的能量转换特点，得出对其适用的简化能量方程。

习　题

2-1　气体在某一过程中吸收了 50J 的热量，同时热力学能增加了 84J，此过程是膨胀过程还是压缩过程? 对外做功多少?

2-2 某热机每完成一个循环, 工质从高温热源吸热 2000kJ, 向低温热源放热 1300kJ。在压缩过程中工质得到外功 700kJ, 试求膨胀过程中工质所做的功。

2-3 1kg 氧气置于如图 2-9 所示气缸内, 缸壁能充分导热, 且活塞与缸壁无摩擦。初始时氧气压力为 0.5MPa, 温度为 27 ℃, 若气缸长 2l, 活塞质量为 10kg。试计算拔除锁钉后, 活塞可能达到的最大速度。

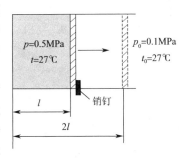

图 2-9 习题 2-3 附图

2-4 质量为 1275kg 的汽车在以 60000m/h 速度行驶时被踩刹车制动, 速度降至 20000m/h, 假定刹车过程中 0.5kg 的刹车带和 4kg 钢刹车鼓均匀加热, 但与外界没有传热, 已知刹车带和钢刹车鼓的比热容分别是 1.1kJ/(kg·K) 和 0.46kJ/(kg·K), 求刹车带和钢刹车鼓的温升。

2-5 在冬季, 某加工车间每小时经墙壁和玻璃等处损失热量 3×10^6kJ, 车间中各种机床的总功率为 375 kW, 且全部动力最终变成了热能。另外, 室内经常点着 50 盏 100W 的电灯。为使该车间温度保持不变, 每小时需另外加入多少热量?

2-6 夏日, 为避免阳光直射, 密闭门窗, 用电扇取凉, 若假定房间内初温为 28℃, 压力为 0.1MPa, 电扇的功率为 0.06kW, 太阳直射传入的热量为 0.1kW, 若室内有三人, 每人每小时向环境散发的热量为 418.7kJ, 通过墙壁向外散热 1800kJ/h, 试求面积为 15m^2, 高度为 3.0m 的室内空气每小时温度的升高值, 已知空气的热力学能与温度关系为 $\Delta u = 0.72\{\Delta T\}_K$ kJ/kg。

2-7 如图 2-10 所示, 气缸内空气的体积为 0.008m^3, 温度为 17℃。初始时空气压力为 0.1013MPa, 弹簧呈自由状态。现向空气加热, 使其压力升高, 并推动活塞上升而压缩弹簧。已知活塞面积为 0.08m^2, 弹簧刚度 $k = 40000$N/m, 空气热力学能变化关系式为 $\Delta u = 0.718\{\Delta T\}_K$ kJ/kg。环境大气压 $p_b = 0.1$MPa。试求使气缸内空气压力达到 0.3MPa 所需的热量。

2-8 某台锅炉每小时生产水蒸气 30t, 已知供给锅炉的水的焓值为 417kJ/kg, 而锅炉产生的水蒸气的焓为 2487kJ/kg。煤的发热量为 30000kJ/kg, 当锅炉效率为 0.85 时, 求锅炉每小时的耗煤量。

2-9 一种工具, 利用从喷嘴射出的高速水流进行切割, 供水压力为 200kPa、温度为 20℃, 喷嘴内径为 0.002m, 射出水流温度 20℃、流速为 1000m/s。假定喷嘴两侧水的热力学能变化忽略不计, 求水泵的功率。已知 200kPa、20℃ 时水的比体积 $v = 0.001002$m^3/kg。

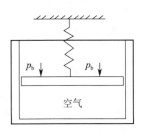

图 2-10 习题 2-7 附图

2-10 空气在压缩机中被压缩, 压缩前的空气 $p_1 = 0.1$MPa, $v_1 = 1.035$m^3/kg; 压缩后 $p_2 = 0.6$MPa, $v_2 = 0.5$m^3/kg。设压缩过程中 1kg 空气的热力学能增加了 110kJ, 同时向外放出热量 60kJ。压缩机每分钟产生压缩空气 10kg。试求: (1) 压缩过程中对 1kg 空气做的功; (2) 每生产 1kg 压缩空气所需的功 (技术功); (3) 带动此压缩机所需电动机的功率。

2-11 进入蒸汽发生器中内径为 30mm 管子的压力水为 10MPa、30℃, 从管子输出时为 9MP、400℃, 若入口体积流量为 3L/s, 求加热率。已知初态时 $h = 134.8$kJ/

kg、$v=0.0010\text{m}^3/\text{kg}$，终态时 $h=3117.5\text{kJ/kg}$、$v=0.0299\text{m}^3/\text{kg}$。

2-12 500kPa 的饱和液氨进入锅炉被加热成干饱和氨蒸气，然后进入压力同为 500kPa 的过热器被加热到 275K。若氨的质量流量为 0.005kg/s，求锅炉和过热器中的换热率。已知氨进入和离开锅炉时的焓分别为 $h_1=134.8\text{kJ/kg}$、$h_2=1446.4\text{kJ/kg}$，氨离开过热器时的焓为 $h_3=1470.7\text{kJ/kg}$。

3 理想气体的性质与热力过程

在现代工业中，热能大规模地、经济地转变为机械能，通常都是借助于工质在热能动力装置中的吸热、膨胀做功、排热等状态变化过程来实现的。为了定性及定量分析工质进行这些过程时的吸热量和做功量，除了掌握热力学第一定律等基础理论外，还需要具备工质热力性质方面的知识。采用的工质应具有显著的胀缩性，即其体积随着温度、压力变化能有较大的变化，而气态物质正好具有这一特征。本章主要对理想气体、实际气体及水蒸气的性质进行分析。

3.1 理想气体的性质

3.1.1 理想气体的概念

自然界中不存在理想气体，所谓的理想气体是一种实际不存在的假想气体，具有两点假设：①分子是些弹性的、不具体积的质点；②分子间相互没有作用力。

理想气体是气体压力趋近于零、比体积趋近于无穷大时的极限状态。实际上，高温、低压的气体密度小、比体积大，若分子本身体积

13.理想气体的概念及状态方程

远小于其活动空间，分子间平均距离远到作用力极其微弱的状态，其就很接近理想气体。工程中常用的氧气、氮气、氢气、一氧化碳等及其混合空气、燃气、烟气等工质，在通常使用的温度、压力下都可作为理想气体，误差一般都在工程计算允许的精度范围之内。

不符合上述两点假设的气态物质称为实际气体。蒸汽动力装置中采用的工质水蒸气，制冷装置的工质氟利昂蒸气、氨蒸气等，这类物质的临界温度较高，蒸气在通常的工作温度和压力下离液态不远，不能看作理想气体。

而对于大气中含有的少量水蒸气，燃气和烟气中含有的水蒸气和二氧化碳等，因分子浓度低，分压力甚小，在这些混合物的温度不太低时仍可视作理想气体。

3.1.2 理想气体的状态方程

理想气体的状态方程为：

$$pv = R_g T \quad \text{或} \quad pV = mR_g T \tag{3-1}$$

式中，R_g 称为气体常数，一个只与气体种类有关，而与气体所处状态无关的物理量。

上述表示理想气体在任一平衡状态时 p、v、T 之间关系的方程式就称为理想气体状态方程式，或称克拉贝龙（Clapeyron）方程。使用时应注意各量的单位。按国家法定计量单位：p 的单位为 Pa；T 的单位为 K；v 的单位为 $\mathrm{m^3/kg}$；与此相应的 R_g 的单位为 $\mathrm{J/(kg \cdot K)}$。

克拉贝龙方程也可表示为：

$$pV_m = RT \qquad 或 \qquad pV = nRT \tag{3-2}$$

式中，R 称为摩尔气体常数，一个与气体的种类及状态均无关的常数。当 p、V_m、T 的单位分别为 Pa、$\mathrm{m^3}$、K 时：

$$R = 8.314 \pm 0.000070 \mathrm{J/(mol \cdot K)}$$

各种气体的气体常数与摩尔气体常数之间的关系可由下式确定：

$$R_g = \frac{R}{M} = \frac{8.314}{M} \mathrm{J/(kg \cdot K)} \tag{3-3}$$

其中，M 为气体的摩尔质量。例如空气的摩尔质量是 $28.97 \times 10^{-3} \mathrm{kg/mol}$，故气体常数为 $287.0 \mathrm{J/(kg \cdot K)}$。附表 4 列举了一些常用气体的分子量 M_r 和临界参数 T_{cr}、p_{cr}。

3.1.3 理想气体的比热容

14. 理想气体比热容的值的确定

（1）比热容的定义

单位质量物体的温度升高 1K 或 1℃所需的热量，称为质量热容，简称比热容，即：

$$c = \frac{\delta q}{dT} \tag{3-4}$$

比热容的单位为 $\mathrm{J/(kg \cdot K)}$，它是表征工质热物性的一个量热系数，可用来计算热量。

根据所采用物质计量的单位不同，又有摩尔热容 C_m（1mol 物质的热容），单位 $\mathrm{J/(mol \cdot K)}$；容积（体积）热容 C'，单位 $\mathrm{J/(m^3 \cdot K)}$（以标准状态下 $1\mathrm{m^3}$ 物质的热容）。

在大多数热力设备中，工质往往是在接近压力不变或体积不变的条件下吸热或放热的，因此定压过程和定容过程的比热容最常用，它们分别称为比定压热容（也称质量定压热容）和比定容热容（也称质量定容热容），分别用 c_p 和 c_v 表示。对于理想气体，其 c_p 和 c_v 分别为：

$$c_v = \frac{du}{dT} \tag{3-5}$$

$$c_p = \frac{dh}{dT} \tag{3-6}$$

对于理想气体，其比定压热容与比定容热容之间有如下关系：

$$c_p - c_v = R_g \qquad 或 \qquad C_{p,m} - C_{V,m} = R \tag{3-7}$$

式(3-7) 称为迈耶公式。因为 R_g 是大于零的常数，所以有 $c_p > c_v$，或 $C_{p,m} > C_{V,m}$。定义 c_p/c_v 为比热容比，或质量热容比，以 γ 表示：

$$\gamma = \frac{c_p}{c_v} = \frac{C_{p,m}}{C_{V,m}} \tag{3-8}$$

根据式(3-7)及式(3-8)可得：

$$c_v = \frac{1}{\gamma-1}R_g \quad 及 \quad c_p = \frac{\gamma}{\gamma-1}R_g \tag{3-9}$$

(2) 比热容的计算方法

对于理想气体，比热容仅是温度的单值函数，即 $c=f(t)$，利用比热容计算热量、热力学能、焓和熵时，对比热容的处理有如下几种方法：

① 真实比热容　将由实验测得的不同气体比热容随温度的变化关系表达为多项式形式，即：

$$C_{p,m} = C_0 + C_1 T + C_2 T^2 + C_3 T^3 \tag{3-10}$$

$$C_{V,m} = C_0 - R_g + C_1 T + C_2 T^2 + C_3 T^3 \tag{3-11}$$

式中，C_0、C_1、C_2、C_3 为常数，对于不同气体，这些常数各不相同。式(3-10)及式(3-11)即为真实比热容。附录1给出了部分气体真实定压比热容的常数值。

② 平均比热容　工程中为了计算方便，引入平均比热容的概念，即每千克气体从温度 t_1 升高到 t_2 时，在这一温度区间内的平均比热容，用 $c\,|_{t_1}^{t_2}$ 所示，即：

$$c\,|_{t_1}^{t_2} = \frac{q\,|_{t_1}^{t_2}}{t_2-t_1} = \frac{\int_{t_1}^{t_2}c_p\mathrm{d}T}{t_2-t_1} = \frac{\int_0^{t_2}c_p\mathrm{d}T - \int_0^{t_1}c_p\mathrm{d}T}{t_2-t_1} = c\,|_0^{t_2}\cdot t_2 - c\,|_0^{t_1}\cdot t_1 \tag{3-12}$$

$c\,|_0^{t_1}$ 和 $c\,|_0^{t_2}$ 分别表示自0℃到 t_1 及自0℃到 t_2 气体的平均比热容，两者初始温度相同，$c\,|_0^t$ 值取决于终态温度，$c\,|_0^{t_2}$ 和 $c\,|_0^{t_1}$ 由附录2查得。

若真实气体比热容取直线 $c=a+bt$，则可推出平均比热容直线关系为：

$$c\,|_{t_1}^{t_2} = \frac{\int_{t_1}^{t_2}c_p\mathrm{d}T}{t_2-t_1} = \frac{a(t_2-t_1)+\frac{b}{2}(t_2^2-t_1^2)}{t_2-t_1} = a + \frac{b}{2}(t_2+t_1) \tag{3-13}$$

本书附录3给出一些气体平均比热容直线关系中 a、b 的常数值，查表时应注意 t 项系数是 $b/2$，计算时应以 t_1+t_2 代入。

③ 定值比热容　当气体温度不太高且变化范围不大，或计算精度要求不高时，可将比热容近似看作不随温度而变的定值，称为定值比热容。根据气体分子运动理论及能量按自由度均分的原则，原子数目相同的气体具有相同的摩尔热容。表3-1给出了单原子气体、双原子气体及多原子气体的摩尔热容，也称为定值比热容，其中多原子气体给出的为实验值。

表 3-1　理想气体的定值摩尔热容和比热容比 [$R=8.314\mathrm{J/(mol\cdot K)}$]

热容	单原子气体($i=3$)	双原子气体($i=5$)	多原子气体($i=6$)
$C_{V,m}/[\mathrm{J/(mol\cdot K)}]$	$\frac{3}{2}R$	$\frac{5}{2}R$	$\frac{7}{2}R$
$C_{p,m}/[\mathrm{J/(mol\cdot K)}]$	$\frac{5}{2}R$	$\frac{7}{2}R$	$\frac{9}{2}R$
$\gamma=C_{p,m}/C_{V,m}$	1.67	1.40	1.29

【例 3-1】 某电厂三台锅炉合用一个烟囱。每台锅炉每秒产生烟气 73m³（已折算成标准状态下的体积），烟囱出口处的烟气温度为 100℃，压力近似为 101.33kPa，烟气流速为 30m/s，求烟囱的出口直径。

解： 三台锅炉产生的总烟气量为：

$$q_{vo} = 73 \times 3 = 219 (\text{m}^3/\text{s})$$

烟气可作为理想气体处理，在稳定流动状态下，烟气的质量守恒，利用理想气体的状态方程可得出：

$$\frac{p q_v}{T} = \frac{p_o q_{vo}}{T_o}$$

因为

$$p = p_o$$

$$q_v = \frac{T}{T_o} q_{vo}$$

$$= \frac{(273 + 100)}{273} \times 219$$

则

$$= 299.2 \ (\text{m}^3/\text{s})$$

烟囱出口截面积：

$$A = \frac{q_v}{c_f} = \frac{299.2}{30 \times 3} = 9.97 (\text{m/s})$$

烟囱出口直径：

$$d = \sqrt{\frac{4A}{\pi}} = \sqrt{\frac{4 \times 9.97}{3.14}} = 3.56 (\text{m})$$

【例 3-2】 在燃气轮机装置中，用从燃气轮机中排出的乏汽对空气进行加热（加热在空气回热器中进行），然后将加热后的空气送入燃烧室进行燃烧。若空气在回热器中，从 127℃ 被定压加热到 327℃，试按下列比热容值计算每千克空气所加入的热量。(1) 按真实比热容计算；(2) 按平均比热容计算；(3) 按比热容随温度变化的直线关系计算；(4) 按定值比热容计算；(5) 按空气的热力性质表计算。

解 (1) 按真实比热容计算：

空气在回热气中定压加热，则：

$$Q_{p,m} = \int_1^2 C_{p,m} \, dT$$

因为 $C_{p,m} = C_0 + C_1 T + C_2 T^2$，$T_1 = 127 + 273 = 400(\text{K})$，$T_2 = 327 + 273 = 600(\text{K})$

根据附录 1 可得：$C_0 = 1.05$，$C_1 = -0.365$，$C_2 = 0.85$，$C_3 = -0.39$

因此

$$c_p = 1.05 - 0.365\theta + 0.85\theta^2 - 0.39\theta^3$$

$$c_p = 1.05 - 0.365\left(\frac{T}{1000}\right) + 0.85\left(\frac{T}{1000}\right)^2 - 0.39\left(\frac{T}{1000}\right)^3$$

$$q_p = \int_1^2 c_p \, dT = \int_1^2 \left[1.05 - 0.365\left(\frac{T}{1000}\right) + 0.85\left(\frac{T}{1000}\right)^2 - 0.39\left(\frac{T}{1000}\right)^3 \right] dT$$

$$= 1.05 \times (600 - 400) - \frac{0.365 \times 10^{-3}}{2} \times (600^2 - 400^2) + \frac{0.85 \times 10^{-6}}{3} \times$$

$$(600^3 - 400^3) - \frac{0.39 \times 10^{-9}}{4} \times (600^4 - 400^4) = 206.43 \text{kJ/kg}$$

（2）按平均比热容计算：

$$q_p = c_p \Big|_{t_0}^{t_2} t_2 - c_p \Big|_{t_0}^{t_1} t_1$$

查附录2：

$t=100℃$，$c_p=1.006\text{kJ/(kg·K)}$；$t=200℃$，$c_p=1.012\text{kJ/(kg·K)}$

$t=300℃$ $c_p=1.019\text{kJ/(kg·K)}$

$t=400℃$ $c_p=1.028\text{kJ/(kg·K)}$

用线性内插法，得到当 $t=127℃$ 及 $t=327℃$ 时：

$$c_p \Big|_0^{127} = c_p \Big|_0^{100} + \frac{c_p \big|_0^{200} - c_p \big|_0^{100}}{200-100} \times (127-100)$$

$$= 1.0076 [\text{kJ/(kg·K)}]$$

$$c_p \Big|_0^{327} = c_p \Big|_0^{300} + \frac{c_p \big|_0^{400} - c_p \big|_0^{300}}{200-100} \times (327-300)$$

$$= 1.0214 [\text{kJ/(kg·K)}]$$

因此有：

$$q_p = 1.0214 \times 327 - 1.0076 \times 127 = 206.03 (\text{kJ/kg})$$

（3）按比热容随温度变化的直线关系

查得空气的平均比热容的直线关系式为

$$c_p = 0.9956 + 0.000093t$$

$$= 0.9956 + 0.000093 \times (127+327)$$

$$= 1.0378 [\text{kJ/(kg·K)}]$$

$$q_p = c_p \Big|_{t_1}^{t_2} (t_2 - t_1) = 1.0378 \times (327-127) = 207.56 (\text{kJ/kg})$$

（4）按定值比热容计算

$$q_p = c_p (t_2 - t_1) = \frac{7}{2} \frac{R}{M} (t_2 - t_1)$$

$$= \frac{7}{2} \times \frac{8.314}{28.97 \times 10^{-3}} \times (327-127)$$

$$= 200.9 (\text{kJ/kg})$$

（5）按空气的热力性质计算

由空气热力性质表查得（附录4）：

当 $T_1 = 273+127 = 400\text{K}$ 时，$h_1 = 403.1 (\text{kJ/kg})$

当 $T_2 = 273+327 = 600\text{K}$ 时，$h_2 = 609.02 (\text{kJ/kg})$

因此有：

$$q_p = h_2 - h_1 = 609.02 - 403.1 = 205.92 (\text{kJ/kg})$$

3.1.4 理想气体的热力学能、焓和熵

（1）理想气体的热力学能和焓

由前所述，理想气体的热力学能及焓均是温度的单值函数，可分别表示为：

$$\mathrm{d}u = c_v(T)\mathrm{d}T \qquad\qquad (3\text{-}14)$$

15. 理想气体的热
力学能及焓

$$dh = c_p(T)dT \qquad (3-15)$$

如果知道过程中比热容与温度之间的函数关系，就可以通过积分运算求出初、终两态的热力学能变化及焓变化，无须考虑压力和比体积是否变化。

对于定容过程，$dv=0$，则有：

$$q_v = \Delta u = \int_{t_1}^{t_2} c_v dT = u_2 - u_1 \qquad (3-16)$$

对于定压过程，$dp=0$，此时有：

$$q_p = \Delta h = \int_{t_1}^{t_2} c_p dT = h_2 - h_1 \qquad (3-17)$$

上两式是计算理想气体热力学能变化及焓变化的普适公式，其中的 c_v 及 c_p 与气体的种类及温度有关。对于非理想气体而言，式(3-16) 只适用于定容过程，式(3-17) 只适用于定压过程。

通常，热工计算中只要求确定过程中热力学能或焓值的变化量，对无化学反应的热力过程，可人为地规定基准点（如水蒸气三相态中的液态水）为热力学能零点。理想气体通常取 0K 或 0℃时焓值为零（$h_{0K}=0$），相应的热力学能也为零（$u_{0K}=0$），那么，任意温度下的热力学能及焓则为：

$$h = c_p \big|_{0℃}^{t} t \qquad (3-18)$$

$$u = c_v \big|_{0℃}^{t} t - 273 R_g \qquad (3-19)$$

本书附录 4 及附录 5 给出了空气及其他一些常见气体的比焓 h 及摩尔焓 H_m 随温度变化的值。

（2）理想气体的熵

熵参数可以从热力学理论的数学分析中导出，应用热力学第二定律可以证明，在闭口、可逆条件下，存在如下关系：

$$ds = \left(\frac{\delta q_{rev}}{T}\right) \qquad (3-20)$$

16. 理想气体的熵

式中　δq_{rev}——1kg 工质在微元可逆过程中与热源交换的热量，J/kg；

　　　　T——传热时工质的热力学温度，K；

　　　　ds——此微元过程中 1kg 工质的熵变，也称比熵变，J/(kg·K)。

理想气体的熵不仅仅是温度的函数，它还与压力和比热容有关。

对于理想气体的微元过程，其熵变可写成如下形式：

$$ds = c_v \frac{dT}{T} + R_g \frac{dv}{v} \qquad (3-21)$$

$$ds = c_p \frac{dT}{T} - R_g \frac{dp}{p} \qquad (3-22)$$

$$ds = c_v \frac{dp}{p} + c_p \frac{dv}{v} \qquad (3-23)$$

理想气体可逆过程的熵变为：

$$\Delta s = \int_{T_1}^{T_2} c_v \frac{dT}{T} + R_g \ln \frac{v_2}{v_1} \qquad (3-24)$$

$$\Delta s = \int_{T_1}^{T_2} c_p \frac{dT}{T} - R_g \ln \frac{p_2}{p_1} \qquad (3-25)$$

$$\Delta s = \int_{p_1}^{p_2} c_v \frac{dp}{p} + \int_{v_1}^{v_2} c_p \frac{dv}{v} \qquad (3-26)$$

以上分别是以 T 和 v、T 和 p、p 和 v 表示的理想气体在任意过程熵变的计算式。与热力学能和焓一样，在一般热工计算中，只涉及熵的变化量，计算结果与基准点（零点）的选择无关。由于 c_p 和 c_v 都只是温度的函数，与过程特征无关。因此，理想气体的熵变完全取决于初态和终态，当初、终态确定后，系统的熵变就完全确定了，与过程性质及途径无关，熵也是状态量。

【例 3-3】 已知某理想气体的比定容热容 $c_v = a + bT$，其中 a、b 为常数，试导出其热力学能、焓和熵的计算式。

解： 根据题意可得：

$$\Delta u = \int_{T_1}^{T_2} c_v \mathrm{d}T = \int_{T_1}^{T_2} (a+bT)\mathrm{d}T = a(T_2-T_1) + \frac{b}{2}(T_2^2-T_1^2)$$

$$\Delta h = \int_{T_1}^{T_2} c_p \mathrm{d}T = \int_{T_1}^{T_2} (a+bT+R_g)\mathrm{d}T = (a+R_g)(T_2-T_1) + \frac{b}{2}(T_2^2-T_1^2)$$

$$\Delta s = \int_{T_1}^{T_2} c_v \frac{\mathrm{d}T}{T} + R_g\ln\frac{v_2}{v_1} = \int_{T_1}^{T_2}(a+bT)\frac{\mathrm{d}T}{T} + R_g\ln\frac{v_2}{v_1}$$

$$= a\ln\frac{T_2}{T_1} + b(T_2-T_1) + R_g\ln\frac{v_2}{v_1}$$

3.2 理想气体混合物

在热力工程中经常遇到混合气体，如空气、燃气、烟气等，对混合气体进行热力计算前，需确定其热力性质。混合气体的热力性质，取决于组成气体（组元）的种类及组成成分。因此，研究定组成成分混合气体的基本方法是：首先根据组成气体的热力性质以及组成成分，计算出混合气体的热力性质；然后再将混合气体当作单一气体来进行计算。如果各组成气体均具有理想气体的性质，则它们的混合物必定满足理想气体的条件；反之亦然。本节所讨论的混合气体，都是由定组成成分的理想气体混合且相互无化学反应、成分稳定。

3.2.1 理想气体混合物的基本定律

处于平衡的理想气体混合物的温度 T 与各组元气体的温度 T 是相等的。但在分析混合物与各组元气体在压力、体积上的关系时，必须引入分压力与分体积的概念。分压力 p_i 是混合气体中第 i 种组元单独占有与混合气体相同的体积 V、且温度 T 与混合气体温度相同时所呈现的压力；而分体积 V_i 则是混合气体中第 i 种组元在混合气体温度为 T 及压力为 p 下单独存在时占有的容积。

各组元分压力和混合物总压力之间遵循道尔顿分压力定律，即理想气体混合物的压力等于各组成气体分压力的总和，即：

$$p = \sum_{i=1}^{r} p_i \tag{3-27}$$

各组元的分体积和混合物总体积之间遵循亚美格分体积定律，即理想气体混合物的容积等于各组成气体分容积的总和，亦：

$$V = \sum V_i \tag{3-28}$$

但是组成气体的容积 V_i 并不代表在混合状态下组成气体的实际容积，定义分容积的状态 (T, p)，并不是在混合状态下组成气体的实际状态 (T, p_i)，两者是有区别的。

3.2.2 混合气体的成分、摩尔质量及气体常数

组成气体的含量与混合气体总量的比值，统称混合气体的成分，即各组成气体的含量占总量的比例。根据物质的量的不同，混合气体的成分可表示为质量分数 w_i $(w_i = \dfrac{m_i}{m})$、摩尔分数 x_i $(x_i = \dfrac{n_i}{n})$ 及体积分数 φ_i $(\varphi_i = \dfrac{V_i}{V})$。体积分数在数值上与摩尔分数相等，即：

$$\varphi_i = x_i \tag{3-29}$$

故混合气体成分的表示法，实质上只有质量分数 w_i 和摩尔分数 x_i 两种，这两种成分之间的关系为：

$$x_i = \frac{n_i}{n} = \frac{m_i/M_i}{m/M_{eq}} = \frac{M_{eq}}{M_i} w_i \tag{3-30}$$

式中，M_{eq} 称为折合摩尔质量。由于有：

$$M_i R_{g,i} = M_{eq} R_{g,eq} = R$$

式中，$R_{g,eq}$ 为折合气体常数，$J/(kg \cdot K)$。因此可得：

$$x_i = \frac{R_{g,i}}{R_{g,eq}} w_i \tag{3-31}$$

3.2.3 理想气体混合物热力性质的计算

(1) 混合理想气体的比热容

根据比热容定义，混合气体的比热容是 1kg 混合气体温度升高 1K 所需的热量，1kg 中有 w_i(kg) 的第 i 种组分，因而混合气体的比热容为：

$$c = \sum w_i c_i \tag{3-32}$$

同理得混合气体的摩尔热容和容积热容分别为：

$$C_m = \sum x_i C_{m,i} \tag{3-33}$$

$$C' = \sum \varphi_i C'_i \tag{3-34}$$

(2) 混合理想气体的热力学能、焓和熵

U、H、S 都是广延量，具有可加性，因此混合气体的热力学能等于各组成气体热力学能之和：

$$U = \sum U_i = \sum m_i u_i = \sum n_i U_{m,i} \tag{3-35}$$

混合气体的比热力学能 u 及摩尔热力学能 U_m 分别为：

$$u = \frac{U}{m} = \frac{\sum m_i u_i}{m} = \sum w_i u_i \tag{3-36}$$

$$U_m = \frac{U}{n} = \frac{\sum n_i U_{m,i}}{n} = \sum x_i U_{m,i} \tag{3-37}$$

同样：

$$H = \sum H_i = \sum m_i h_i = \sum n_i H_{m,i} \tag{3-38}$$

$$h = \frac{H}{m} = \frac{\sum m_i h_i}{m} = \sum w_i h_i \tag{3-39}$$

$$H_m = \frac{H}{n} = \frac{\sum n_i H_{m,i}}{n} = \sum x_i H_{m,i} \qquad (3-40)$$

理想气体混合物中各组元的熵相当于温度 T 下单独处在体积 V 中的熵值，这时压力为分压力 p_i，故 $S_i = f(T, p_i)$，且混合熵等于各组成气体熵的总和，即：$S = \sum S_i$，因此有 1kg 混合气体的比熵变 ds 为：

$$ds = \sum_i w_i c_{p,i} \frac{dT}{T} - \sum_i w_i R_{g,i} \frac{dp_i}{p_i} \qquad (3-41)$$

1mol 混合气体的比熵变为：

$$dS_m = \sum_i x_i C_{p,m,i} \frac{dT}{T} - \sum_i x_i R \frac{dp_i}{p_i} \qquad (3-42)$$

3.3 理想气体的热力过程

3.3.1 研究热力过程的目的及一般方法

工程上广泛应用的各种热工设备，尽管工作原理各不相同，但都是为了完成某种特定的任务而进行相应的热力过程。例如：通过工质的吸热、膨胀、放热、压缩等一系列热力状态变化过程实现热能与机械能的相互转换。**系统内工质状态的连续变化过程称为热力过程。**工质的状态变化与各种作用密切联系，这种联系就是热力学基本定律及工质基本属性的具体体现，而各种热工设备，则是实现这种联系的具

17. 研究热力过程的目的及一般方法

体手段。因此，研究热力过程的目的就在于：运用热力学的基本定律及工质的基本属性，揭示热力过程中工质状态变化的规律与各种作用量之间的内在联系，并从能量的量和质两方面进行定性分析和定量分析。

在热工设备中不可避免地存在各种不可逆因素，但又近似地具有某一简单的特征。为了突出实际过程中状态参数变化的主要特征，在不考虑实际过程不可逆耗损的情况下，**工程热力学将热力设备中的各种过程近似地概括为几种典型过程，即定容、定压、定温和绝热过程，**并用简单的热力学方法予以分析计算。

本章仅限于分析理想气体的可逆过程，分析的方法是将一般规律与过程特征相结合，导出适用于具体过程的计算公式。分析的内容及步骤可概括为以下几点：

① 根据过程的特点，利用状态方程式及第一定律解析式，得出过程方程式 $p = f(v)$；
② 根据已知参数及过程方程，确定未知的状态参数；
③ 在 p-v 图和 T-s 图中画出过程曲线，直观地表达过程中工质状态参数的变化规律及能量转换情况；
④ 确定工质初、终态比热力学能、比焓、比熵的变化量；
⑤ 计算过程中系统与外界交换的功量及热量。

在计算中需要结合前一节中理想气体的性质及热力学第一定律的内容进行相应参数的计算。

3.3.2 理想气体的基本热力过程

根据状态公理，对于简单可压缩系统，如果有两个独立的状态参数保持不变，则系统的状态不会发生变化。一般来说，气体发生状态变化过程中，所有的状态参数都可能发生变化，但也可以允许一个（最多能一个）状态参数保持不变，而让其他状态参数发

生变化。如果在状态变化过程中，分别保持系统的比容、压力、温度或比熵为定值，则分别称为定容过程、定压过程、定温过程及定熵过程。这些由一个状态参数保持不变的过程统称为基本热力过程。

（1）定容过程

18. 理想气体的
定容过程

① 过程方程及初终态参数的关系　气体比体积保持不变的过程称为定容过程。即：

$$v = 定值 \tag{3-43}$$

根据定容过程的过程方程式 $v=$ 定值，以及理想气体状态方程 $pv = R_g T$，即可得出定容过程中的参数关系：

$$\frac{p_1}{T_1} = \frac{p}{T} = \frac{p_2}{T_2} = \frac{R_g}{v} = 定值 \tag{3-44}$$

式（3-44）说明：在定容过程中气体的压力与温度成正比。例如，定容吸热时，气体的温度及压力均升高；定容放热时，两者均下降。

根据理想气体的性质，假定比热容为常数，则有：

$$\Delta u_{12} = c_v (T_2 - T_1) \tag{3-45}$$

$$\Delta h_{12} = c_p (T_2 - T_1) \tag{3-46}$$

$$\Delta s_{12} = c_v \ln \frac{T_2}{T_1} \tag{3-47}$$

② 定容过程在 $p\text{-}v$ 图及 $T\text{-}s$ 图上的图示　如图 3-1（a）所示，定容线在 $p\text{-}v$ 图上是一条与横坐标 v 轴相垂直的直线，若以 1 表示初态，则 12_v 表示定容放热；$12_{v'}$ 表示定容吸热，它们是两个过程。在 $T\text{-}s$ 图上，定容线是一条指数曲线，其斜率随温度升高而增大，即曲线随温度升高而变陡，在图 3-1（b）中 12_v 表示定容放热；$12_{v'}$ 表示定容吸热，它们是与 $p\text{-}v$ 图上同名过程相对应的两个过程，过程线下面面积代表所交换的热量。

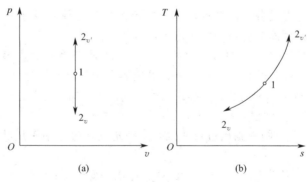

图 3-1　定容过程的图示

③ 功量和热量　因为定容过程的体积变化 $\mathrm{d}v = 0$，因此定容过程的容积变化功及技术功分别为：

$$w = \int_1^2 p \, \mathrm{d}v = 0 \tag{3-48}$$

$$w_t = -\int v \, \mathrm{d}p = -v(p_2 - p_1) = v(p_1 - p_2) \tag{3-49}$$

定容过程中，热量可利用比热容的概念，也可用热力学第一定律来计算。即有：

$$q = c_v(T_2 - T_1) = u_2 - u_1 \tag{3-50}$$

即系统热力学能变化等于系统与外界交换的热量,这是定容过程中能量转换的特点。

(2) 定压过程

压力保持不变的过程称为定压过程。

① 过程方程及初终态参数的关系　根据定压过程的特征,其过程方程为:

$$p = 定值 \tag{3-51}$$

根据过程方程及状态方程得:

19. 理想气体的
定压过程

$$\frac{v_1}{T_1} = \frac{v}{T} = \frac{v_2}{T_2} = \frac{R_g}{p} = 定值 \tag{3-52}$$

式(3-52)说明在定压过程中气体的比容与温度成正比。因此,定压加热过程中气体温度升高必为膨胀过程;定压压缩过程中气体比容减小必为温度下降的放热过程。

根据理想气体的性质,假定比热容为常数,则有:

$$\Delta u_{12} = c_v(T_2 - T_1) \tag{3-53}$$

$$\Delta h_{12} = c_p(T_2 - T_1) \tag{3-54}$$

$$\Delta s_{12} = c_p \ln \frac{T_2}{T_1} \tag{3-55}$$

② 定压过程在 $p\text{-}v$ 图及 $T\text{-}s$ 图上的图示　由图 3-2(a) 可见,定压线在 $p\text{-}v$ 图上是一条平行于横坐标的直线,且 12_p 过程为定压吸热过程,$12_{p'}$ 过程为定压放热过程。在 $T\text{-}s$ 图上,定压线也是一条指数曲线,但因 $c_p > c_v$,所以通过同一状态的定压线总比定容线平坦。

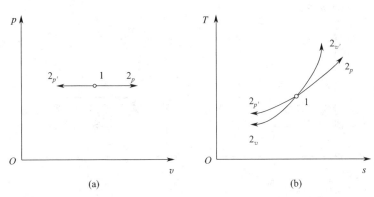

(a)　　　　　　　　　　　　(b)

图 3-2　定压过程的图示

③ 功量和热量　定压过程的容积变化功、技术功及吸收的热量分别表示为:

$$w = \int_1^2 p \, \mathrm{d}v = p(v_2 - v_1) = R_g(T_2 - T_1) \tag{3-56}$$

$$w_t = -\int v \, \mathrm{d}p = 0 \tag{3-57}$$

$$q = h_2 - h_1 = c_p(T_2 - T_1) \tag{3-58}$$

所以理想气体的气体常数 R_g 在数值上等于 1kg 气体定压过程中温度升高 1K 时的

膨胀功。

（3）定温过程

20. 理想气体的
等温过程

温度保持不变的状态变化过程称为定温过程。按分析热力过程的一般步骤，可以依次得出以下结论。

① 过程方程及初终态参数的关系

$$T = 定值 \tag{3-59}$$

因此有：

$$p_1 v_1 = pv = p_2 v_2 = R_g T = 定值 \tag{3-60}$$

即定温过程中压力与比容成反比。

理想气体热力学能及焓仅是温度的函数，在定温过程中，显然有：

$$\Delta u_{12} = 0, \Delta h_{12} = 0 \tag{3-61}$$

定温过程的熵变可按下式计算：

$$\Delta s_{12} = R_g \ln \frac{v_2}{v_1} = -R_g \ln \frac{p_2}{p_1} \tag{3-62}$$

② 定温过程在 $p\text{-}v$ 图及 $T\text{-}s$ 图上的图示　如图 3-3（a）所示，在 $p\text{-}v$ 图上定温过程是一条等边双曲线，过程线的斜率为负值，其中 12_T 是等温膨胀过程，$12_{T'}$ 是等温压缩过程，过程线下的面积代表容积变化功 w；过程线与纵坐标所围面积代表技术功 w_t。定温过程在 $T\text{-}s$ 图上是一条与纵坐标 T 轴相垂直的水平直线，其中 12_T 及 $12_{T'}$ 是与 $p\text{-}v$ 图上同名过程线相对应的两个过程，过程线 12_T 下面的面积为正，表示吸热，$12_{T'}$ 下面的面积为负，表示放热。

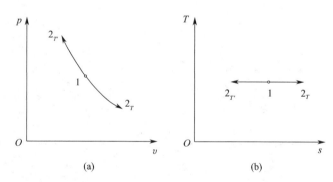

(a)　　　　　　　　　　(b)

图 3-3　定温过程的图示

③ 功量和热量

定温过程中功量及热量可表示为：

$$w = \int_1^2 p\, \mathrm{d}v = -\int_1^2 v\, \mathrm{d}p = w_t \tag{3-63}$$

$$q = w = w_t = R_g T \ln \frac{v_2}{v_1} = -R_g T \ln \frac{p_2}{p_1} \tag{3-64}$$

式（3-64）表达了定温过程中能量转换的特征，即定温过程中热力学能及焓都不变，系统在定温中所交换的热量等于功量（$q_T = w = w_t$）。

(4) 可逆绝热过程

① 过程方程及初终态参数的关系　工质与外界没有热量交换的状态变化过程称为绝热过程，即 $\delta q = 0$。对于可逆绝热过程有：

$$ds = \left(\frac{\delta q}{T}\right)_{rev} = 0 \tag{3-65}$$

21. 理想气体的
可逆绝热过程

因此，可逆绝热过程也称定熵过程。

值得指出的是，**可逆绝热过程一定是定熵过程，但定熵过程不一定是可逆绝热过程**。不可逆的绝热过程不是定熵过程，定熵过程与绝热过程是两个不同的概念。

根据理想气体熵的微分式(3-26)，并且比热容比（κ）取定值时，可得：

$$\frac{dp}{p} + \kappa \frac{dv}{v} = 0$$

对上式进行积分可得：

$$\ln p + \kappa \ln v = 常数$$

即：

$$pv^{\kappa} = 常数 \tag{3-66}$$

式(3-66)即理想气体定熵过程的过程方程，其中理想气体的比热容比 κ 也称为定熵指数（绝热指数），各种理想气体的定熵指数可参阅附录 6。

根据绝热过程及理想气体的状态方程不难得出定熵过程中参数的关系：

$$p_1 v_1^{\kappa} = p_2 v_2^{\kappa} = 常数 \tag{3-67}$$

$$T_1 v_1^{\kappa-1} = T_2 v_2^{\kappa-1} = 常数 \tag{3-68}$$

$$\frac{T_2}{T_1} = \left(\frac{p_2}{p_1}\right)^{\frac{\kappa-1}{\kappa}} \tag{3-69}$$

当初、终态温度变化范围在室温到 600K 之间时，将比热容比（定熵指数）作为定值应用，上述各式误差不大。若温度变化幅度较大，为减少计算误差，建议用平均定熵指数 κ_{av} 来代替。

假设比热容取定值，定熵过程中的 Δu_{12}、Δh_{12} 及 Δs_{12} 可分别表示为：

$$\Delta u_{12} = c_v (T_2 - T_1) \tag{3-70}$$

$$\Delta h_{12} = c_p (T_2 - T_1) \tag{3-71}$$

$$\Delta s_{12} = 0 \tag{3-72}$$

② 可逆绝热过程在 p-v 图及 T-s 图上的图示　图 3-4 中同时画出了通过同一初态

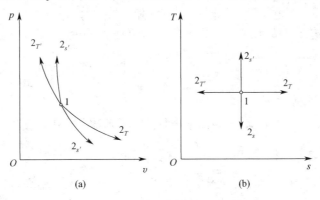

(a)　　　　　　　　　　(b)

图 3-4　绝热过程的图示

的定温线及定熵线，因为 $\kappa > 1$，所以定熵线比定温线陡，它们的斜率都是负的，12_s 表示可逆绝热膨胀过程，$12_{s'}$ 是定熵压缩过程，过程线下的面积表示容积变化功，过程线与纵坐标所围的面积表示技术功。T-s 图上定熵过程线是一条与横坐标轴垂直的直线，12_s 及 $12_{s'}$ 分别表示与 p-v 图上同名过程线相对应的两个过程，过程线下面的面积均为零，表示没有热量交换。

③ 功量和热量　可逆绝热过程中，系统与外界无热量交换，显然有：

$$\delta q = 0, \quad q = \int_1^2 T \mathrm{d}s = 0 \tag{3-73}$$

闭口系统的容积变化功可根据热力学第一定律计算：

$$w = -\Delta u_{12} = c_v (T_1 - T_2) = \frac{R_g}{\kappa - 1}(T_1 - T_2)$$

$$= \frac{R_g T_1}{\kappa - 1}\left(1 - \frac{T_2}{T_1}\right) = \frac{p_1 v_1}{\kappa - 1}\left[1 - \left(\frac{p_2}{p_1}\right)^{\frac{\kappa-1}{\kappa}}\right] \tag{3-74}$$

式(3-74)说明，在可逆绝热过程中，系统的热力学能变化完全是由功量交换所引起的，系统对外界做功时热力学能减小，外界对系统做功时，系统的热力学能增加，这是可逆绝热过程中能量转换的特征。显然式(3-74)的容积变化功公式也可应用积分的方法求得。

对于稳定无摩擦的开口系统，若忽略动、位能的变化，则轴功 w_s 等于技术功 w_t，定熵过程中，轴功 w_t 与容积变化功 w 据热力学第一定律算得满足以下关系：

$$w_t = \kappa w \tag{3-75}$$

式(3-75)说明在定熵过程中技术功等于容积变化功的 κ 倍。有了这层关系，在用积分法计算功量时，只需按 $\int p \mathrm{d}v$ 或 $\int -v \mathrm{d}p$ 进行积分，求出其中一个功量后，另一个功量即可按式(3-75)求得。

【例 3-4】 一容积为 $0.15\mathrm{m}^3$ 的储气罐，内装氧气，其初态压力 $p_1 = 0.55\mathrm{MPa}$，温度 $t_1 = 38℃$。若对氧气加热，其温度、压力都升高。储气罐上装有压力控制阀，当压力超过 $0.7\mathrm{MPa}$ 时，阀门便会自动打开，放走部分氧气，即储气罐中维持的最大压力为 $0.7\mathrm{MPa}$。当储气罐中氧气温度为 $285℃$ 时，对罐内氧气加入了多少热量？设氧气的比热容为定值 $[c_v = 0.677\mathrm{kJ/(kg \cdot K)}, R_g = 260\mathrm{J/(kg \cdot K)}]$。

解　分析：这一题目包括了两个过程：一是由 $p_1 = 0.55\mathrm{MPa}$、温度 $t_1 = 38℃$ 被定容加热到 $p_2 = 0.7\mathrm{MPa}$；二是由 $p_2 = 0.7\mathrm{MPa}$，被定压加热到 $p_3 = 0.7\mathrm{MPa}$、$t_3 = 285℃$，如下图所示：

由于 $p < p_2 = 0.7\mathrm{MPa}$ 时，阀门不会打开，因而储气罐中质量不变，又因储气罐中气体总体积不变，则比体积 $v = \dfrac{V}{m}$ 为定值，而当 $p \geqslant p_2 = 0.7\mathrm{MPa}$ 时，阀门开启，氧气会随加热不断跑出，以维持罐中最大压力 $p_2 = 0.7\mathrm{MPa}$ 不变，因而此过程又是一个质量不断变化的定压过程。该题求解如下：

（1）1—2 是定容过程

根据定容过程状态参数之间的变化规律，有：

$$T_2 = T_1 \frac{p_2}{p_1} = (273+38) \times \frac{0.7}{0.55} = 395.8 (\text{K})$$

该过程所吸收的热量为：

$$Q_{1-2} = Q_v = m_1 c_v \Delta T = \frac{p_1 V_1}{R_g T_1}(T_2 - T_1)c_v$$

$$= \frac{0.55 \times 10^6 \times 0.15}{260 \times 311} \times (395.8 - 311) \times 0.677$$

$$= 58.57 (\text{kJ})$$

（2）2—3 过程是变质量定压过程

由于该过程中质量随时在变，因此先列出其微元变化的吸热量。

$$\delta Q_p = m c_p \mathrm{d}T = \frac{p_2 v_2}{R_g} c_p \frac{\mathrm{d}T}{T}$$

且有：

$$c_p = c_v + R_g = 0.677 + 0.260 = 0.937 [\text{kJ}/(\text{kg} \cdot \text{K})]$$

$$Q_{2-3} = Q_p = \int_{T_2}^{T_3} c_p \frac{p_2 v_2}{R_g} \frac{\mathrm{d}T}{T} = c_p \frac{p_2 v_2}{R_g} \ln \frac{T_3}{T_2}$$

$$= 0.937 \times \frac{0.7 \times 10^6 \times 0.15}{260} \times \ln \frac{273+285}{395.8} = 129.96 (\text{kJ})$$

故对罐内氧气共加入热量：

$$Q = Q_{1-2} + Q_{2-3} = 58.57 + 129.96 = 188.53 (\text{kJ})$$

对于一个实际过程，关键要分析清楚所进行的过程，一旦了解了过程的性质，就可根据给定条件，依据状态参数之间的关系求得已知的状态参数，并进一步求得过程中传递与转换的能量。

当题目中给出统一状态下的 3 个状态参数（p、v、T）时，实际上已隐含给出了此状态下工质的质量，所以求能量转换量时，应求总质量对应的能量转换量，而不应求单位质量的能量转换量。

对于本题目而言，2—3 过程是一变质量、变温过程，对于这样的过程，可先按质量不变列出微元表达式，然后积分求得。

【例 3-5】　空气以 $q_m = 0.012\text{kg/s}$ 的流量稳定流过散热良好的压缩机，入口参数 $p_1 = 0.102\text{MPa}$、$T_2 = 305\text{K}$，可逆压缩到出口压力 $p_2 = 0.51\text{MPa}$，然后进入储气罐。设空气按定温压缩，求 1kg 空气的焓变量 ΔH 和熵变量 Δs，以及压缩机消耗的功率 P_t 和每小时的散热量 q_Q。

解　由于空气定温压缩，故　$T_2 = T_1 = 305\text{K}$，$\Delta H = 0$

$$\Delta s = -R_g \ln \frac{p_2}{p_1} = -0.287 \times \ln \frac{0.51}{0.102} = -0.4619 [\text{kJ}/(\text{kg} \cdot \text{K})]$$

$$w_{t,T} = -R_g T_1 \ln \frac{p_2}{p_1} = -0.287 \times 305 \times \ln \frac{0.51}{0.102} = -140.88 (\text{kJ/kg})$$

$$P_{t,T} = q_m |w_{t,T}| = 0.012 \times 140.88 = 1.69 \text{(kW)}$$

$$q_T = w_{t,T} = -140.88 \text{(kJ/kg)}$$

$$q_{Q,T} = q_m \cdot q_T = 0.012 \times 3600 \times (-140.88) = -6086.0 \text{(kJ/h)}$$

3.3.3 多变过程

22. 多变过程

在热力分析及计算中，四个基本热力过程起着重要作用。基本热力过程的共同特征是有一个状态参数在过程中保持不变。但实际过程是多种多样的，在许多热力过程中，气体的所有状态参数都在发生变化，对于这些过程，就不能把它们简单地简化成基本热力过程。因此，要进一步研究一种理想的热力过程，其状态参数的变化规律，能高度概括地描述更多的实际过程，这种理想过程就是多变过程。

（1）过程方程及初终态参数的关系

$$pv^n = 定值 \tag{3-76}$$

式中，n 为多变指数。**满足多变过程方程且多变指数保持常数的过程，统称为多变过程**。对于不同的多变过程，n 有不同的值，$n \in (-\infty, +\infty)$，因而相应的多变过程也有无限多种。

实际过程中气体状态参数的变化规律并不符合多变过程方程，即很难保持 n 为定值。但是，任何实际过程总能看作由若干段过程所组成，每一段中 n 接近某一常数，而各段中 n 值并不相同，这样，就可用多变过程的分析方法来研究各种实际过程。

值得指出的是，四个基本热力过程都是多变过程的特例，根据 $pv^n = 定值$，不难看出：

① 当 $n = 0$ 时，$pv^0 = p = 定值$，此时多变过程就是定压过程；

② 当 $n = 1$ 时，$pv^1 = pv = 定值$，此时多变过程就是定温过程；

③ 当 $n = \kappa$ 时，$pv^\kappa = 定值$，此时多变过程就是定熵过程；

④ 当 $n = \infty$ 时，$pv^\infty = 定值$、$p^{\frac{1}{\infty}}v = 定值$，此时多变过程就是定容过程。

多变过程方程与定熵过程方程具有相同的形式，仅是指数不同而已，在分析多变过程时应充分利用这个特点，以便直接引用定熵过程中的有关结论。

根据过程方程 $pv^n = 定值$ 以及状态方程 $pv = R_g T$，可得：

$$\frac{p_2}{p_1} = \left(\frac{v_1}{v_2}\right)^n、\frac{T_2}{T_1} = \left(\frac{v_1}{v_2}\right)^{n-1}、\frac{T_2}{T_1} = \left(\frac{p_2}{p_1}\right)^{\frac{n-1}{n}} \tag{3-77}$$

由式（3-77）可以看出，多变过程与定熵过程参数关系的形式相同。根据多变过程的参数关系，不难得出多变指数 n 的计算公式：

$$n = \frac{\ln(p_2/p_1)}{\ln(v_1/v_2)}, n-1 = \frac{\ln(T_2/T_1)}{\ln(v_1/v_2)}, \frac{n-1}{n} = \frac{\ln(T_2/T_1)}{\ln(p_1/p_2)}$$

当理想气体经历多变过程后，其热力学能、焓及熵的变化可按式（3-14）、式（3-15）及式（3-21）至式（3-23）进行计算。

（2）功和热量

多变过程中热量一般不为零，所以功 $w \neq \Delta u$，需按 $w = \int_1^2 p \mathrm{d}v$ 计算。通过积分，

可得：

$$w = \int_1^2 p\,\mathrm{d}v = \int_1^2 p_1 v_1^n \cdot \frac{\mathrm{d}v}{v^n} = \left(\frac{1}{n-1}\right)(p_1 v_1 - p_2 v_2)$$

$$= \left(\frac{1}{n-1}\right) R_g (T_1 - T_2) = \left(\frac{1}{n-1}\right) R_g T_1 \left[1 - \left(\frac{p_2}{p}\right)^{\frac{n-1}{n}}\right]$$

$$= \frac{\kappa - 1}{n-1} c_v (T_2 - T_1) \tag{3-78}$$

而在多变过程中，技术功 w_t 与容积变化功之间的关系可表示为：

$$w_t = nw \tag{3-79}$$

即多变过程的技术功是过程功的 n 倍。

理想气体定值比热容多变过程的热力学能变化仍为 $\Delta u = c_v (T_2 - T_1)$，在求得 w 和 Δu 后，热量 q 由热力学第一定律得到：

$$q = \Delta u + w = c_v (T_2 - T_1) + \frac{\kappa - 1}{n-1} c_v (T_2 - T_1) = \frac{n - \kappa}{n-1} c_v (T_2 - T_1) \tag{3-80}$$

根据比热容的定义，热量为比热容乘以温差，$q = c_n (T_2 - T_1)$，与式（3-80）比较得：

$$c_n = \frac{n - \kappa}{n-1} c_v \tag{3-81}$$

对于某个具体的多变过程，c_n 是一过程量，定值比热容时 c_n 有一确定的数值。

（3）多变过程的特征及图示

在 p-v 图、T-s 图上，可逆多变过程是一条任意的双曲线，过程线的相对位置取决于 n 值，n 值不同的各多变过程表现出不同的过程特征。

23. 过程的分布
规律及过程特征

在图 3-5 中分别画出四种基本热力过程线，从同一初态出发，向两个不同方向的同名过程线，分别代表多变指数相同的两个过程，p-v 图及 T-s 图上的同一个同名过程线，方向、符号及相应位置必须一一对应，它们代表同一个过程。

从图 3-5 中可以看出，同名多变过程曲线在 p-v 图及 T-s 图上的形状虽各不相同，但是随 n 变化而变化的分布规律，即通过同一初态的各条多变过程曲线的相对位置，在 p-v 图及 T-s 图上是相同的。不难发现，从任何一条过程线（例如定压过程 $n=0$，$c_n = c_p$）出发，多变指数 n 的数值沿顺时针方向递增，定容线上 n 为

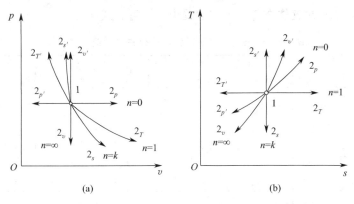

图 3-5 过程线的分布规律

±∞，从定容线按顺时针方向变化到定压线的区间内，n 为负值，多变比热容的数值也沿顺时针方向递增，定温线上 $c_n = \pm\infty$，从定温线上按顺时针方向变化到定熵线的区间内，c_n 为负值。

根据多变过程线的上述分布规律，借助于四种基本热力过程线的相对位置，可以在 p-v 图及 T-s 图上，确定 n 为任意值时多变过程线的大致方位。如果再给出一个特征，例如吸热或放热，膨胀或压缩，升温或降温等，就可以进一步确定该多变过程的方向，正确画出多变过程在图上的相对位置，其是对过程进行热力分析的基础和先决条件。

如图 3-5 所示，从同一初态出发的四种基本热力过程线，把 p-v 图及 T-s 图分成八个区域，任何多变过程的终态，必定落在这四条基本热力过程线上或这八个区域内，落在同一条线上或同一区域内的就有相同的性质；反之，落在不同线上或不同区域内的就有不同的性质。

设多变过程都是可逆过程，可根据过程特征，结合理想气体的性质及热力学第一定律，定量计算理想气体经历某一热力过程后的功量及热量。

图 3-5 中四种基本热力过程可作为判定任意多变过程的依据。如果被研究过程线在 p-v 图及 T-s 图上的位置确定后，可以依据下面的条件对该过程进行定性分析。

① 过程线终态的位置在通过初态的定温线上方，$\Delta u > 0$、$\Delta h > 0$

若下方，则：$\Delta u < 0$、$\Delta h < 0$；

② 过程线终态的位置在通过初态的定熵线右方，$\mathrm{d}s > 0$、$\delta q > 0$

若左方，则：$\mathrm{d}s < 0$、$\delta q < 0$；

③ 过程线终态的位置在通过初态的定容线右方，$\mathrm{d}v > 0$、$\delta w > 0$

若左方，则：$\mathrm{d}v < 0$、$\delta w < 0$；

④ 过程线终态的位置在通过初态的定压线上方，$\mathrm{d}p > 0$、$\delta w_t < 0$

若下方，则：$\mathrm{d}p < 0$、$\delta w_t > 0$；

不难发现，判据①、②在 T-s 图上显而易见，而在 p-v 图上则不易被识别；判据③、④在 p-v 图上显而易见，而在 T-s 图上不易被识别。

值得指出的是，上述判据是根据多变过程线在坐标图的分布规律总结出来的，对于 p-v 图、T-s 图以及其他状态参数坐标图都是普遍适用的。因此，通过 T-s 图来理解判据①、②，通过 p-v 图来理解判据③、④，就可对任何状态参数坐标图上的过程线进行定性分析。

表 3-2 列出了理想气体在各种可逆过程中的计算公式。

表 3-2 理想气体可逆过程计算公式（定值比热容）

过程名称	定容过程 $n = \infty$	定压过程 $n = 0$	定温过程 $n = 1$	定熵过程 $n = \kappa$	多变过程 n
过程特征	$v = $ 定值	$p = $ 定值	$T = $ 定值	$s = $ 定值	
T,p,v 之间的关系式	$\dfrac{T_1}{p_1} = \dfrac{T_2}{p_2}$	$\dfrac{T_1}{v_1} = \dfrac{T_2}{v_2}$	$p_1 v_1 = p_2 v_2$	$p_1 v_1^{\kappa} = p_2 v_2^{\kappa}$ $T_1 v_1^{\kappa-1} = T_2 v_2^{\kappa-1}$ $\dfrac{T_2}{T_1} = \left(\dfrac{p_2}{p_1}\right)^{\kappa-1/\kappa}$	$p_1 v_1^{n} = p_2 v_2^{n}$ $T_1 v_1^{n-1} = T_2 v_2^{n-1}$ $\dfrac{T_2}{T_1} = \left(\dfrac{p_2}{p_1}\right)^{n-1/n}$
Δu	$c_v(T_2 - T_1)$	$c_v(T_2 - T_1)$	0	$c_v(T_2 - T_1)$	$c_v(T_2 - T_1)$
Δh	$c_p(T_2 - T_1)$	$c_p(T_2 - T_1)$	0	$c_p(T_2 - T_1)$	$c_p(T_2 - T_1)$

续表

过程名称	定容过程 $n = \infty$	定压过程 $n = 0$	定温过程 $n = 1$	定熵过程 $n = \kappa$	多变过程 n
Δs	$c_v \ln \dfrac{T_2}{T_1}$	$c_p \ln \dfrac{T_2}{T_1}$	$\dfrac{q}{T}$ $R_g \ln \dfrac{v_2}{v_1}$ $R_g \ln \dfrac{p_1}{p_2}$	0	$c_v \ln \dfrac{T_2}{T_1} + R_g \ln \dfrac{v_2}{v_1}$ $c_p \ln \dfrac{T_2}{T_1} - R_g \ln \dfrac{p_2}{p_1}$ $c_v \ln \dfrac{p_2}{p_1} + c_p \ln \dfrac{v_2}{v_1}$
比热容 c	$c_v = \dfrac{R_g}{\kappa - 1}$	$c_p = \dfrac{\kappa R_g}{\kappa - 1}$	∞	0	$\dfrac{n-\kappa}{n-1} c_v$
过程功 $w = \displaystyle\int_1^2 p\,dv$	0	$p(v_2 - v_1)$ $R_g(T_2 - T_1)$	$R_g T \ln \dfrac{v_2}{v_1}$ $R_g T \ln \dfrac{p_1}{p_2}$	$-\Delta u$ $\dfrac{R_g}{\kappa - 1}(T_1 - T_2)$ $\dfrac{R_g T_1}{\kappa - 1}\left[1 - \left(\dfrac{p_2}{p_1}\right)^{\frac{\kappa-1}{\kappa}}\right]$	$\dfrac{R_g}{n-1}(T_1 - T_2)$ $\dfrac{R_g T_1}{n-1}\left[1 - \left(\dfrac{p_2}{p_1}\right)^{\frac{n-1}{n}}\right]$
技术功	$v(p_1 - p_2)$	0	$w_t = w$	$-\Delta h$ $\dfrac{\kappa R_g}{\kappa - 1}(T_1 - T_2)$ $\dfrac{\kappa R_g T_1}{\kappa - 1}\left[1 - \left(\dfrac{p_2}{p_1}\right)^{\frac{\kappa-1}{\kappa}}\right]$ $w_t = \kappa w$	$\dfrac{n R_g}{n-1}(T_1 - T_2)$ $\dfrac{n R_g T_1}{n-1}\left[1 - \left(\dfrac{p_2}{p_1}\right)^{\frac{n-1}{n}}\right]$ $w_t = n w$
过程热量 q	Δu	Δh	$T(s_2 - s_1)$ $q = w = w_t$	0	$\dfrac{n-\kappa}{n-1} c_v (T_2 - T_1)$

【例 3-6】 空气在膨胀透平中由 $p_1 = 0.6\text{MPa}$、$T_1 = 900\text{K}$，绝热膨胀到 $p_2 = 0.1\text{MPa}$。工质的质量流量 $q_m = 5\text{kg/s}$，设比热容为定值，$\kappa = 1.4$，试求：

(1) 膨胀终了时，空气的温度及膨胀透平的功率；

(2) 过程中热力学能及焓的变化量；

(3) 将单位质量的透平输出功表示在 p-v 图及 T-s 图上；

(4) 若透平效率 $\eta_t = 0.9$，则终态温度和膨胀透平功率为多少？

解：(1) 空气在透平中经可逆绝热过程，即定熵过程，所求的功是轴功，在动、位能差忽略不计时，即为技术功：

$$T_2 = T_1 \left(\frac{p_2}{p_1}\right)^{\frac{\kappa-1}{\kappa}} = 900 \times \left(\frac{0.1}{0.6}\right)^{\frac{1.4-1}{1.4}} = 539.4\,(\text{K})$$

$$w_t = \frac{\kappa}{\kappa - 1} R_g T_1 \left[1 - \left(\frac{p_2}{p_1}\right)^{\frac{\kappa-1}{\kappa}}\right]$$

$$= \frac{1.4}{1.4 - 1} \times \frac{287}{1000} \times 900 \times \left[1 - \left(\frac{0.1}{0.6}\right)^{\frac{1.4-1}{1.4}}\right]$$

$$= 362.2\,(\text{kJ/kg})$$

则透平机输出功率：$P = q_m w_t = 5 \times 362.2 = 1811 (\text{kW})$

(2) $\Delta U = q_m c_v (T_2 - T_1) = 5 \times \dfrac{5}{2} \times \dfrac{287}{1000} \times (539.4 - 900) = -1294.7 (\text{kW})$

$$\Delta H = -P = -1811 (\text{kW})$$

(3) 在 $p\text{-}v$ 图上表示技术功，即曲线与纵坐标所围面积；在 $T\text{-}s$ 图上表示热量较容易；如果能将 w_t 等效成某过程的热量，则表示就没有困难了。因理想气体的焓只是温度的函数，设 $T_1 = T_{1'}$，则：

$$h_1 = h_{1'} (q = \Delta h + w_t)$$

$$w_t = -\Delta h = h_1 - h_2 = h_{1'} - h_2 = c_p (T_{1'} - T_2) = q_{p1'2}$$

即 $w_t = 1'\text{-}2$ 定压过程的热量，在 $T\text{-}s$ 图中为 $1'\text{-}2\text{-}a\text{-}b\text{-}1'$ 所围面积。

(4) $\eta_t = 0.9$，说明此过程为不可逆绝热过程，

透平机实际输出功率：$P' = P \eta_t = 1811 \times 0.9 = 1629.9 (\text{kW})$

由热力学第一定律：$\qquad \Delta H + P' = 0$

此时空气在透平出口终态的温度为 $\qquad q_m c_p (T_2' - T_1) + P' = 0$

$$T_2' = -\dfrac{P'}{q_m c_p} + T_1 = -\dfrac{1629.9 \times 10^3}{5 \times \dfrac{7}{2} \times 287} + 900 = 575.5 (\text{K})$$

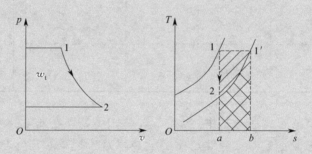

3.4 气体的压缩过程

工业上需要的压力较高的气体称为压缩气体，而用于产生压缩气体的设备称为压气机（压缩机）。压气机广泛应用于动力工程中，其也是制冷装置的主要设备。

由于使用场合及工作压力范围不同，压气机的结构型式及工作原理也有很大差异。按工作原理及构造，压气机可分为：活塞式压气机（往复式）、叶轮式压气机（离心式）及引射式压气机。家用风扇、排气扇等就属于叶轮式压气机。

各类压气机在结构及工作原理上不同，但从热力学观点来看，气体状态变化过程并没有本质的不同，都是消耗外功，经过进气、压缩、排气三个阶段，达到使气体压缩升压的目的。下面主要以活塞式压气机为例来分析压气机的工作过程。

24. 单级活塞式压缩机的工作原理

3.4.1 单级活塞式压气机的工作原理

活塞式压气机会经历进气、压缩、排气三个过程，其中进气和排气

过程不是热力过程，只是气体的迁移过程，缸内气体数量发生变化，而热力学状态不变。

从图 3-6 可看出，a-1 及 2-b 为引入和输出气缸，1-2 为气体在压气机中进行压缩的热力过程，此时气体的压力从 p_1 上升到 p_2。压缩过程中，气体的终压 p_2 与初压 p_1 之比（p_2/p_1）称为增压比，用符号 π 来表示。在此过程中，压气机中的气体数量不变，而气体状态发生改变。压缩气体的生产过程包括气体的流入、压缩和输出，所以压气机耗功应以技术功计，在图 3-6 中即为过程线与纵坐标所围的面积，通常用符号 W_C 表示压气机的耗功，即：

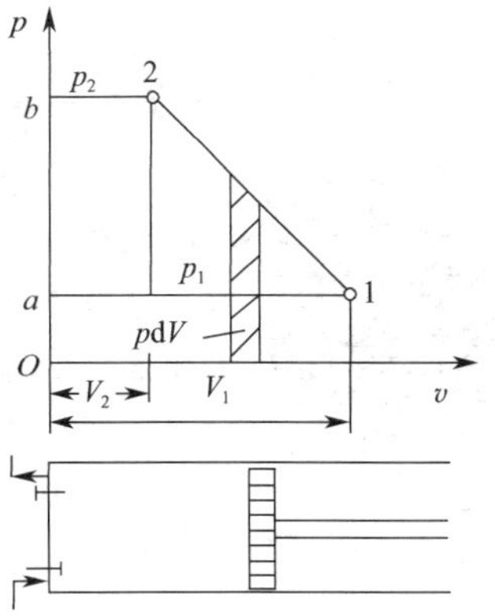

$$W_C = -W_t$$

对于 1kg 工质，可写成：

$$w_C = -w_t$$

图 3-6 活塞式压气机的压缩过程

在压气过程中存在两种极限情况和一种实际情况。

① 绝热过程：当压缩过程快，且气缸散热较差时，可视为绝热过程。在绝热压缩过程中所消耗的压缩功为：

$$w_{C,s} = -w_{t,s} = \frac{\kappa}{\kappa-1} R_g T_1 \left[\left(\frac{p_2}{p_1} \right)^{\frac{\kappa-1}{\kappa}} - 1 \right] = \frac{\kappa}{\kappa-1} R_g T_1 (\pi^{\frac{\kappa-1}{\kappa}} - 1) \quad (3\text{-}82)$$

② 等温过程：当压缩过程十分缓慢，且气缸散热条件良好时，可视为等温过程。在等温压缩过程中所消耗的压缩功为：

$$w_{C,T} = -w_{t,T} = R_g T_1 \ln \frac{p_2}{p_1} = R_g T_1 \ln \pi \quad (3\text{-}83)$$

③ 多变指数为 n 的压缩过程，$1 < n < \kappa$。在多变压缩过程中所消耗的压缩功为：

$$w_{C,n} = -w_{t,n} = \frac{n}{n-1} R_g T_1 \left[\left(\frac{p_2}{p_1} \right)^{\frac{n-1}{n}} - 1 \right] = \frac{n}{n-1} R_g T_1 (\pi^{\frac{n-1}{n}} - 1) \quad (3\text{-}84)$$

这三种过程可表示在 p-v 图及 T-s 图上，如图 3-7 所示。

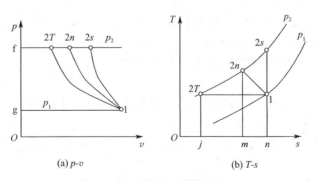

(a) p-v (b) T-s

图 3-7 压气机的三种热力过程

从图 3-7 中可以看出，在初态及终态压力相同的情况下，三种压气过程中有：

$$w_{C,s} > w_{C,n} > w_{C,T}, \ T_{C,s} > T_{C,n} > T_{C,T}, \ v_{C,s} > v_{C,n} > v_{C,T} \quad (3\text{-}85)$$

这就是说，把一定量的气体从相同初态压缩到相同终态时，定温过程所消耗的功最少，绝热过程最多，实际过程介于两者之间，随 n 减小而减少；绝热过程中气体的温升及比体积也较大，这对机器的运行也是不利的，所以在压气过程中，应尽量减小 n

值，使之接近定温过程。对于单级活塞式压气机，通常多变指数 $n = 1.2 \sim 1.3$。同时从式(3-82)~式(3-84)可以看到，压缩过程中所消耗的压缩功也与压缩初温及压缩比 π 成正比。

3.4.2 多级压缩和级间冷却

25. 多级压缩
级间冷却

如前所述，降低压缩前的温度 T_1 及减小压缩比可有效降低压缩过程中所消耗的功。对于活塞式压气机，可采用在气缸外加装冷却装置的方式来降低压缩气体的温度；而采用多级压缩的方式则可有效地减小压缩比 π。工程中，压气机常采用多级压缩、级间冷却。

多级压缩、级间冷却就是将气体逐级在不同气缸中压缩，每经过一次压缩，就在中间冷却器中定压冷却到压缩前的温度，然后进入下一级气缸继续被压缩。图 3-8 中给出了两级压缩、中间冷却的示意过程。

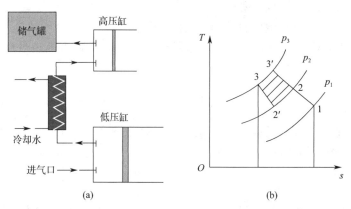

图 3-8 两级压缩、中间冷却压气机示意图

在进行理论分析时，可做如下假设：

① 假定被压缩气体是定比热容理想气体，两级气缸中的压缩过程具有相同的多变指数 n，并且不存在摩擦；

② 假定第二级气缸的进气压力等于第一级气缸的排气压力（即不考虑气体流经管道、阀门和中间冷却器时的压力损失）：$p_2 = p_{2'}$；

③ 假定两个气缸的进气温度相同，（即认为进入第二级气缸的气体在中间冷却器中得到充分的冷却）：$T_1 = T_{2'}$。

根据式(3-84)，再结合上述假定条件，可得到两级压气机消耗的功：

$$w_C = w_{C,L} + w_{C,H} = \frac{n}{n-1} R_g T_1 \left[\left(\frac{p_2}{p_1} \right)^{\frac{n-1}{n}} - 1 \right] + \frac{n}{n-1} R_g T_{2'} \left[\left(\frac{p_3}{p_2} \right)^{\frac{n-1}{n}} - 1 \right]$$

$$= \frac{n}{n-1} R_g T_1 \left[\left(\frac{p_2}{p_1} \right)^{\frac{n-1}{n}} + \left(\frac{p_3}{p_2} \right)^{\frac{n-1}{n}} - 2 \right] \tag{3-86}$$

在第一级进气压力 p_1（最低压力）和第二级排气压力 p_3（最高压力）之间，合理选择 p_2，以 p_2 为变量，对式(3-86)求一阶层数并令其等于零，解得：

$$p_2 = \sqrt{p_1 p_3}$$

$$\frac{p_2}{p_1} = \frac{p_3}{p_2} = \sqrt{\frac{p_3}{p_1}} = \pi \tag{3-87}$$

此时压气机所消耗的功为：

$$w_{C,min}=\frac{2n}{n-1}R_gT_1\left[\left(\frac{p_2}{p_1}\right)^{\frac{n-1}{n}}-1\right]$$ (3-88)

由此可以证明，若为 m 级压缩，各级压力分别为 $p_1,p_2,\cdots p_m,p_{m+1}$，每级中间冷却器都将气体冷却到最初温度，则此时若使压气机消耗的总功最小，必须满足：

$$\pi=\frac{p_2}{p_1}=\frac{p_3}{p_2}=\cdots=\frac{p_m}{p_{m-1}}=\frac{p_{m+1}}{p_m}=\sqrt{\frac{p_{m+1}}{p_1}}$$ (3-89)

此时压气机耗功为：

$$w_C=\sum_{i=1}^{m}w_{C,i}=m\frac{n}{n-1}R_gT_1(\pi^{\frac{n-1}{n}}-1)$$ (3-90)

3.4.3 余隙容积对压气机的影响

在实际过程中，由于制造公差，材料的受热、膨胀及安装排气阀等的影响，当活塞运动到死点位置上时，在活塞顶面与气缸盖间有一定的空隙，该空隙的容积称为余隙容积，用 V_C 表示；用 V_h 表示排气量，V_h 是活塞从上止点运动到下止点时活塞扫过的容积。

26. 活塞式压缩机余隙容积的影响

从图 3-9 中可以看出：1-2 为压缩过程，2-3 为排气过程，3-4 为余隙中气体的膨胀过程，4-1 为有效进气过程。

余隙容积会对压气机的生产量及耗功产生较大的影响。

(1) 余隙容积对生产量的影响

如图 3-9 所示，由于余隙容积的影响，气缸内实际进气容积 V 等于 V_1-V_4，小于排气量，用 η_V 表示有效吸气容积 V 与气缸排量 V_h 之间的比，称容积效率，因此有：

$$\eta_V=\frac{V}{V_h}=\frac{V_1-V_4}{V_1-V_3}$$ (3-91)

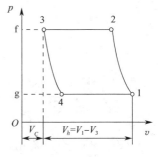

图 3-9 有余隙容积时的示功图

因为 $V_4/V_3=(p_3/p_4)^{1/n}=(p_2/p_1)^{1/n}$，所以有：

$$\eta_V=\frac{(V_1-V_3)-(V_4-V_3)}{V_1-V_3}=1-\frac{V_3}{V_1-V_3}\left(\frac{V_4}{V_3}-1\right)=1-\frac{V_C}{V_h}(\pi^{1/n}-1)$$ (3-92)

从式(3-92)可看出：当余隙比 V_C/V_h 一定，要使 η_V 增大，则需减小 π 值；且当 π 达到一定数值时，η_V 为零。同时，当增压比 π 一定时，余隙比越大，则 η_V 越低。

(2) 余隙容积对理论耗功的影响

由于余隙容积中剩余气体的膨胀功可利用，故压气机耗功 W_C 可用图 3-9 中 12fg1 面积和 43fg4 面积之差表示，即：

$$W_C=S_{12fg1}-S_{43fg4}=\frac{n}{n-1}p_1V_1\left[\left(\frac{p_2}{p_1}\right)^{\frac{n-1}{n}}-1\right]-\frac{n}{n-1}p_4V_4\left[\left(\frac{p_3}{p_4}\right)^{\frac{n-1}{n}}-1\right]$$

由于 $p_1=p_4$，$p_2=p_3$，$V_1-V_4=V$，所以上式简化为：

$$W_C=\frac{n}{n-1}p_1V(\pi^{\frac{n-1}{n}}-1)=\frac{n}{n-1}mR_gT_1(\pi^{\frac{n-1}{n}}-1)$$ (3-93)

式中，m 为压气机产生的压缩气体的质量。若产生 1kg 压缩气体，则：

$$w_C = \frac{n}{n-1} R_g T_1 (\pi^{\frac{n-1}{n}} - 1) \tag{3-94}$$

由式(3-93)及式(3-94)得：活塞式压气机余隙容积的存在，虽对压缩一定量气体时的理论耗功无影响，但容积效率 η_V 降低，即单位时间内产生的压缩气体量减少。因此在设计制造活塞式压气机时应尽量减小余隙容积。

【例3-7】 $p_1 = 1 \times 10^5$ Pa、$t_1 = 50$℃、$V_1 = 0.032$m^3 的空气进入压气机，按多变过程压缩至 $p_2 = 3.1 \times 10^6$ MPa，$V_2 = 0.0021$m^3。试求：（1）该过程的多变指数；（2）压气机所消耗的功；（3）压缩终了时空气的温度。

解：（1）多变指数

$$\frac{p_2}{p_1} = \left(\frac{V_1}{V_2}\right)^n$$

$$n = \frac{\ln \frac{p_2}{p_1}}{\ln \frac{V_1}{V_2}} = \frac{\ln \frac{3.1 \times 10^6}{1 \times 10^5}}{\ln \frac{0.032}{0.0021}} = 1.26$$

（2）压气机的耗功

$$\begin{aligned}
W_t &= \frac{n}{n-1}(p_1 V_1 - p_2 V_2) \\
&= \frac{1.26}{1.26-1} \times \frac{(1 \times 10^5 \times 0.032 - 3.1 \times 10^6 \times 0.0021)}{1000} \\
&= -16.04 \text{(kJ)}
\end{aligned}$$

（3）压缩终温

$$T_2 = T_1 \left(\frac{p_2}{p_1}\right)^{\frac{n-1}{n}} = (50+273) \times \left(\frac{3.1 \times 10^6}{1 \times 10^5}\right)^{\frac{1.26-1}{1.26}} = 656.1 \text{(K)}$$

【例3-8】 在两级压缩活塞式压气机装置中，空气从初态（$p_1 = 0.1$MPa、$t_1 = 27$℃）压缩到终态（$p_4 = 6.4$MPa）。设两气缸中可逆多变过程的多变指数 n 均为1.2，且级间压力取最佳中间压力。要求压气机每小时向外供给50kg压缩空气量。求：（1）压气机总的耗功率；（2）压缩终了空气的温度。已知空气的 $R_g = 0.287$kJ/(kg·K)。

解：（1）压气机最佳的中间压力 p_2 为：

$$p_2 = \sqrt{p_1 p_4} = \sqrt{0.1 \times 10^6 \times 6.4 \times 10^6} = 0.8 \times 10^6 \text{(Pa)}$$

此时，压气机各级的压缩比为：

$$\pi = \frac{p_2}{p_1} = \frac{0.8}{0.1} = 8$$

压气机总的耗功率为：

$$\begin{aligned}
P &= \sum_i q_m w_{t,i} = 2q_m \frac{n}{n-1} R_g T_1 (1 - \pi^{\frac{n-1}{n}}) \\
&= 2 \times \frac{50}{3600} \times \frac{1.2}{1.2-1} \times 0.287 \times (27+273) \times (1 - 8^{\frac{1.2-1}{1.2}}) \\
&= -5.94 \text{(kW)}
\end{aligned}$$

即压气机的总耗功率为 5.94kW。

（2）空气压缩终了的温度 T_4 为：

$$T_3 = T_1 = 300K$$

$$T_4 = T_3 \pi^{\frac{n-1}{n}} = 300 \times 8^{\frac{1.2-1}{1.2}} = 424.3(K)$$

3.5 气体在喷管中的流动过程

喷管是一种使流体压力降低而流速提升的具有特殊形状的管段，在工程中有着广泛的应用。例如，在燃气轮机中，高温、高压的工质首先流经喷管获得高速，然后利用高速气流的动能推动叶轮快速转动而对外做功。喷气式发动机和火箭发动机是利用尾部喷管在喷出气流时的反作用力推动飞行器前进的。另外，工业上常用的各种喷射泵、引射器、抽气器等也都用到了喷管。

与喷管作用相反的称为扩压管，它将高速气流自一端引入，在另一端得到压力较高而流速较低的气体。因为气体在扩压管中的过程是喷管中过程的逆过程，所以本书仅介绍气体在喷管中的流动过程。

27. 连续性方程和
能量守恒方程

3.5.1 稳定流动中的基本方程式

描述一维稳定流动的方程式主要包括连续性方程、能量守恒方程、过程方程及声速方程，分别表述如下：

$$\frac{dA}{A} + \frac{dc_f}{c_f} - \frac{dv}{v} = 0 \qquad (3-95)$$

$$dh + \frac{1}{2}d(c_f^2) = 0 \qquad (3-96)$$

$$\frac{dp}{p} + \kappa \frac{dv}{v} = 0 \qquad (3-97)$$

$$Ma = \frac{c_f}{c} \qquad (3-98)$$

式（3-95）～式（3-98）为描述一元可逆绝热稳定流动的基本方程式，其中式（3-96）的能量守恒方程表明：在稳定流动中，**质量流的焓变与动能变化之间的关系为动能增加，则焓值必降低；反之亦然**。式（3-98）表征流体流速与当地声速的比值，当 $Ma > 1$，流体进行超声速流动，当 $Ma = 1$，流体进行声速流动，当 $Ma < 1$，流体进行亚声速流动。

它们适用于理想气体，在位能变化可以忽略不计，不计对外做功的条件下。

3.5.2 喷管截面的变化规律

喷管在设计中应使气体在给定的进口和出口状态，尽可能获得更多的动能，这就要求喷管的流道截面形状符合流动过程的规律。在不产生任何能量损失，即气体在喷管内保持定熵流动时，喷管截面面积的变化与气体的流速变化、状态变化之间必须满足力学条件及几何条件。

28. 促使流速
改变的条件

$$\frac{\mathrm{d}p}{p} = -\kappa Ma^2 \frac{\mathrm{d}c_\mathrm{f}}{c_\mathrm{f}} \tag{3-99}$$

$$\frac{\mathrm{d}A}{A} = (Ma^2 - 1)\frac{\mathrm{d}c_\mathrm{f}}{c_\mathrm{f}} \tag{3-100}$$

式（3-99）及式（3-100）分别称为促使流体流速改变的力学条件及几何条件。式（3-99）表明流体流速的变化与马赫数 Ma 的变化成反比。式（3-100）表明，喷管截面与气流速度之间的变化规律取决于马赫数。

当 $Ma < 1$ 时，气体进行亚声速流动，此时气体的流速与流道截面积成反比，若要使气体加速，则流道截面沿流动方向逐渐收缩，这样的喷管称为渐缩喷管，如图 3-10（a）所示。当 $Ma = 1$ 时，气流速度等于声速，气体进行声速流动。当 $Ma > 1$ 时，气体进行超声速流动，若要使气体加速，则流道截面沿流动方向逐渐扩大，这种喷管称为渐扩喷管，如图 3-10（b）所示。

通过对式（3-100）分析可知，渐缩喷管，气流速度最大值只能达到声速。欲使气流在喷管中自亚声速连续增加至超声速，其截面应先收缩后扩张，这样的喷管称为缩放喷管或拉伐尔管，如图 3-10（c）所示。而在收缩与扩张的连接部位，气体的速度正好为声速，这个截面通常称为临界截面。临界截面的参数称为临界参数，用下角标 cr 表示，如临界压力 p_cr、临界比体积 v_cr、临界流速 $c_\mathrm{f,cr}$ 等。

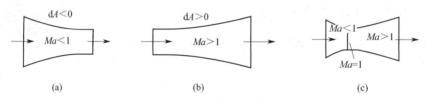

图 3-10　喷管示意图

3.5.3　喷管的计算

29. 喷管的计算

（1）流速的计算

由能量守恒方程式（3-96）可得：

$$\frac{1}{2}c_\mathrm{f2}^2 + h_2 = \frac{1}{2}c_\mathrm{f1}^2 + h_1 = h_0$$

可得气体在喷管内绝热流动时，任一截面上的流速可由下式计算：

$$c_\mathrm{f2} = \sqrt{2(h_0 - h_2)} = \sqrt{2(h_1 - h_2) + c_\mathrm{f1}^2} \tag{3-101}$$

式中，$(h_1 - h_2)$ 称为绝热焓降，又叫可用焓降。h_0 称为总焓或滞止焓。

对于理想气体：

$$c_\mathrm{f2} = \sqrt{2c_p(T_0 - T_2)} \tag{3-102}$$

假定比热容为定值，流动过程是可逆的，式（3-102）又可进一步推演得到：

$$c_\mathrm{f2} = \sqrt{2\frac{\kappa}{\kappa-1}R_\mathrm{g}T_0\left[1 - \left(\frac{p_2}{p_0}\right)^{\frac{\kappa-1}{\kappa}}\right]} = \sqrt{2\frac{\kappa}{\kappa-1}p_0v_0\left[1 - \left(\frac{p_2}{p_0}\right)^{\frac{\kappa-1}{\kappa}}\right]} \tag{3-103}$$

由式（3-103）可得，喷管出口截面的流速取决于工质的性质、进口截面处工质的状态与出口截面与临界截面的压力比（p_2/p_0），当工质进口截面处的状态确定时，喷管出口截面的流速只取决于压力比 p_2/p_0，并且随着 p_2/p_0 的减小而增大。

前面的分析已指出，$Ma=1$ 的截面称为临界截面，该截面处的压力为临界压力 p_{cr}，流速为临界流速 $c_{f,cr}$。而压力比 p_{cr}/p_0 称为临界压力比，用 v_{cr} 表示。由式 (3-101) 及式 (3-103) 可得临界流速为：

$$c_{f,cr} = \sqrt{2\frac{\kappa}{\kappa-1}p_0 v_0 \left[1-\left(\frac{p_{cr}}{p_0}\right)^{\frac{\kappa-1}{\kappa}}\right]} = \sqrt{\kappa p_{cr} v_{cr}}$$

根据过程方程式 $p_0 v_0^{\kappa} = p_{cr} v_{cr}^{\kappa} = $ 常数，由上式可求得临界压力比为：

$$v_{cr} = \frac{p_{cr}}{p_0} = \left(\frac{2}{\kappa+1}\right)^{\frac{\kappa}{\kappa-1}} \tag{3-104}$$

临界压力比 v_{cr} 只与工质的性质有关，它是气流速度从亚声速到超声速的转折点。 对于理想气体，如取定值比热容，则双原子气体的 $\kappa=1.4$，$v_{cr}=0.528$；对于水蒸气，如为过热蒸汽，$\kappa=1.3$，$v_{cr}=0.546$；对于干饱和蒸汽，取 $\kappa=1.135$，$v_{cr}=0.577$。将临界压力比公式 (3-104) 代入式 (3-103)，可得理想气体的临界流速为：

$$c_{f,cr} = \sqrt{2\frac{\kappa}{\kappa+1}p_0 v_0} = \sqrt{2\frac{\kappa}{\kappa+1}R_g T_0} \tag{3-105}$$

上式表明：工质一旦确定（κ 值已知），临界速度只取决于滞止状态的参数。对于理想气体则只取决于滞止状态时的温度。

(2) 流量的计算

对已有的喷管，尺寸已定，且又知道喷管进出口参数时，流量可按下式进行计算：

$$q_m = \frac{A c_f}{v}$$

习惯上常按最小截面（收缩喷管的出口截面，缩放喷管的喉部截面）来计算流量，所以有：

$$q_m = \frac{A_2 c_{f2}}{v_2} \quad \text{或} \quad q_m = \frac{A_{cr} c_{f,cr}}{v_{cr}}$$

为揭示流量随进、出口参数变化的规律，把流量公式做进一步推导，最后得到：

$$q_m = \frac{A_2}{v_2}\sqrt{2\frac{\kappa}{\kappa-1}p_0 v_0 \left[1-\left(\frac{p_2}{p_0}\right)^{\frac{\kappa-1}{\kappa}}\right]} \tag{3-106}$$

上式表明：当进口参数，即滞止参数不变，同时喷管出口截面积保持恒定时，流量仅依 p_2/p_0 变化。

对于渐缩喷管，当背压 p_b（喷管出口截面外的环境压力）由 p_0 逐渐降低，出口压力 p_2 以及 p_2/p_0 也随之降低，流量则逐渐增加，如图 3-11 曲线 ab 所示。当背压 p_b 继续减小，由于气流在渐缩喷管中最多只能被加速到声速，因而渐缩喷管的出口压力最多降至 $p_2=p_b$，就不再随 p_b 的降低而降低，而是维持 $p_2=p_b$ 不变，从而流量也保持最大值不变，如图上的 bc 线所示。这时，渐缩喷管的出口截面积，即临界截面 A_{min}，出口压力即临界压力 p_{cr}，也就是说式 (3-106) 中的 $A_2=A_{min}$，$p_2=p_{cr}$，因此喷管内流体的最大流速可表示为：

$$q_{m,max} = A_{min}\sqrt{2\frac{\kappa}{\kappa+1}\left(\frac{2}{\kappa+1}\right)^{\frac{2}{\kappa-1}}p_0 v_0} \tag{3-107}$$

对于缩放喷管，因渐缩段后有渐扩通道引导，可使气流得到进一步膨胀和加速，出口压力可降至 p_{cr} 以下，故缩放喷管可工作于 $p_b < p_{cr}$ 的情况下，这时缩放喷管的最小喉部截面即临界截面。分析可知，缩放喷管渐缩段的工作情况与渐缩喷管 $p_2 = p_b$ 时的工作情况相同，因而流量总可达到最大值 $q_{m,max}$；在渐扩段中，工作压力继续降至 p_b 而出口流速增大，但并不影响流量，因为稳定流动的喷管中，各截面的流量相等，所以缩放喷管的进口参数及喉部尺寸 A_{min} 一定，p_b 在小于 p_{cr} 的范围内变动时，临界截面上的压力总是 p_{cr}，流速总是 $c_{f,cr}$，流量总保持 $q_{m,max}$ 不变，流量可按式（3-107）计算得到，倘若 A_{min} 改变，流量也随之改变。

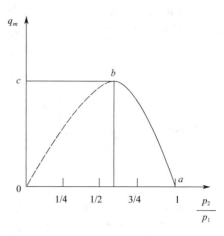

图 3-11 喷管的流量

【例 3-9】 空气进入喷管时流速为 300m/s，压力为 0.5MPa，温度为 450K，喷管背压 $p_b = 0.28$MPa，求喷管的形状、最小截面积及出口流速。已知：空气 $c_p = 1004$J/(kg·K)，$R_g = 287$J/(kg·K)。

解： 由于 $c_{f1} = 300$m/s，所以应采用滞止参数：

$$h_0 = h_1 + \frac{c_{f1}^2}{2}$$

$$T_0 = T_1 + \frac{c_{f1}^2}{2c_p} = 450 + \frac{300^2}{2 \times 1004} = 494.82 \text{(K)}$$

滞止过程绝热：

$$p_0 = p_1 \left(\frac{T_0}{T_1}\right)^{\frac{\kappa}{\kappa-1}} = 0.5 \times \left(\frac{494.82}{450}\right)^{\frac{1.4}{1.4-1}} = 0.697 \text{(MPa)}$$

$$v_{cr} = \frac{p_{cr}}{p_0}$$

$$p_{cr} = v_{cr} p_0 = 0.528 \times 0.697 = 0.368 \text{(MPa)}$$

$$p_b = 0.28 \text{MPa} < p_{cr}$$

所以采用缩放喷管。

$$p_{喉} = p_{cr} = 0.368 \text{MPa}$$

$$p_2 = p_b = 0.28 \text{MPa}$$

$$T_{cr} = T_0 \left(\frac{p_{cr}}{p_0}\right)^{\frac{\kappa-1}{\kappa}} = T_0 v_{cr}^{\frac{\kappa-1}{\kappa}} = 494.82 \times 0.528^{\frac{1.4-1}{1.4}} = 412.29 \text{(K)}$$

$$v_{cr} = \frac{R_g T_{cr}}{p_{cr}} = \frac{287 \times 412.29}{0.368 \times 10^6} = 0.3215 \text{(m}^3\text{/kg)}$$

$$c_{cr} = \sqrt{\kappa R_g T_{cr}} = \sqrt{1.4 \times 287 \times 412.29} = 407.01 \text{(m/s)}$$

或

$$c_{cr} = \sqrt{2(h_0 - h_{cr})} = \sqrt{2c_p(T_0 - T_{cr})}$$

$$= \sqrt{2 \times 1004 \times (494.82 - 412.29)} = 407.08 (m/s)$$

$$T_2 = T_0 \left(\frac{p_2}{p_0} \right)^{\frac{\kappa-1}{\kappa}} = 494.82 \times \left(\frac{0.28}{0.697} \right)^{\frac{0.4}{1.4}} = 381.32 (K)$$

$$c_{f2} = \sqrt{2(h_0 - h_2)}$$

$$= \sqrt{2 \times 1004 \times (494.82 - 381.32)}$$

$$= 477.4 \ (m/s)$$

注意：若不考虑 c_{f1}，则 $p_{cr} = v_{cr} p_1 = 0.528 \times 0.5 = 0.264$（MPa）$< p_b$，应采用渐缩喷管，此时 $p_2 = p_b = 0.28$MPa。

【例 3-10】 如图 3-12 所示，滞止压力为 0.65MPa，滞止温度为 350K 的空气，可逆绝热流经一收缩喷管，在喷管截面积为 2.6×10^{-3} m^2 处，气流马赫数为 0.6。若喷管背压为 0.30MPa，试求喷管出口截面积 A_2。

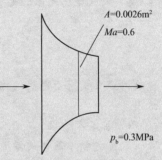

图 3-12 例 3-10 附图

解：由题意可得：$T_0 = 350$K 在截面 A 处：

$$c_{fA} = \sqrt{2(h_0 - h_A)} = \sqrt{2c_p(T_0 - T_A)}$$

$$= \sqrt{2 \frac{\kappa R_g}{\kappa-1}(T_0 - T_A)}$$

$$c = \sqrt{\kappa R_g T_A}$$

$$Ma = \frac{c_{fA}}{c} = \frac{\sqrt{2\frac{\kappa R_g}{\kappa-1}(T_0 - T_A)}}{\sqrt{\kappa R_g T_A}} = \sqrt{\frac{2}{\kappa-1}\left(\frac{T_0}{T_A} - 1 \right)}$$

由此可得：

$$T_A = \frac{T_0}{\frac{\kappa-1}{2}Ma^2 + 1} = \frac{350}{\frac{1.4-1}{2} \times 0.6^2 + 1} = 326.49 (K)$$

截面 A 处的流速 c_{fA} 为：

$$c_{fA} = cMa = c\sqrt{\kappa R_g T_A}$$

$$= 0.6 \times \sqrt{1.4 \times 287 \times 326.49}$$

$$= 217.32 (m/s)$$

$$p_A = p_0 \left(\frac{T_A}{T_0} \right)^{\frac{\kappa}{\kappa-1}} = 0.65 \times \left(\frac{326.49}{350} \right)^{\frac{1.4}{1.4-1}} = 0.510 (MPa)$$

$$v_A = \frac{R_g T_A}{p_A} = \frac{287 \times 326.49}{0.510 \times 10^6} = 0.1837 (m^3/kg)$$

$$q_m = \frac{A c_{fA}}{v_A} = \frac{2.6 \times 10^{-3} \times 217.32}{0.1837} = 3.08 (kg/s)$$

思 考 题

3-1 什么是理想气体？什么样的气体可以当作理想气体？

3-2 气体常数 R_g 和摩尔气体常数 R 有何区别与联系？

3-3 理想气体的 c_p 和 c_v 之差及 c_p 和 c_v 之比是否在任何温度下都等于一个常数？

3-4 气体有两个独立的参数，u 或 h 可以表示为 p 和 v 的函数，即 $u = f(p,v)$。但又曾得出结论，理想气体的热力学能或焓只取决于温度，这两点是否矛盾？为什么？

3-5 理想气体熵变的计算式(3-21)至式(3-23)等是由可逆过程导出的，这些计算式是否可用于不可逆过程熵变的计算？为什么？

3-6 试以理想气体的定温过程为例归纳气体热力过程要解决的问题及使用方法。

3-7

$$\text{I} \begin{cases} \Delta u = c_v \Delta T \\ \Delta h = c_p \Delta T \end{cases} \qquad \text{II} \begin{cases} q = \Delta u = c_v \Delta T \\ q = \Delta h = c_p \Delta T \end{cases}$$

这两组公式对于理想气体的不可逆过程是否都适用？对于实际气体的可逆过程是否也适用？

3-8 在定容过程和定压过程中，气体热量可根据过程中气体的比热容乘以温差来计算。定温过程中气体的温度不变，在定温膨胀过程中，是否需对气体加入热量？如果加入的话热量应如何计算？

3-9 过程热量 q 和过程功 w 都是过程量，都和过程的路径有关。由理想气体可逆定温过程热量公式 $q = p_1 v_1 \ln \dfrac{v_2}{v_1}$ 可知，只要状态参数 p_1、v_1 和 v_2 确定了，q 的数值也确定了，可逆定温过程的热量 q 是否与路径无关？

3-10 绝热过程中气体与外界无热量交换，为什么还能对外做功？是否违反热力学第一定律？

习 题

3-1 已知氮气的摩尔质量 $M=28.01\times10^{-3}\text{kg/mol}$，试求（1）氮气的摩尔气体常数 R；（2）标准状态下氮气的比体积 v_o 和密度 ρ_o；（3）标准状态下 1m^3 氮气的质量 m_o；（4）$p=0.1\text{MPa}$、$t=500℃$ 时氮气的比体积 v 和密度 ρ；（5）上述状态下的摩尔体积 V_m。

3-2 空压机每分钟从大气中吸入温度 $t_b=17℃$、压力 $p=p_b=750\text{mmHg}$ 的空气 0.2m^3，充入体积 $V=1\text{m}^3$ 的储气罐中，如图 3-13 所示。储气罐中原有温度 $t_1=17℃$、表压力 $p_{e.1}=0.05\text{MPa}$ 的空气，问经过多长时间（min）储气罐内的气体压力才能提高到 $p_2=0.7\text{MPa}$、温度变为 $t_2=50℃$。

3-3 烟囱底部烟气的温度为 250 ℃，顶部烟

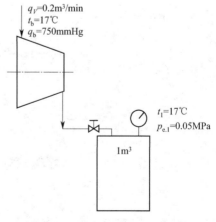

图 3-13 习题 3-2 附图

气的温度为 100 ℃。若不考虑顶、底两截面间压力微小的差异，欲使烟气以同样的速度流经此两截面，试求顶、底两截面面积之比。

3-4 某种理想气体初态时 $p_1=520\text{kPa}$、$V_1=0.1419\text{m}^3$，经放热膨胀过程，终态的 $p_2=170\text{kPa}$、$V_2=0.2744\text{m}^3$，过程中焓值变化 $\Delta H=-67.95\text{kJ}$。已知该气体的比定压热容 $c_p=5.20\text{kJ/(kg·K)}$，且为定值，试求：（1）热力学能变化量 ΔU；（2）比定容热容 c_v 和气体常数 R_g。

3-5 在绝热刚性容器中间用隔热板将容器一分为二，左侧有 0.05kmol 的 300K、2.8MPa 的高压空气，右侧为真空。若抽去隔板，试求容器中的熵变。

3-6 有 2.3kg 的 CO，初态 $T_1=477\text{K}$，$p_1=0.32\text{MPa}$，经可逆定容加热，终温 $T_2=600\text{K}$，设 CO 为理想气体，气体常数按定值比热容进行计算。求 ΔU、ΔH、ΔS、过程功及过程热量。

3-7 初始状态甲烷 CH_4 的 $p_1=0.47\text{MPa}$、$T_1=393\text{K}$，经可逆定压冷却对外放出热量 4110.76J/mol，试确定其终温及 1mol CH_4 的热力学能变化量 ΔU_m、焓变化量 ΔH_m 及熵变化量 ΔS_m。设甲烷的比热容近似为定值，$c_p=2.3298\text{kJ/(kg·K)}$。

3-8 0.5kg 的空气在气缸中经历了一可逆过程，从 $p_1=0.25\text{MPa}$、$T_1=300℃$ 变化到 $p_2=0.15\text{MPa}$、$T_2=150℃$。试计算 ΔU、ΔH、ΔS，以及过程中交换的热量及功量，并将该过程表示在 $p\text{-}v$ 图及 $T\text{-}s$ 图上。

3-9 氧气由 $t_1=40℃$、$p_1=0.4\text{MPa}$ 被压缩到 $p_2=0.8\text{MPa}$，试计算压缩 1kg 氧气消耗的技术功。（1）按定温压缩计算；（2）按绝热压缩计算，设为定值比热容；（3）将它们表示在 $p\text{-}v$ 图和 $T\text{-}s$ 图上，比较两种情况下技术功的大小。

3-10 3kg 空气从 $p_1=1\text{MPa}$、$T_1=900\text{K}$，可逆绝热膨胀到 $p_2=0.1\text{MPa}$。设比热容为定值，绝热指数 $\kappa=1.4$，求：（1）终态参数 T_2 和 v_2；（2）过程功和技术功；（3）ΔU 和 ΔH。

3-11 0.5kmol 某种单原子理想气体，由 25℃、2m³ 可逆绝热膨胀到 1atm，然后在此状态温度下定温可逆压缩回到 2m³。（1）画出各过程的 $p\text{-}v$ 图及 $T\text{-}s$ 图；（2）计算整个过程的 Q、W、ΔU、ΔH 及 ΔS。

3-12 试将满足以下要求的多边过程表示在 $p\text{-}v$ 和 $T\text{-}s$ 图上（先标出四个基本热力过程）：（1）工质膨胀、吸热且降温；（2）工质压缩、放热且升温；（3）工质压缩、吸热且升温；（4）工质压缩、降温且降压；（5）工质放热、降温且升压；（6）工质膨胀且升压。

3-13 如图 3-14 所示，1mol 理想气体，从状态 1 经定压过程达状态 2，再经定容过程达状态 3，另一途径为经 1 直接到达 3。已知 $p_1=0.1\text{MPa}$，$T_1=300\text{K}$，$v_2=3v_1$，$p_3=2p_2$，试证明：

（1）$Q_{1-2}+Q_{2-3}\neq Q_{1-3}$；（2）$\Delta S_{1-2}+\Delta S_{2-3}=\Delta S_{1-3}$

3-14 有一台活塞式压缩机，能使氮气压力由 0.1MPa 提高到 0.4MPa。假定氮气的比热容为定值，且进气温度为 300K。由于冷却条件的不同，压缩过程分别为：（1）可逆绝热压缩过程；（2）可逆定温压缩过程。试求压缩过程中消耗的容积变化功以及压缩机消耗的轴功，并在 $p\text{-}v$ 图上将上述功量表示出来。

3-15 某单级活塞式压气机每小时吸入空气量 $V_1=100\text{m}^3$，吸入的空气 $p_1=0.1\text{MPa}$、$t_1=20℃$，输出空气的

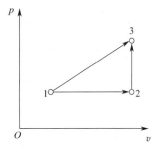

图 3-14 习题 3-13 附图

压力 $p_2=0.1$MPa。试计算下列三种情况压气机的理想功率（以 kW 表示）：（1）定温压缩；（2）绝热压缩（设 $\kappa=1.4$）；（3）多变压缩（设 $n=1.2$）。

3-16 某单级活塞式压气机吸入空气的参数为 $p_1=0.1$MPa、$t_1=33℃$、$V_1=0.04$m^3，经多变压缩过程后 $p_2=0.45$MPa、$V_2=0.014$m^3。求：（1）压缩过程的多变指数；（2）压缩终了时空气的温度；（3）所需的压缩功；（4）压缩过程中传出的热量。空气的比热容按定值计算。

3-17 某活塞式空气压缩机容积效率为 $\eta_V=0.95$，每分钟吸入空气 14m^3，其入口处状态参数为 $p_1=0.1$MPa、$t_1=27℃$，压缩至 0.52MPa 排出。设过程可视为等熵过程，试求：（1）余隙容积比；（2）该压缩机所消耗的功。

3-18 空气初态 $p_1=0.1$MPa、$t_1=23℃$，经过三级活塞式压气机，压力提高到 12.5MPa 后输出。设压缩过程可视为等熵压缩，求：（1）余隙容积比；（2）所需要的输出或输入功率。

3-19 空气进入某缩放喷管时的流速为 300m/s，相应的压力为 0.5MPa，温度为 450K，试求各滞止参数以及临界压力和临界流速。若出口截面的压力为 0.4MPa，则出口流速和出口温度各为多少（按定比热容理想气体计算，不考虑摩擦)?

3-20 试设计一喷管，流体为空气。已知 $p_{cr}=0.8$MPa、$T_{cr}=290$K，喷管出口压力 $p_2=0.1$MPa，流量 $q_m=1$kg/s（按定比热容理想气体计算，不考虑摩擦）。

4 热力学第二定律

热力学第一定律揭示了这样一个自然规律，即在热力过程中，参与转换与传递的各种能量在数量上是守恒的，但它并没有说明能量守恒的过程是否都能实现。经验告诉人们，自然过程是有方向的，揭示热力过程方向、条件与限度的定律是热力学第二定律。只有同时满足热力学第一定律和热力学第二定律的过程才是能实现的过程，热力学第一定律和第二定律共同组成了热力学的理论基础。

本章将讨论热力学第二定律的实质及其表述，建立第二定律各种形式的数学表达式，给出过程能否实现的数学判据，重点剖析不可逆程度的度量——孤立系统的熵增、不可逆过程的熵产等内容。

4.1 自发过程的方向性与热力学第二定律的表述

4.1.1 自发过程的方向性

自然过程中凡是能够独立、无条件自动进行的过程，称为自发过程。

例如热量从高温向低温传递的过程、机械能通过摩擦转变为热能的过程、混合过程、自由膨胀过程等均为自发过程。

30. 热力学第二定律
的表述

另一类不能独立、自动进行而需要外界帮助作为补充条件的过程，称为非自发过程。自发过程的反向是非自发过程。例如热转化为功，热量由低温传向高温物体，气体自发压缩，流体组分分离等。自然过程存在方向性，热力系统中若进行了一个自发过程，虽然可以通过反向的非自发过程使系统复原，但后者会给外界产生影响，无法使热力系统和外界全部回复原状，因而不可逆是自发过程的重要特征和属性。

4.1.2 热力学第二定律的表述

热力学第二定律就是对各个过程进行方向、条件及限度的描述。针对各类具体问题，热力学第二定律具有多种不同表述，但它们反映的是同一个规律，因此各种表述是相互统一和等效的，两种比较经典的表述如下。

(1) 克劳修斯表述

克劳修斯从热量传递方向性的角度，将热力学第二定律表述为：热不可能自发地、不付代价地从低温物体传至高温物体。

（2）开尔文表述

开尔文从热功转换的角度，将热力学第二定律表述为：不可能制造出从单一热源吸热，使之全部转化为功而不留下其他任何变化的热力发动机。

人们把能够从单一热源取热，使之完全转变为功而不引起其他变化的机器叫"第二类永动机"。因此，开尔文的说法也可表述为：第二类永动机是不可能制造成功的。

以上两种表述说明，热从低温物体传至高温物体，以及热变功都是非自发过程，要使它们实现，必须花费一定代价或具备一定条件，也就是要引起其他变化。在制冷机或热泵中，此代价就是消耗的功量或热量，而热变功至少还要有一个放热的冷源。

4.2 卡诺循环与卡诺定理

31. 卡诺循环

热力学第二定律的上述两种说法还仅仅停留在经验总结上，卡诺循环的提出和卡诺定理的证明，大大推进了热力学第二定律从感性和实践的认识向理性和抽象概念的发展。

4.2.1 卡诺循环

卡诺循环是由两个可逆等温过程及两个可逆绝热过程所组成的可逆循环。理想的卡诺循环是内、外都可逆的循环。外部可逆的含义是卡诺机与热源之间的传热是在温差无限小（等温）的条件下进行的，因而工质交换热量时的温度等于相应热源的温度，即：$T_1 = T_{r1}$，$T_2 = T_{r2}$。内部可逆是指循环中的每个过程都是无摩擦的准静态过程。卡诺循环可以正向进行，也可以逆向进行，它们都能使系统及外界回复到初态而不发生任何变化。

图 4-1 表示一个工作于两个恒温热源之间的卡诺热机，它是以部分热量从高温热源传向低温热源作为补偿条件，来实现热能转换成机械能（功）的目的的。假定工质为 1kg 的理想气体，ab 为等温吸热过程，bc 为绝热膨胀降温过程；cd 为等温放热过程；da 为绝热压缩升温过程。工质从初态 a 出发，经历一个正向卡诺（$abcda$）又回到初态。

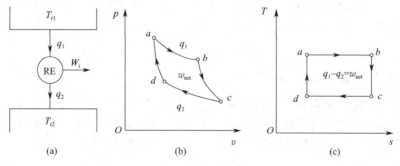

图 4-1 正向卡诺循环

若以 q_1 表示循环中从高温热源吸收的热量；q_2 表示循环中向低温热源放出的热量；w_{net} 表示循环净功，则卡诺循环热效率 $\eta_{t,c}$ 可很容易地表示为：

$$\eta_{t,c} = \frac{w_{net}}{q_1} = 1 - \frac{q_2}{q_1} = 1 - \frac{T_2}{T_1} \qquad (4\text{-}1)$$

由式(4-1)可得出如下几点重要结论。

① 卡诺循环的热效率只取决于高温热源和低温热源的温度 T_1 和 T_2，也就是工质吸热和放热的温度，提高 T_1 或降低 T_2，可提高热效率。

② 卡诺循环的热效率只能小于1，绝不能等于1。因为 $T_1 = \infty$ 或 $T_2 = 0$ 的情况无法实现，也就是说，即使理想情况下，也不可能将热能全部转化为机械能。

③ $T_1 = T_2$ 时，$\eta_{t,c} = 0$，即在温度平衡体系中，热能不可能转变成机械能，热能产生动力时一定要有温度差作为热力学条件，这从而验证了借助单一热源连续做功的机器制造不出来，或第二类永动机是不存在的。

卡诺循环的热效率公式奠定了热力学第二定律的理论基础，为提高各种动力机热效率指明了方向；即尽可能提高工质的吸热温度，同时应尽可能降低工质的放热温度，使之接近可自然得到的温度——环境温度。

要想提高 $\eta_{t,c}$，就要使 T_1、T_2 之间相差很大，因此需要很大的压力差和体积压缩比，结果就会造成 p_a 很高，或 v_c 极大，这给实际设备应用带来很大困难。并且气体定温过程不易实现，因此实际制造卡诺循环机器难以实现。

图4-2中，逆向循环与正向循环经历相同的过程，仅是绕向（逆时针方向）不同而已。

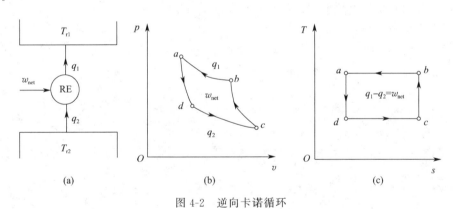

图4-2 逆向卡诺循环

此时可容易得到卡诺制冷循环的效率 ε_c 及卡诺热泵循环的效率 $\varepsilon_{c'}$，分别为：

$$\varepsilon_c = \frac{q_2}{w_{net}} = \frac{q_2}{q_1 - q_2} = \frac{T_2}{T_1 - T_2} \qquad (4\text{-}2)$$

$$\varepsilon_{c'} = \frac{q_1}{w_{net}} = \frac{q_1}{q_1 - q_2} = \frac{T_1}{T_1 - T_2} \qquad (4\text{-}3)$$

4.2.2 卡诺定理

在卡诺定理证明之前，上述三个经济指标公式式(4-1)至式(4-3)没有任何普遍意义，它们既不能回答两个热源间不可逆循环的热效率是否小于可逆循环的热效率，也不能回答采用非理想气体为工质的可逆循环热效率是否与理想气体的可逆循环热效率相等，更不能对多于两个热源的循环热效率作出评价。而卡诺定理及其两个分定理则为上述问题找到了答案。

卡诺定理表述为：在两个恒温热源之间工作的所有热机，不可能具有比可逆机更高的热效率。

卡诺定理包括两个分定理：

① 在相同温度的高温热源和相同温度的低温热源之间工作的一切可逆循环，其热效率都相等，与可逆循环的种类及工质种类无关；

② 在温度同为 T_1 的热源和同为 T_2 的冷源间工作的一切不可逆循环，其热效率必小于可逆循环。

卡诺定理及其两个分定理的证明可采用反证法，本书就不一一赘述。

从以上分析可得出以下几点结论。

① 在两个热源间工作的一切可逆循环，它们的热效率均相同，与工质的性质无关（与是否为理想气体无关），只取决于热源及冷源的温度，其热效率 $\eta_t = \dfrac{T_1 - T_2}{T_1}$。

② 温度界限相同，但具有两个以上热源的可逆循环，其热效率低于卡诺循环。

③ 不可逆循环的热效率必定小于同样条件下的可逆循环的热效率。

【例 4-1】 利用逆向卡诺机作为热泵向房间供热，设室外温度为 −5℃，室内温度为保持 20℃，要求每小时向室内供热 2.5×10^4 kJ。(1) 每小时从室外吸多少热量？(2) 此循环的供暖系数多大？(3) 热泵由电机驱动，设电机效率为 95%，求电机功率。(4) 如果直接用电炉取暖，每小时耗几度电（kW·h）？

解：由题意可得：

$$T_1 = 20 + 273 = 293(\text{K})、T_2 = -5 + 273 = 268(\text{K})、q_{Q_t} = 2.5 \times 10^4 (\text{kJ/h})$$

(1) 当循环为逆向卡诺循环时：

$$\frac{q_{Q_1}}{T_1} = \frac{q_{Q_2}}{T_2}$$

$$q_{Q_2} = \frac{T_2}{T_1} q_{Q_1} = \frac{268}{293} \times 2.5 \times 10^4 = 2.287 \times 10^4 (\text{kJ/h})$$

(2) 循环的供暖系数：

$$\varepsilon' = \frac{T_1}{T_1 - T_2} = \frac{293}{293 - 268} = 11.72$$

(3) 每小时耗电能：

$$q_w = q_{Q_1} - q_{Q_2} = (2.5 - 2.287) \times 10^4 = 0.213 \times 10^4 (\text{kJ/h})$$

由于电机效率为 95%，因而电机功率为：

$$P = \frac{0.213 \times 10^4}{3600 \times 0.95} = 0.623(\text{kW})$$

(4) 若直接用电炉取暖，则 2.5×10^4 kJ/h 的热能全部由电能供给，则每小时的耗电量为：

$$P = \frac{2.5 \times 10^4}{3600} = 6.94(\text{kW})$$

即每小时耗电 6.94 度。

【例 4-2】 如图 4-3 所示，在恒温热源 T_1 和 T_0 之间工作的热机做出的循环净功 W_{net} 正好带动工作于 T_H 和 T_0 之间的热泵，热泵的供热量 Q_H 用于谷物烘干。已知 $T_1 = 1000K$、$T_H = 360K$、$T_0 = 290K$、$Q_1 = 100kJ$。(1) 若热机效率 $\eta_t = 40\%$，热泵供暖系数 $\varepsilon' = 3.5$，求 Q_H；(2) 设 E 和 P 都以可逆机代替，求此时的 Q_H；(3) 计算结果显示 $Q_H > Q_1$，表示冷源中有部分热量传入温度为 T_H 的热源，此复合系统并未消耗机械功，将热量由 T_0 传给了 T_H，是否违背了第二定律？为什么？

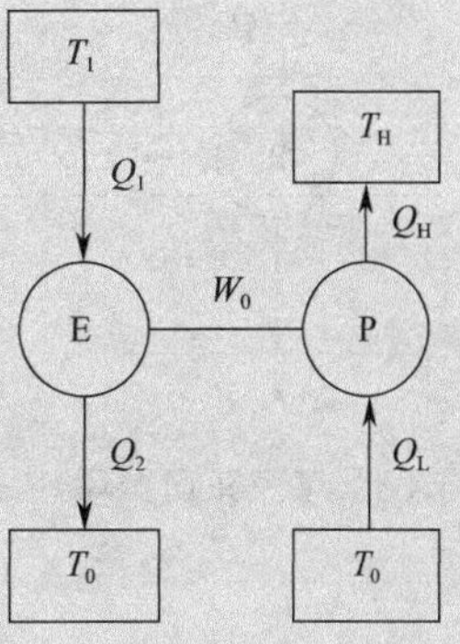

解：(1) 热机 E 输出功：

$$W_{net} = \eta_{t,E} Q_1 = 0.4 \times 100 = 40 (kJ)$$

热泵向热源 T_H 输送热量：

$$Q_H = \varepsilon' W_{net} = 3.5 \times 40 = 140 (kJ)$$

(2) 若 E、P 都是可逆机，则：

$$\eta_{E,rev} = 1 - \frac{T_0}{T_1} = 1 - \frac{290}{1000} = 0.71$$

$$W_{net,rev} = \eta_{E,rev} Q_1 = 0.71 \times 100 = 71 (kJ)$$

$$\varepsilon'_{P,rev} = \frac{T_H}{T_H - T_0} = \frac{360}{360 - 290} = 5.14$$

$$Q_{H,rev} = \varepsilon'_{P,rev} W_{net,rev} = 5.14 \times 71 = 364.94 (kJ)$$

(3) 上述两种情况 Q_H 均大于 Q_1，但这并不违背热力学第二定律。以 (1) 为例，包括温度为 T_1、T_H、T_0 的诸热源和冷源，以及热机 E、热泵 P 在内的一个大热力系统并不消耗外功，但是 $Q_2 = Q_1 - W_{net} = 100 - 40 = 60$ (kJ)，$Q_L = Q_H - W_{net} = 140 - 40 = 100$ (kJ)，就是说虽然经过每一循环，冷源 T_0 吸入热量 60kJ，放出热量 100kJ，传出热量 40kJ 给 T_H 的热源，但是必须注意到同时有 100kJ 热量自高温热源 T_1 传给温度 (T_H) 较低的热源，所以 40kJ 热量自低温传给高温热源 ($T_0 \rightarrow T_H$) 是花了代价的，这个代价就是 100kJ 热量自高温传给了低温热源 ($T_1 \rightarrow T_H$)，所以不违反热力学第二定律。

图 4-3 例 4-2 附图

4.3 热力学第二定律的数学表达式

4.3.1 克劳修斯不等式

克劳修斯不等式是判定热力循环能否进行的热力学第二定律的数学表达式。下面以正向可逆循环及正向不可逆循环为例，推导克劳修斯不等式。

如图 4-4 所示，工作于温度分别为 T_1 和 T_2 之间的可逆热机，经历一个微元时刻，从高温热源吸收热量 δQ_1，同时向低温热源放热 δQ_2，

32. 克劳修斯不等式热力过程的热力学第二定律判据

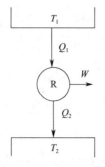

图 4-4　某一正向循环

根据卡诺定理可得该可逆热机在这一微元时刻的热效率为：

$$\eta_{t,R}=1-\frac{\delta|Q_2|}{\delta Q_1}=1-\frac{T_2}{T_1} \tag{4-4}$$

根据式（4-4）可得：

$$\frac{\delta Q_1}{T_1}=\frac{\delta|Q_2|}{T_2} \tag{4-5}$$

将上式中的所有参数改用代数值，Q_2 本身为负值，因此式（4-5）中的 Q_2 前面要加符号 "$-$"，因而得：

$$\frac{\delta Q_1}{T_1}=\frac{-\delta Q_2}{T_2} \tag{4-6}$$

对该热机所经历的可逆循环积分求和，即得：

$$\int_{\text{吸热过程}}\frac{\delta Q_1}{T_1}+\int_{\text{放热过程}}\frac{\delta Q_2}{T_2}=0 \tag{4-7}$$

$$\int\frac{\delta Q_{\text{rev}}}{T_r}=0 \tag{4-8}$$

用文字表达为：任意工质经历任一可逆循环，微小量 $\dfrac{\delta Q_{\text{rev}}}{T_r}$ 沿循环的积分为零。

$\int\dfrac{\delta Q_{\text{rev}}}{T_r}$ 由克劳修斯首先提出，称为克劳修斯积分。式（4-8）称为克劳修斯等式。

如图 4-5 所示，工作于温度分别为 T_1 和 T_2 之间的不可逆热机，经历一个微元时刻，同样从高温热源吸收热量 δQ_1，但此时热机向低温热源放出的热量为 $\delta Q_2'$，根据卡诺定理可得该可逆热机在这一微元时刻的热效率为：

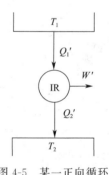

图 4-5　某一正向循环

$$\eta_{t,IR}=1-\frac{\delta|Q_2'|}{\delta Q_1}<1-\frac{T_2}{T_1} \tag{4-9}$$

根据式（4-9）可得：

$$\frac{\delta Q_1}{T_1}<\frac{\delta|Q_2'|}{T_2} \tag{4-10}$$

同样用代数值代替上式中的绝对值，则式（4-10）改写为：

$$\frac{\delta Q_1}{T_1}<\frac{-\delta Q_2'}{T_2} \tag{4-11}$$

对该热机所经历的不可逆循环积分求和，即得：

$$\int_{\text{吸热过程}}\frac{\delta Q_1}{T_1}+\int_{\text{放热过程}}\frac{\delta Q_2'}{T_2}<0 \tag{4-12}$$

$$\int\frac{\delta Q}{T_r}<0 \tag{4-13}$$

用文字表达为：任意工质经历任一不可逆循环，微小量 $\dfrac{\delta Q_{\text{rev}}}{T_r}$ 沿循环的积分小于零。

归并式（4-8）及式（4-13），可得：

$$\int\frac{\delta Q}{T_r}\leqslant 0 \tag{4-14}$$

这就是用于判断循环是否可逆的热力学第二定律的数学表达式，也称为克劳修斯不等式。式(4-14)表明，当克劳修斯积分$\dfrac{\delta Q}{T_r}$等于零时循环可逆，当小于零时循环不可逆，而大于零时循环则不能实现。

用正向循环推导的克劳修斯不等式，同样用逆向循环也能得出该结论，本书就不一一赘述。

【例 4-3】 热机工作于温度分别为 1000K 和 300K 的两恒温热源之间，热机从高温热源吸收热量 2000kJ，利用克劳修斯不等式判断下列热机能否实现：（1）热机向低温热源释放热量 800kJ；（2）热机向低温热源释放热量 500kJ。

解 根据克劳修斯不等式，有：

$$\int \frac{\delta Q}{T} = \frac{Q_1}{T_1} + \frac{Q_2}{T_2}$$

（1）当 $Q_1 = 2000kJ$、$Q_2 = -800kJ$ 时：

$$\int \frac{\delta Q}{T} = \frac{Q_1}{T_1} + \frac{Q_2}{T_2} = \frac{2000}{1000} + \frac{-800}{300} = -0.667(kJ/K) < 0$$

因此该热机可以实现。

（2）当 $Q_1 = 2000kJ$、$Q_2 = -500kJ$ 时：

$$\int \frac{\delta Q}{T} = \frac{Q_1}{T_1} + \frac{Q_2}{T_2} = \frac{2000}{1000} + \frac{-500}{300} = 0.333(kJ/K) > 0$$

因此该热机不能实现。

4.3.2 熵的导出

当某一热力循环是可逆循环时，克劳修斯不等式等于零。根据状态函数的数学特性，可以断定被积函数$\dfrac{\delta Q_{rev}}{T_r}$是某个状态参数的全微分。1865 年，克劳修斯将这个新的状态参数命名为熵（entropy），以符号 S 表示，即：

$$dS = \frac{\delta Q_{rev}}{T_r} = \frac{\delta Q_{rev}}{T} \tag{4-15}$$

式中，δQ_{rev} 表示可逆过程的换热量，T_r 为热源温度。因为此微元换热过程可逆，无传热温差，故热源温度 T_r 也等于工质的温度 T，这就是熵的定义式。1kg 工质的比熵变：

$$ds = \frac{\delta q_{rev}}{T_r} = \frac{\delta q_{rev}}{T} \tag{4-16}$$

根据状态参数的特征有：

$$\int dS = 0 \tag{4-17}$$

$$\Delta S = \int_1^2 dS = \int_1^2 \frac{\delta Q_{rev}}{T} \tag{4-18}$$

式(4-18)提供了计算任意可逆过程熵变的途径，熵变表示可逆过程中热交换的方向和大小。

4.3.3 不可逆过程的熵变

可逆过程中的熵变 ΔS_{12} 可按式（4-18）求取。而不可逆过程的熵变与热量变化之间有何关系呢？

如图 4-6 所示，设工质由平衡的初态 1 分别经可逆过程 1-b-2 和不可逆过程 1-a-2 到达平衡状态 2，因 1-b-2 可逆，故有：

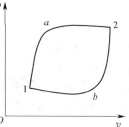

图 4-6 不可逆过程的熵变

$$\int_{1\text{-}b\text{-}2} \frac{\delta Q}{T_r} = -\int_{2\text{-}b\text{-}1} \frac{\delta Q}{T_r}$$

已知 1 和 2 是平衡态，S_1 和 S_2 各有一定的数值，对此可逆过程可按式（4-18）写出：

$$\Delta S_{12} = S_2 - S_1 = \int_{1\text{-}b\text{-}2} \frac{\delta Q}{T_r} = -\int_{2\text{-}b\text{-}1} \frac{\delta Q}{T_r} \qquad (4\text{-}19)$$

1-a-2-b-1 为一不可逆循环，应用克劳修斯不等式 $\int_1^2 \frac{\delta Q}{T} < 0$，则：

$$\int_{1\text{-}a\text{-}2} \frac{\delta Q}{T_r} + \int_{2\text{-}b\text{-}1} \frac{\delta Q}{T_r} < 0 \qquad (4\text{-}20)$$

将式（4-19）代入式（4-20），并整理可得：

$$\int_{1\text{-}a\text{-}2} \frac{\delta Q}{T_r} < -\int_{2\text{-}b\text{-}1} \frac{\delta Q}{T_r} = \int_{1\text{-}b\text{-}2} \frac{\delta Q}{T_r} = \Delta S_{12}$$

即：

$$S_2 - S_1 > \int_{\text{不可逆}} \frac{\delta Q}{T_r} \qquad (4\text{-}21)$$

归并式（4-18）、式（4-21）得：

$$S_2 - S_1 \geqslant \int \frac{\delta Q}{T_r} \qquad (4\text{-}22)$$

其中等号表示可逆过程，大于号表示不可逆过程，不可能出现小于 $\int \frac{\delta Q}{T_r}$ 的过程。

对于 1kg 工质，则为：

$$s_2 - s_1 \geqslant \int \frac{\delta q}{T_r} \qquad (4\text{-}23)$$

写成微分形式：

$$dS \geqslant \frac{\delta Q}{T_r} \qquad (4\text{-}24)$$

对于 1kg 工质

$$ds \geqslant \frac{\delta q}{T_r} \qquad (4\text{-}25)$$

由式（4-24）可知，如果工质经历了微元不可逆过程，则有 dS 大于 $\delta Q/T$，二者的差值愈大，偏离可逆过程愈远，或者说过程的不可逆性愈大。这时 $\delta Q/T$ 仅是熵变的一部分，而另一部分则是由过程的不可逆性引起的。这里由热量变化引起的熵变称为热熵流，用符号 S_f 表示，S_f 可以大于零、小于零或等于零；而由不可逆性引起的熵变称为熵产，用符号 S_g 表示，S_g 一定大于零或等于零，当 $S_g > 0$ 时，过程不可逆，而当 $S_g = 0$ 时，过程可逆。熵变、热熵流及熵产之间有如下关系：

$$\Delta S = \Delta S_f + \Delta S_g \qquad (4\text{-}26)$$

值得注意的是，熵变是状态量，而热熵流及熵产是过程量。由于熵产不易通过计算得到，因此一般不用式(4-26)计算熵变。通常情况下，熵变用如下公式计算。

如果工质是理想气体，其熵变利用式(3-21)、式(3-22)或式(3-23)计算。

对于固体或液体，由于其压缩性很小，所以过程的 dV 近似为零，且一般情况下，$c_p = c_v = c$，所以根据 $\delta Q = dU + p\,dV$，有：

$$dS = \frac{\delta Q}{T} = \frac{dU}{T} = \frac{mc\,dT}{T}$$

当比热容为定值时：

$$\Delta S = mc\ln\frac{T_2}{T_1} \tag{4-27}$$

对于热源：

$$\Delta S = \frac{Q}{T} \tag{4-28}$$

对于理想功源，$\Delta S = 0$。

【例 4-4】 某热机工作于 $T_1 = 2000\text{K}$、$T_2 = 300\text{K}$ 的两个恒温热源之间，下列几种情况能否实现？是否是可逆循环？ (1) $Q_1 = 1\text{kJ}$，$W_{\text{net}} = 0.9\text{kJ}$； (2) $Q_1 = 2\text{kJ}$，$Q_2 = 0.3\text{kJ}$； (3) $Q_2 = 0.5\text{kJ}$，$W_{\text{net}} = 1.5\text{kJ}$。

解 方法一，利用卡诺定理

在 T_1、T_2 间工作的可逆循环热效率最高，等于卡诺循环热效率，而：

$$\eta_{t,c} = 1 - \frac{T_2}{T_1} = 1 - \frac{300\text{K}}{2000\text{K}} = 0.85$$

(1) $Q_2 = Q_1 - W_{\text{net}} = 1 - 0.9 = 0.1(\text{kJ})$

$$\eta_t = 1 - \frac{Q_2}{Q_1} = 1 - \frac{0.1}{1} = 0.9 > \eta_{t,c} \qquad 不可能实现$$

(2) $\eta_t = 1 - \frac{Q_2}{Q_1} = 1 - \frac{0.3}{2} = 0.85 = \eta_{t,c} \qquad 是可逆循环$

(3) $Q_1 = Q_2 + W_{\text{net}} = 0.5 + 1.5 = 2(\text{kJ})$

$$\eta_t = 1 - \frac{Q_2}{Q_1} = 1 - \frac{0.5}{2} = 0.75 < \eta_{t,c} \qquad 是不可逆循环$$

方法二，利用克劳修斯不等式

(1) $\displaystyle\int\frac{\delta Q}{T_r} = \frac{Q_1}{T_{r1}} + \frac{Q_2}{T_{r2}} = \frac{1}{2000} + \frac{-0.1}{300} = 0.000167(\text{kJ/K}) > 0 \qquad 不可能实现$

(2) $\displaystyle\int\frac{\delta Q}{T_r} = \frac{Q_1}{T_{r1}} + \frac{Q_2}{T_{r2}} = \frac{2}{2000} + \frac{-0.3}{300} = 0 \qquad 是可逆循环$

(3) $\displaystyle\int\frac{\delta Q}{T_r} = \frac{Q_1}{T_{r1}} + \frac{Q_2}{T_{r2}} = \frac{2}{2000} + \frac{-0.5}{300} = -0.00067(\text{kJ/K}) < 0 \qquad 是不可逆循环$

【例 4-5】 燃气经过燃气轮机,由 0.8MPa、420℃绝热膨胀到 0.1MPa、130℃。设燃气比热容 $c_p = 1.01 \text{kJ/(kg·K)}$,$c_v = 0.732 \text{kJ/(kg·K)}$。(1) 该过程能否实现?过程是否可逆?(2) 若能实现,计算 1kg 燃气所做的技术功 w_t,设燃气进、出口动能差、位能差忽略不计。

解 (1) 由题意,先求燃气的气体常数:

$$R_g = c_p - c_v = 1.01 - 0.732 = 0.278 [\text{kJ/(kg·K)}]$$

$$\Delta s = c_p \ln \frac{T_2}{T_1} - R_g \ln \frac{p_2}{p_1}$$

$$= 1.01 \times \ln \frac{(130+273)}{(420+273)} - 0.278 \times \ln \frac{0.1}{0.8}$$

$$= 0.03057 [\text{kJ/(kg·K)}]$$

因为 $\Delta s > 0$,该绝热过程是不可逆绝热过程。

(2) 稳定流动系统能量方程,在不计动能差、位能差,且 $q = 0$ 时,可简化为:

$$w_t = w_i = h_1 - h_2 = c_p(T_1 - T_2)$$

$$= 1.01 \times (693 - 403) = 292.9 (\text{kJ/kg})$$

4.4 熵增原理

4.4.1 孤立系统的熵增原理

33. 孤立系的熵增原理
及作功能力损失

在上几节中,由克劳修斯积分等式得出了状态参数熵,由克劳修斯积分不等式得出了过程判据。在本节中将进一步讨论过程的不可逆性、方向性与熵参数的内在联系,由此揭示热现象的又一重要原理——熵增原理。

沿用闭口绝热系统的概念,一个孤立系统(不与外界进行能量和质量交换)有:

$$\Delta S_{iso} \geqslant 0 \quad \text{或} \quad dS_{iso} \geqslant 0 \tag{4-29}$$

式(4-29)表明:孤立系统内部发生不可逆变化时,孤立系统的熵增大,$dS_{iso} > 0$;在极限情况(可逆变化)时,熵保持不变,$dS_{iso} = 0$。孤立系统熵减小的过程是不可能实现的,简言之:**孤立系统的熵可以增大或保持不变,但不可能减小**。这一结论为孤立系统的熵增原理,简称熵增原理。

式(4-29)阐明了过程进行的方向,指明了热过程进行的限度,揭示了热过程进行的条件,突出反映了热力学第二定律的本质,是热力学第二定律的另一种数学表达式。

【例 4-6】 0.25kg CO 在闭口系统中由初态 $p_1 = 0.25 \text{MPa}$、$t_1 = 120℃$膨胀到终态 $t_2 = 25℃$、$p_2 = 0.125 \text{MPa}$,做膨胀功 $W = 8.0 \text{kJ}$,已知环境温度 $t_0 = 25℃$,CO 的 $R_g = 0.297 \text{kJ/(kg·K)}$,$c_v = 0.747 \text{kJ/(kg·K)}$。试计算过程热量,并判断该过程是否可逆。

解 由题意可得:

$$T_1 = 120 + 273 = 393 (\text{K}) \quad \text{及} \quad T_2 = 25 + 273 = 298 (\text{K})$$

由闭口系统能量方程 $Q = \Delta U + W$ 可得:

$$Q = \Delta U + W = mc_v(T_2 - T_1) + W$$
$$= 0.25 \times 0.747 \times (298 - 393) + 8.0$$
$$= -9.74(\text{kJ})$$

即系统向外放热 9.74kJ。

根据已知条件可得 CO 的 c_p 值为：

$$c_p = c_v + R_g = 0.747 + 0.297 = 1.044(\text{kJ/kg} \cdot \text{K})$$

因此该过程的熵变为：

$$\Delta S = m\left(c_p \ln \frac{T_2}{T_1} - R_g \ln \frac{p_2}{p_1}\right)$$
$$= 0.25 \times \left(1.044 \times \ln \frac{25+273}{120+273} - 0.297 \times \ln \frac{0.125}{0.25}\right)$$
$$= -0.021[\text{kJ/(kg} \cdot \text{K})]$$

此时环境吸热，其吸热量及熵变为：

$$Q_{\text{sur}} = -Q = 9.74(\text{kJ})$$
$$\Delta S_{\text{sur}} = \frac{Q_{\text{sur}}}{T_0} = \frac{9.74}{(25+273)} = 0.03268(\text{kJ/K})$$

系统和环境组成的孤立系统熵变为：

$$\Delta S_{\text{iso}} = \Delta S + \Delta S_{\text{sur}} = -0.021 + 0.03268 = 0.01147(\text{kJ/K})$$

由于 $\Delta S_{\text{iso}} > 0$，因此该过程可以实现，且是不可逆膨胀过程。

【例 4-7】 将一根质量 $m = 0.36\text{kg}$ 的金属棒投入质量 $m_w = 9\text{kg}$ 的水中，初始时金属棒的温度 $T_m = 1060\text{K}$，水的温度 $T_w = 295\text{K}$。金属棒和水的比热容分别为 $c_m = 420\text{J/(kg} \cdot \text{K})$ 和 $c_w = 4187\text{J/(kg} \cdot \text{K})$，求：终温 T_f 和金属棒、水以及它们组成孤立系统的熵变。设容器为绝热。

解 取容器内水和金属棒为热力系统，根据闭口系统能量方程 $\Delta U = Q - W$，因绝热，不做外功，故 $Q = 0$、$W = 0$，$\Delta U = 0$，即 $\Delta U_m + \Delta U_w = 0$，因此可得：

$$m_w c_w(T_f - T_w) + m_m c_m(T_f - T_m) = 0$$

由上式可得混合后系统的平均温度 T_f 为：

$$T_f = \frac{m_w c_w T_w + m_m c_m T_m}{m_w c_w + m_m c_m}$$
$$= \frac{9 \times 4187 \times 295 + 0.36 \times 420 \times 1060}{9 \times 4187 + 0.36 \times 420}$$
$$= 298.1(\text{K})$$

由金属棒和水组成的孤立系统的熵变为金属棒熵变和水熵变之和，即：

$$\Delta S_{\text{iso}} = \Delta S_m + \Delta S_w$$

其中：

$$\Delta S_m = m_m c_m \ln \frac{T_f}{T_m}$$
$$= 0.36 \times 0.42 \times \ln \frac{298.1}{1060}$$
$$= -0.1918(\text{kJ/K})$$

$$\Delta S_w = m_w c_w \ln \frac{T_f}{T_w}$$

$$= 9 \times 4.187 \times \ln \frac{298.1}{295}$$

$$= 0.3939 (kJ/K)$$

所以孤立系统的熵变为：

$$\Delta S_{iso} = \Delta S_m + \Delta S_w$$

$$= -0.1918 + 0.3939$$

$$= 0.2021 (kJ/K)$$

4.4.2 做功能力的损失

系统或工质的做功能力，是指在给定环境条件下，系统达到与环境热力平衡时可能做出的最大有用功。因此，通常将环境温度 T_0 作为衡量做功能力的基准温度。

实践告诉人们，任何过程只要有不可逆因素存在，就将造成系统做功能力的损失，而不可逆过程进行的结果又包含该系统在内的孤立系统熵的增加，通过分析可得孤立系统熵增与系统做功能力损失 I 之间的联系为：

$$I = T_0 \Delta S_{iso} \tag{4-30}$$

【例 4-8】 将 100kg 温度为 20℃ 的水与 200 kg 温度为 80℃ 的水在绝热容器中混合，求混合前后水的熵变及有用功损失。设水的比热容为定值，$c_w = 4.187 kJ/(kg \cdot K)$，环境温度 $t_0 = 20℃$。

解 闭口系统，$W = 0$，$Q = 0$，故 $\Delta U = 0$，设混合后水温为 t，则：

$$m_1 c_w (t - t_1) = m_2 c_w (t_2 - t)$$

$$t = \frac{m_2 t_2 + m_1 t_1}{m_2 + m_1} = \frac{100 \times 20 + 200 \times 80}{100 + 200} = 60 (℃)$$

即 $T_1 = 20 + 273 = 293$ (K)，$T_2 = 80 + 273 = 353$ (K)，$T = 60 + 273 = 333$ (K)

$$\Delta S_{1-2} = \Delta S_1 + \Delta S_2$$

$$= m_1 c_w \ln \frac{T}{T_1} + m_2 c_w \ln \frac{T}{T_2} = c_w \left(m_1 \ln \frac{T}{T_1} + m_2 \ln \frac{T}{T_2} \right)$$

$$= 4.187 \times \left(100 \times \ln \frac{333}{293} + 200 \times \ln \frac{333}{353} \right)$$

$$= 4.7392 (kJ/K)$$

绝热过程热熵流 $S_f = 0$，熵变等于熵产 $\Delta S_{1-2} = S_g$，则系统的有用功损失为：

$$I = T_0 S_g = (20 + 273) \times 4.7392 = 1388.6 (kJ)$$

思 考 题

4-1 请分析热力学第二定律的实质。

4-2 热力学第二定律是否可表述为"机械能可以全部变为热能，而热能不可能全部变为机械能"。这种说法有什么不妥当之处？

4-3 自发过程是不可逆过程，非自发过程必为可逆过程，这一说法是否正确？

4-4 举例说明热力过程中有哪几类不可逆因素。

4-5 循环热效率公式 $\eta_t = 1 - \dfrac{q_2}{q_1}$ 和 $\eta_t = 1 - \dfrac{T_2}{T_1}$ 有何区别？各适用于什么场合？

4-6 若工质从同一初态出发，分别经历可逆绝热过程与不可逆绝热过程，膨胀到相同的终压力，两过程终态哪个的熵大？哪个对外做的功大？试用坐标图进行分析。

4-7 系统在某过程中从热源吸热 20kJ，对外做功 25kJ。能否通过可逆绝热过程使系统回到初态？为什么？能否通过不可逆绝热过程使系统回到初态？

4-8 熵增原理是否适用于所有热力系统？

4-9 孤立系统中进行了（1）可逆过程；（2）不可逆过程。孤立系统的总能和总熵如何变化？

习 题

4-1 下述说法是否正确？

（1）熵增大的过程必定是吸热过程；

（2）熵减小的过程必为放热过程；

（3）定熵过程必为可逆绝热过程；

（4）熵增大的过程必为不可逆过程；

（5）使系统熵增大的过程必为不可逆过程；

（6）熵产大于零的过程必为不可逆过程。

4-2 某发明者自称设计出一台在 600K 和 290K 热源之间工作的热机。该热机从高温热源吸收热量 2000kJ，可做 1000kJ 的净功，他的设计合理吗？

4-3 若向室内供热 10kW，采用两种供热方案，求所需电能的消耗是，并对比作出结论。（1）采用电阻式加热器，直接加热室内空气。（2）用电能拖动热泵供热。假设利用炼钢厂废热，供热温度为 10℃，向室内供热温度为 40℃，热泵采用逆卡诺循环。

4-4 某热机工作于 $T_1 = 1000K$、$T_2 = 300K$ 的两个恒温热源之间。下列几种情况能否实现？是否为可逆循环？（1）$Q_1 = 1kJ$，$W_{net} = 0.7kJ$；（2）$Q_1 = 1kJ$，$Q_2 = 0.5kJ$；（3）$Q_2 = 0.1kJ$，$W_{net} = 0.9kJ$。试用卡诺定理及克劳修斯不等式进行判定。

4-5 设有 1kmol 某种理想气体进行如图 4-7 所示循环 1-2-3-1。已知：$T_1 = 1500K$、$T_2 = 300K$、$p_2 = 0.1MPa$。设比热容为定值，取绝热指数 $\kappa = 1.4$。

（1）求初态压力；

（2）在 $T\text{-}s$ 图上画出该循环；

（3）求循环热效率；

（4）该循环的放热很理想，T_1 也较高，但热效率不是很高，为什么？提示：算出平均温度。

4-6 1kg 空气，温度为 20℃，压力为 2MPa，向真空作绝热自由膨胀，容积增加为原来的 3 倍。求膨胀后的温度、压力及熵增（设比热容为定值）。

4-7 燃气经过燃气轮机，由 0.8MPa、500℃ 绝热膨胀到 0.1MPa、150℃。设比热容 $c_p = 1.01$kJ/(kg·K)，$c_v = 0.732$kJ/(kg·K)。(1) 该过程能否实现？过程是否可逆？(2) 若能实现，计算 1kg 燃气所做的技术功 w_t，设进、出口的动、位能差忽略不计。

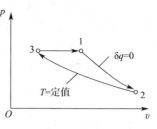

图 4-7 习题 4-5 附图

4-8 将绝热容器内管道中流动的空气由 $t_1 = 7$℃ 定压加热到 $t_2 = 57$℃，有两种方案。方案 A：叶轮搅拌容器内的黏性液体，通过黏性液体加热空气；方案 B 容器中通入 $p = 0.1$MPa 的饱和水蒸气，加热空气后冷却为饱和水，如图 4-8 所示。设两系统均为稳态工作，且不计动能、位能影响。试分别计算两种方案流过 1kg 空气时系统的熵产并从热力学角度分析哪一种方案更合理。已知水蒸气进、出口的焓值及熵值分别为 $s_3 = 7.3589$kJ/(kg·K)，$s_4 = 1.3028$kJ/(kg·K)，$h_3 = 2673.14$kJ/kg，$h_4 = 417.52$kJ/kg。

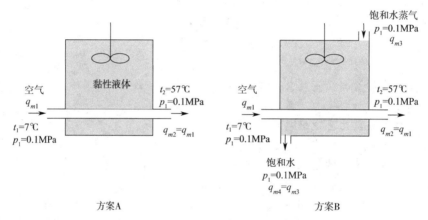

图 4-8 习题 4-8 附图

4-9 100kg 温度为 0℃ 的冰，在大气环境中融化为 0℃ 的水，已知冰的溶解热为 335kJ/kg，设环境温度 $T_0 = 293$K，求冰化为水的熵变，以及过程中的热熵流、熵产及㶲损失。

4-10 初始状态 $p_1 = 600$kPa、$t_1 = 800$℃ 的 10kg 空气在汽轮机中被绝热膨胀到 $p_2 = 100$kPa。若汽轮机作功 $W_t = 3980$kJ，大气温度 $T_0 = 300$K，试求有用功损失。

4-11 初始状态为 $p_1 = 0.6$MPa、$t_1 = 127$℃ 的 1kg 空气，经绝热节流后压力变为 $p_2 = 0.1$MPa。试确定这一过程中空气的有用功损失。

4-12 在一台蒸汽锅炉中，烟气定压放热，温度从 1500℃ 降低到 250℃。所放出的热量用以生产水蒸气。压力为 9.0MPa、温度为 30℃ 的锅炉给水被加热、汽化、过热成 $p = 19.0$MPa、$t = 1450$℃ 的过热蒸汽。将烟气近似为空气，取比热容为定值且 $c_p = 1.079$kJ/(kg·K)。试求：(1) 产生 1kg 过热蒸汽的烟气质量（kg）；(2) 生产 1kg 过热蒸汽时，烟气熵的减小量以及过热蒸汽熵的增大量；(3) 将烟气和水蒸气作为孤立系统生产 1kg 过热蒸汽，孤立系统熵的增大量；(4) 环境温度为 15℃ 时做功能力的损失。

4-13 1kg 理想气体由初态 $p_1 = 0.1$MPa、$T_1 = 400$K 被等温压缩到终态 $p_2 =$

1MPa。（1）经历一可逆过程；（2）经历一不可逆过程。试计算：在这两种情况下气体的熵变、环境熵变、过程熵产及有用功损失。已知不可逆过程实际耗功比可逆过程多20%，环境温度为300K，气体的 $R_g = 0.289\text{kJ/(kg·K)}$。

4-14　两物体 A 和 B 质量及比热容相同，即 $m_1 = m_2 = m$，$c_{p1} = c_{p2} = c_p$，温度各为 T_1 和 T_2，且 $T_1 > T_2$，设环境温度为 T_0。按一系列微元卡诺循环工作的可逆机，以 A 为热源，B 为冷源，循环运行，使 A 物体温度逐渐降低，B 物体温度逐渐升高，直至两物体温度均为 T_f。（1）试证明 $T_f = \sqrt{T_1 T_2}$，以及最大循环净功 $W_{max} = mc_p(T_1 + T_2 - 2T_f)$；（2）若 A 和 B 直接传热，达到热平衡时的温度为 T_m，求 T_m 及不等温传热引起的有用功损失。

5 气体动力循环

从热力学角度来分析热机循环，分析其热能利用的经济性（循环的热效率）及其影响因素，从而研究提高循环热效率的途径。

所有实际动力循环都是不可逆的，十分复杂。因此首先建立实际循环的简化热力学模型，用简单、典型的可逆过程和循环来近似实际复杂的不可逆过程和循环，通过热力学分析和计算，找出其基本特性和规律。只要这种简化的热力学模型是合理的、接近实际情况的，分析和计算的结果就具有理论上的指导意义。必要时还可以进一步考虑各种不可逆因素的影响，对分析结果进行必要的修正，以提高其精度。

本章将分别介绍几种动力装置的工作原理，并对相应的理想循环进行分析。

5.1 活塞式内燃机的实际循环

内燃机一般都是活塞式的，包括煤气机、汽油机、柴油机等，其共同特点是：工质的膨胀、压缩以及燃料的燃烧等过程都是在同一个带活塞的气缸中进行的。因此结构比较紧凑。

按完成一个工作循环活塞所经历冲程数的不同，内燃机又分为四冲程内燃机和二冲程内燃机。汽油机、煤气机一般是点燃式四冲程内燃机，而柴油机则是压燃式四冲程内燃机。

本节将以四冲程内燃机为例介绍其工作原理和循环过程。

5.1.1 活塞式内燃机实际循环的简化

34. 活塞式实际
循环的简化

如图 5-1 所示，当活塞从最左端（所谓上止点）向右移动时，进气阀开放，空气被吸进气缸。这时气缸中空气的压力由于进气管道和进气阀门的阻力而略低于外界大气压力（$a \rightarrow b$）。然后活塞从最右端（所谓下止点）向左移动，这时进气阀和排气阀都关闭着，空气被压缩，这一过程接近绝热压缩过程，温度和压力同时升高（$b \rightarrow c$）。当活塞即将达到上止点时，由喷油嘴向气缸中喷入柴油，柴油遇到高温的压缩空气立即迅速燃烧，温度和压力在一瞬间急剧上升，以致活塞在上止点附近移动极微，因此这一过程接近定容燃烧过程（$c \rightarrow d$）。接着活塞开始向右移动，燃烧继续进行，直到喷进气缸内的燃料燃烧完，这时气缸中的压力变化不大，接近定压燃烧过程（$d \rightarrow e$）。此后，活塞继续向右移动，燃烧后的气体膨胀做

功，这一过程接近绝热膨胀过程（$e \to f$）。当
活塞接近下止点时，排气阀门开放，而活塞几
乎停留在下止点附近，接近定容排气过程
（$f \to g$）。最后，活塞由下止点向左移动，将气
缸中的剩余废气排出，这时气缸中气体的压力
由于排气阀门和排气管道的阻力而略大于大气
压力（$g \to a$）。当活塞第二次回到上止点时
（活塞共往返 4 次），便完成了一个循环。此
后，便是循环的不断重复。

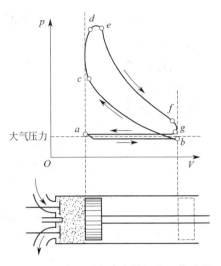

图 5-1　四冲程活塞式内燃机的工作过程

显然，上述内燃机的实际循环是开式的不
可逆循环，并且是不连续的。过程中工质的质
量和成分也不断变化。这样复杂的不可逆循环
给分析和计算带来很大困难。为了便于理论分
析，必须对实际循环加以合理的抽象、概括和
简化，忽略次要因素，将实际循环理想化。具
体做法是：

① 假设一定量的工质在气缸中进行封闭循环；

② 用空气的性质代替工质的性质；

③ 忽略过程中进、排气及各种不可逆损失，认为工质的膨胀及压缩过程是可逆绝
热过程；

④ 将燃烧过程看作从高温热源吸热的过程，将排气过程看作向低温热源放热的
过程；

⑤ 忽略工质的动、位能变化。

经过上述简化、抽象及概括，可将实际柴油机循环理想化为理想可逆循环，表示在
图 5-2 中的 p-v 图及 T-s 图上，其中 1-2 是可逆绝热压缩过程，2-3 是可逆定容吸热过
程，3-4 是可逆定压吸热过程，4-5 是可逆绝热膨胀过程，5-1 是可逆定容放热过程。该
循环称为混合加热循环，也称为萨巴德（Sabathe）循环。

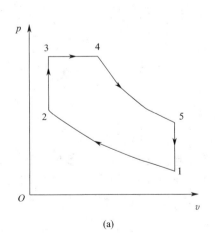

(a)

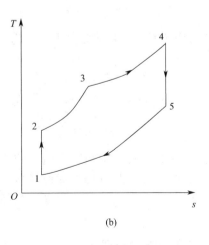

(b)

图 5-2　混合加热理想循环的 p-v 图和 T-s 图

5.1.2 活塞式内燃机的理想循环

35.定压加热和定容
加热理想循环

在分析各种活塞式内燃机的理想循环之前，先说明表征活塞式内燃机理想循环的几个特征参数：绝热压缩比 ε、定容增压比 λ 及定压预胀比 ρ。

绝热压缩比 $\varepsilon = v_1/v_2$，表示绝热压缩过程中工质体积被压缩的程度。

定容增压比 $\lambda = p_3/p_2$，表示定容加热过程中工质压力升高的程度。

定压预胀比 $\rho = v_4/v_3$，表示定压加热过程中工质体积膨胀的程度。

（1）混合加热理想循环

在如图 5-2 所示的混合加热理想循环中，单位质量工质从高温热源吸收热量 q_1，向低温热源放出热量 q_2，其值分别为：

$$q_1 = c_v(T_3 - T_2) + c_p(T_4 - T_3)$$
$$q_2 = c_v(T_5 - T_1)$$

根据循环热效率的公式，则有：

$$\eta_t = 1 - \frac{q_2}{q_1} = 1 - \frac{c_v(T_5 - T_1)}{c_v(T_3 - T_2) + c_p(T_4 - T_3)}$$
$$= 1 - \frac{T_5 - T_1}{(T_3 - T_2) + \kappa(T_4 - T_3)} \tag{5-1}$$

1-2 过程为可逆绝热过程，因此有：

$$\frac{T_2}{T_1} = \left(\frac{v_1}{v_2}\right)^{\kappa-1} \Longrightarrow T_2 = T_1 \varepsilon^{\kappa-1}$$

2-3 过程为定容吸热过程，因此有：

$$\frac{T_3}{T_2} = \frac{p_3}{p_2} = \lambda \Longrightarrow T_3 = \lambda T_2 = \lambda T_1 \varepsilon^{\kappa-1}$$

3-4 过程为定压吸热过程，因此有：

$$\frac{T_4}{T_3} = \frac{v_4}{v_3} = \rho \Longrightarrow T_4 = \rho T_3 = \rho \lambda T_1 \varepsilon^{\kappa-1}$$

4-5 过程为可逆绝热膨胀过程，因此有：

$$T_5 = T_4 \left(\frac{v_4}{v_5}\right)^{\kappa-1} = T_4 \left(\frac{\rho v_3}{v_1}\right)^{\kappa-1} = T_4 \left(\frac{\rho v_2}{v_1}\right)^{\kappa-1} = T_1 \lambda \rho^\kappa$$

将以上各温度值代入式(5-1)，可得

$$\eta_t = 1 - \frac{\lambda \rho^\kappa - 1}{\varepsilon^{\kappa-1}[(\lambda-1) + \kappa\lambda(\rho-1)]} \tag{5-2}$$

由上式可得，混合加热理想循环的热效率随绝热压缩比 ε 和定容增压比 λ 的增大而提高，随定压预胀比 ρ 的增大而降低。另外，受强度机械效率等实际因素的影响，柴油机的绝热压缩比不能任意提高，实际柴油机的绝热压缩比一般在 13～20 范围内变化。

（2）定压加热理想循环

有些柴油机的燃烧过程主要在活塞离开上止点的一段行程中进行。这时气缸内气体一面燃烧，一面膨胀，压力基本保持不变，相当于定压加热。这种定压加热的内可逆理想循环又称狄塞尔（Diesel）循环。其 p-v 图及 T-s 图如图 5-3 所示。狄塞尔循环由定熵压缩过程 1-2、定压加热过程 2-3、定熵膨胀过程 3-4 和定容放热过程 4-1 组成。它可以看作混合加热循环的特例。当 $\lambda=1$ 时，$p_3=p_2$，状态 3 和状态 2 合并，混合加热循环便成了定压加热循环。令式(5-2) 中的 $\lambda=1$，即可得定压加热循环理论热效率的计算公式：

$$\eta_t = 1 - \frac{\rho^\kappa - 1}{\kappa \varepsilon^{k-1}(\rho - 1)} \tag{5-3}$$

当然也可用各状态点的参数表示定压加热理想循环的热效率：

$$\eta_t = \frac{q_1 - q_2}{q_1} = 1 - \frac{T_4 - T_1}{\kappa(T_3 - T_2)} \tag{5-4}$$

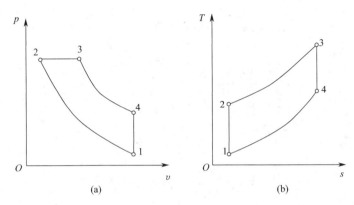

图 5-3　定压加热理想循环的 p-v 图和 T-s 图

从式(5-3) 可以看出，定压加热理想循环的热效率 η_t 随绝热压缩比 ε 的增大而增大，随定压预胀比 ρ 的增大（发动机负荷的增加）而减小。

（3）定容加热理想循环

点燃式内燃机（汽油机、煤气机）压缩的是燃料和空气的可燃混合物。压缩终了时，活塞处于左止点处，火花塞产生火花点燃可燃混合物，由于燃烧迅速，此时活塞位移极小，近似在定容情况下燃烧，因此可按定容加热理想循环——奥托（Otto）循环来分析。如图 5-4 所示，该循环由定熵压缩过程 1-2、定容加热过程 2-3、定熵膨胀过程 3-4 和定容放热过程 4-1 组成。

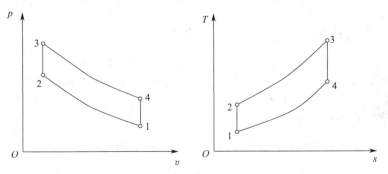

图 5-4　定容加热理想循环的 p-v 图和 T-s 图

定容加热循环可以看作混合加热循环在定压预胀比 $\rho=1$ 时的特例，因此由式(5-2) 可得定容加热循环的热效率：

$$\eta_{\mathrm{t}}=1-\frac{q_2}{q_1}=1-\frac{T_4-T_1}{T_3-T_2}=1-\frac{1}{\varepsilon^{\kappa-1}} \tag{5-5}$$

上式表明：定容加热理想循环的热效率依绝热压缩比 ε 而定，且随 ε 的增大而提高，但由于汽油机在吸气过程中吸入气缸的是空气-汽油的混合物，受混合气体自燃温度的限制，绝热压缩比又不能任意提高，一般限定在 5~12 的范围内，绝热压缩比过大，会发生"爆燃"现象，使发动机不能正常工作；循环热效率也与指数 κ 有关，且 κ 值随气体温度升高而减小，使 η_{t} 降低。

活塞式内燃机各种循环热效率的比较，取决于循环实施时的条件。在不同条件下进行比较可以得到不同结果。因为压缩的是空气，不受燃点的限制，所以柴油机的绝热压缩比（$\varepsilon=13\sim18$）高于汽油机（$\varepsilon=5\sim9$），故而效率较高，马力较大。

【例 5-1】 内燃机定容加热循环如图 5-4 所示，其工质按空气来计算，其初始状态为 $p_1=0.1\mathrm{MPa}$，$t_1=20℃$。绝热压缩比 $\varepsilon=8$，对每千克工质加入的热量为 $q_{\mathrm{H}}=800\mathrm{kJ/kg}$。试计算：（1）循环的最高压力与最高温度；（2）循环的热效率；（3）循环的净功量。已知空气的 $c_v=0.717\mathrm{kJ/(kg\cdot K)}$。

解 （1）首先计算压缩的终点温度 T_2 和压力 p_2

$$T_2=T_1\varepsilon^{\kappa-1}=(273+20)\times8^{1.4-1}=673.1\ (\mathrm{K})$$

$$p_2=p_1\varepsilon^{\kappa}=0.1\times8^{1.4}=1.84(\mathrm{MPa})$$

由定容加热过程吸热量的计算式，可得循环的最高温度 T_3：

$$T_3=T_2+\frac{q_{\mathrm{H}}}{c_v}=673.1+\frac{800}{0.717}=1788.9(\mathrm{K})$$

根据定容过程，可以得到循环的最高压力 p_3：

$$p_3=\frac{T_3}{T_2}p_2=\frac{1788.9}{673.1}\times1.84=4.89(\mathrm{MPa})$$

（2）循环热效率可以由式(5-5) 得到

$$\eta_{\mathrm{t}}=1-\frac{1}{\varepsilon^{\kappa-1}}=1-\frac{1}{8^{1.4-1}}=0.5647$$

（3）循环的净功量为：

$$w=\eta_{\mathrm{t}}q_{\mathrm{H}}=0.5647\times800=451.76(\mathrm{kJ/kg})$$

5.1.3 活塞式内燃机各种理想循环的热力学比较

36. 三种理想循环
的热力学比较

内燃机各种理想循环的热力性能取决于实施循环时的条件，因此对各种理想循环热效率作比较时，必须要有一个共同的标准。一般在初始状态相同的情况下，分别以压缩比、吸热量、最高压力和最高温度相同作为比较基础，且在 T-s 图上最为简便。

(1) 相同压缩比 ε、相同吸热量 q_1 时的比较

在图 5-5 中：1-2-3-4-1 为定容加热理想循环，1-2-2'-3'-4'-1 为混合加热理想循环，1-2-3″-4″-1 为定压加热理想循环。

q_1 相同，即：

$$S_{23562}=S_{22'3'5'62}=S_{23''5''62}$$

比较 q_2：

定容过程：$q_{2v} = S_{14561}$

混合过程：$q_{2m} = S_{14'5'61}$

定压过程：$q_{2p} = S_{14''5''61}$

所以 $q_{2,v} < q_{2,m} < q_{2,p}$

又因为 $\eta_t = 1 - \dfrac{q_2}{q_1}$，所以可得结论：

$$\eta_{t,v} > \eta_{t,m} > \eta_{t,p} \qquad (5\text{-}6)$$

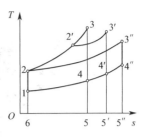

图 5-5 ε 相同、q_1 相同时理想循环的比较

在上述结论中，回避了不同机型应采用不同压缩比的问题，但实际上，由于采用不同的燃料，压缩比 ε 应取不同值，显然这一情况与实际情况不完全符合。

（2）最高循环压力和最高循环温度相同时的比较

这种比较实质上是热力强度和机械强度相同情况下的比较。在图 5-6 中，1-2-3-4-1 是定容加热理想循环；1-2'-3'-3-4-1 为混合加热理想循环，1-2''-3-4-1 为定压加热理想循环。从图中可以看出：

$$S_{2''3642''} = S_{2'3'3652'} = S_{23651}$$

即 $q_{1,p} > q_{1,m} > q_{1,v}$，而这几个循环的放热量均相同，即 $q_{2,p} = q_{2,m} = q_{2,v}$，因此有：

$$\eta_{t,p} > \eta_{t,m} > \eta_{t,v} \qquad (5\text{-}7)$$

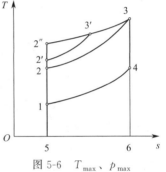

图 5-6 T_{max}、p_{max} 相同时理想循环比较

从上式可以得到：在进气状态相同、循环的最高压力和最高温度相同的条件下，定压加热理想循环的热效率最高，混合加热理想循环次之，而定容加热理想循环最低。这是符合实际的。事实上，柴油机的热效率通常高于汽油机的热效率。

5.2 燃气轮机装置的循环

5.2.1 燃气轮机装置简介

燃气轮机装置是一种以空气和燃气为工质的旋转式热力发动机，主要结构包括燃气轮机（透平或动力涡轮）、压气机（空气压缩机）、燃烧室，另有其他附属设备。和内燃机循环中各个过程都是在气缸内进行不同，燃气轮机装置中工质在不同设备间流动，一个设备完成一个过程，所有过程构成循环。其简单装置如图 5-7 所示，流程如图 5-8 所示。

37. 燃气轮机装置循环

空气首先进入压气机内，压缩到一定压力后被送入燃烧室，和喷入的燃油混合后进行燃烧，产生高温燃气，与燃烧室剩余空气混合后，进入燃气轮机的喷管，膨胀加速而冲击燃气轮机的叶片对外做功。做功后的废气排入大气。而燃气轮机所做功的一部分用于带动压气机，其余部分（称为净功）对外输出，用于带动发电机或其他负载。

5.2.2 燃气轮机装置定压加热理想循环——布雷顿循环

燃气轮机装置循环的理想循环是布雷顿循环（Brayton cycle），由四个理想热力过

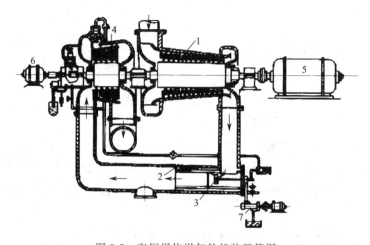

图 5-7 定压燃烧燃气轮机装置简图

1—压气机；2—燃烧室；3—喷油嘴；4—燃气轮机；5—发电机；6—启动电动机；7—燃料泵

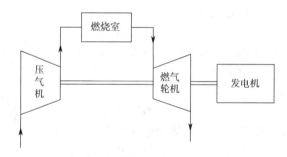

图 5-8 定压燃烧燃气轮机装置流程图

程组成，其 p-v 图及 T-s 图如图 5-9 所示。

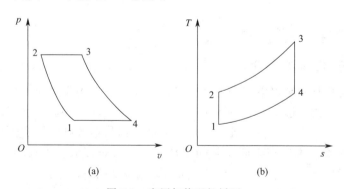

图 5-9 定压加热理想循环

图 5-9 中，1-2 为在压气机进行的绝热压缩过程；2-3 是在燃烧室与燃气通道内进行的定压加热过程；3-4 是在燃气轮机内发生的绝热膨胀过程；4-1 是做完功的乏气向大气环境定压放热的过程。

根据热效率的定义，布雷顿循环的热效率为：

$$\eta_t = 1 - \frac{q_2}{q_1} = 1 - \frac{c_p(T_4 - T_1)}{c_p(T_3 - T_2)} = 1 - \frac{T_4 - T_1}{T_3 - T_2} \qquad (5\text{-}8)$$

定义循环增压比 $\pi=\dfrac{p_2}{p_1}$，循环增温比 $\tau=\dfrac{T_3}{T_1}$，则由各过程特征可得：

$$\frac{T_2}{T_1}=\left(\frac{p_2}{p_1}\right)^{\frac{\kappa-1}{\kappa}}=\left(\frac{p_3}{p_4}\right)^{\frac{\kappa-1}{\kappa}}=\frac{T_3}{T_4}=\pi^{\frac{\kappa-1}{\kappa}}\Rightarrow\frac{T_2}{T_1}=\frac{T_3}{T_4}$$

$$\eta_t=1-\frac{T_4-T_1}{T_3-T_2}=1-\frac{T_1\left(\dfrac{T_4}{T_1}-1\right)}{T_2\left(\dfrac{T_3}{T_2}-1\right)}=1-\frac{T_1}{T_2}=1-\frac{1}{\pi^{\frac{\kappa-1}{\kappa}}} \tag{5-9}$$

上式表明：布雷顿循环的热效率取决于循环增压比 $\pi=\dfrac{p_2}{p_1}$，且随 π 的增大而提高。而对于循环增压比 π 的选择还应考虑它对循环净功 w_{net} 的影响。循环净功 w_{net} 为循环吸热量与放热量的差值，即：

$$w_{net}=q_1-q_2=c_p(T_3-T_2)-c_p(T_4-T_1)$$
$$=c_pT_1\left(\frac{T_3}{T_1}-\frac{T_4}{T_1}-\frac{T_2}{T_1}+1\right)$$
$$=c_pT_1\left(\frac{T_3}{T_1}-\frac{T_4}{T_3}\frac{T_3}{T_1}-\frac{T_2}{T_1}+1\right)$$

由于循环增温比 $\tau=\dfrac{T_3}{T_1}$，因此有：

$$w_{net}=c_pT_1\left(\tau-\tau\pi^{\frac{1-\kappa}{\kappa}}-\pi^{\frac{\kappa-1}{\kappa}}+1\right) \tag{5-10}$$

上式表明：在一定温度范围 T_1、T_3 内，循环净功量仅仅是循环增压比的函数，将循环净功对增压比求导并令导数为零，即令 $\dfrac{\mathrm{d}w_{net}}{\mathrm{d}\pi}=0$，则得到循环净功达到最大值时的最佳循环增压比为：

$$\pi_{opt}=\tau^{\frac{\kappa}{2(\kappa-1)}}=\left(\frac{T_3}{T_1}\right)^{\frac{\kappa}{2(\kappa-1)}} \tag{5-11}$$

此时循环的最大净功为：

$$w_{net,max}=c_p(\sqrt{T_3}-\sqrt{T_1})^2=c_pT_1(\sqrt{\tau}-1)^2 \tag{5-12}$$

由此可得：对布雷顿循环，循环增压比 π 值增大，可使循环的热效率 η_t 提高。而为了获得最大净功，又存在最佳的 π 值，在选择燃气轮机装置增压比 π 时，必须兼顾热效率与循环净功。

思　考　题

5-1　画出柴油机混合加热理想循环的 $p\text{-}v$ 图及 $T\text{-}s$ 图，写出该循环吸热量、放热量、净功量和热效率的计算式；并分析影响其热效率的因素，其与热效率的关系如何？

5-2　画出汽油机定容加热理想循环的 $p\text{-}v$ 图及 $T\text{-}s$ 图，写出该循环吸热量、放热量、净功量和热效率的计算式，分析如何提高定容加热理想循环的热效率，分析提高定容加热理想循环热效率的措施，这些措施是否受到限制。

5-3　柴油机的热效率高于汽油机的热效率，其主要原因是什么？

5-4 怎样合理比较内燃机三种理想循环热效率的大小？比较结果如何？

5-5 画出燃气轮机装置定压加热理想循环的 $p\text{-}v$ 图及 $T\text{-}s$ 图，怎样提高燃气轮机定压加热实际循环的热效率？

习　题

5-1 活塞式内燃机混合加热循环的参数为：$p_1 = 0.1\text{MPa}$、$t_1 = 17℃$，压缩比 $\varepsilon = 16$，增压比 $\lambda = 1.4$，预胀比 $\rho = 1.7$。假设工质为空气且比热容为定值，试求循环各点的状态、循环功及循环热效率。

5-2 当内燃机采用脉冲式废气涡轮增压器时，废气从气缸直接引入涡轮机而不经过维持稳定压力的排气总管，因而可以把工质在内燃机气缸和涡轮机中膨胀的过程看作一个连续的绝热膨胀过程，膨胀到环境大气压力后进行定压放热。这样的理想热力循环如图 5-10 所示。若空气在增压器及内燃机气缸整个绝热过程 1-2 中的压缩比 $\varepsilon = 20$，而定容加热量 $q_{1,v} = 250\text{kJ/kg}$，定压加热量 $q_{1,p} = 250\text{kJ/kg}$，又已知 $p_1 = 0.1\text{MPa}$、$t_1 = 27℃$，试求该循环的热效率。与相同循环参数的混合加热循环相比，其循环热效率提高多少？

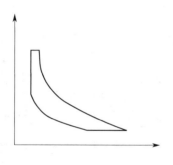

图 5-10　习题 5-2 附图

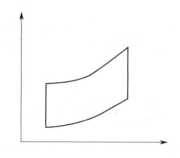

图 5-11　习题 5-3 附图

5-3 如图 5-11 所示，活塞式内燃机定容加热循环的参数为：$p_1 = 0.1\text{MPa}$、$t_1 = 27℃$，压缩比 $\varepsilon = 6.5$，加热量 $q_1 = 700\text{kJ/kg}$。假设工质为空气且比热容为定值，试求循环各点的状态、循环净功及循环热效率。

5-4 一压缩比为 6 的奥托循环，进气状态为 $p_1 = 100\text{kPa}$、$t_1 = 27℃$，在定容过程中吸热 540kJ/kg，空气质量流量为 100kg/h。已知 $\kappa = 1.4$，$c_v = 0.71\text{kJ/(kg·K)}$，试求输出功率及循环热效率。

5-5 如图 5-2 所示的混合加热理想循环，已知 $t_1 = 90℃$、$t_2 = 400℃$、$t_3 = 590℃$、$t_5 = 300℃$，工质视为空气，比热容为定值，求循环的热效率及相同温度范围内卡诺循环的热效率。

5-6 某燃气轮机装置的进气状态为 $p_1 = 0.1\text{MPa}$、$t_1 = 27℃$，循环增压比 $\pi = 4$，在燃烧室中加热量为 333kJ/kg，经绝热膨胀到 0.1MPa。设比热容为定值，试求循环的最高温度和循环的热效率。

5-7 燃气轮机装置的定容加热循环由下述四个可逆过程组成：绝热压缩过程 1-2、定容加热过程 2-3、绝热膨胀过程 3-4 及定压放热过程 4-1。已知压缩过程的增压比 $\pi = p_2/p_1$，定容加热过程的增压比 $\lambda = p_3/p_2$，试证明其循环热效率为 $\eta_t = \dfrac{\kappa(\lambda^{\frac{1}{\kappa}} - 1)}{\pi^{\frac{\kappa-1}{\kappa}}(\lambda - 1)}$。

6 水蒸气的热力性质及蒸汽动力循环

在动力、制冷、化学工程中，经常用到各种蒸气。常用的如水蒸气、氨蒸气、氟利昂蒸气等，蒸气是指离液态较近，在工作过程中往往会有集态变化的某种实际气体。显然，蒸气不能作为理想气体处理，它的性质较复杂。

本章主要介绍水蒸气产生的一般原理、水和水蒸气状态参数的确定、水蒸气图表的结构和应用以及水蒸气热力过程功和热量的计算。

6.1 水的定压加热汽化过程

蒸气是由液体汽化而产生的，液体的汽化有蒸发和沸腾两种不同的形式。而物质由气态转变为液态的过程称为凝结。凝结的速度取决于空间蒸气的压力。

38. 水蒸气的定压
加热过程

在汽化过程中，如果液面上方是和大气相连的自由空间，一般情况下汽化过程会一直进行到液体全部变化为蒸气为止。而当液体在有限的密闭空间下汽化时，不仅有分子逸出液体表面进入蒸气空间，而且也会有分子从蒸气空间落到液体表面，回到液体中。如图 6-1 所示，当液体分子脱离液体表面的汽化速度与气体分子回到液体中的凝结速度相等时，这种液体和蒸气所处的动态平衡状态就称为饱和状态。饱和状态下的蒸气和液体分别称为饱和蒸气和饱和液体。饱和蒸气的压力和温度分别称为饱和温度 t_s 和饱和压力 p_s，二者一一对应，且饱和压力愈高，饱和温度也愈高。例如：对于水蒸气，当 $p_s = 0.101325 MPa$ 时，$t_s = 100℃$；当 $p_s = 1MPa$ 时，$t_s = 179.916℃$。

工程上所用的水蒸气通常是在锅炉中对水定压加热产生的。为形象起见，假设水在气缸内进行定压加热，水蒸气产生过程如图 6-2 所示。

一定压力下的未饱和水，在外界加热作用下温度升高，当温度升到该压力所对应的饱和温度时，则称其为饱和水。继续加热，水开始沸腾，在定温下，产生蒸汽而形成饱和水和饱和水蒸气的混合物，这种混合物称为湿饱和水蒸气（简称湿蒸汽）。水继续吸热，直至水全部汽化为蒸汽，这时的蒸汽因不含液体，而被称为干饱和蒸汽（简称饱和蒸汽）。至此为止，工质的全部汽化过程都是在饱和温度下进行的。对于饱和蒸汽继续定压加热，则蒸汽的温度将从饱和温度不断升高。由于这时蒸汽的温度已超过相应压力下

图 6-1 饱和系统

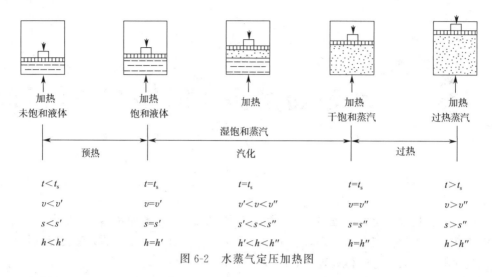

图 6-2　水蒸气定压加热图

的饱和温度，因而称其为过热蒸汽，其温度超过饱和温度值称为过热度。由图 6-2 可见水蒸气的产生分预热、汽化、过热三个阶段。

将蒸汽在不同压力下的定压发生过程，在 p-v 图及 T-s 图上表示出来，如图 6-3 所示。将所有压力下的饱和液相点及干饱和气相点分别用一条光滑的曲线连接起来，就构成了饱和液态线（下界限线）和干饱和蒸汽线（上界限线），且两条线交于临界点。

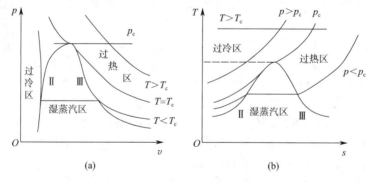

图 6-3　水定压汽化过程的 p-v 图和 T-s 图

为便于记忆，特将水蒸气的 p-v 图及 T-s 图总结为一点、二线、三区、五态。一点是指临界点；二线为饱和液体线和饱和蒸汽线；三区为未饱和区（过冷区）、湿蒸汽区及过热蒸汽区（过热区）；五态为未饱和液体（过冷液）状态、饱和液体状态、湿饱和蒸汽状态、干饱和蒸汽状态和过热蒸汽状态。

6.2　水和水蒸气的状态参数

如前所述，蒸汽的热力性质较为复杂。在工程计算中，通常是将由实验测得的数据，运用热力学一般关系，经计算而得的数据制成蒸汽图表以供查用。通常可查到状态参数 p、v、T、h、s，至于热力学能 u，需用公式 $u = h - pv$ 计算得到。

39. 水蒸气表及
水蒸气图

应用水蒸气热力性质图表时，其基准点在不同文献中均以三相点液相水作为基准点。

6.2.1　水蒸气表

　　针对水蒸气的五种不同状态，一般水蒸气表分为两类。一类为"饱和水蒸气表"，如表 6-1 所示，表中列出饱和液体线（各参数的右上角标以'）和饱和蒸汽线（各参数右上角存在"）上的数据；为查用方便，又可分为按温度与按压力排列两种形式。另一类为"未饱和水和过热蒸汽表"，如表 6-2 所示。在该表中，以压力和温度为独立参数，列出未饱和水和过热蒸汽的 v、h、s，u 依旧需要用公式 $u = h - pv$ 计算得到。表 6-1 及表 6-2 是水蒸气表的部分节录。

表 6-1　饱和水和干饱和蒸汽表（节录）
（1）依温度排列

$\{t\}_{℃}$	$\{p\}_{MPa}$	$\{v'\}_{m^3/kg}$	$\{v''\}_{m^3/kg}$	$\{h'\}_{kJ/kg}$	$\{h''\}_{kJ/kg}$	$\{\gamma\}_{kJ/kg}$	$\{s'\}_{kJ/(kg·K)}$	$\{s''\}_{kJ/(kg·K)}$
0	0.0006112	0.00100022	206.154	−0.05	2500.51	2500.6	−0.0002	9.1544
0.01	0.0006117	0.00100018	206.012	0.00	2500.53	2500.5	0.0000	9.1541
5	0.0008725	0.00100008	147.048	21.02	2509.71	2488.7	0.0763	9.0236
15	0.0017053	0.00100094	77.910	62.96	2528.07	2465.1	0.2248	8.7794
25	0.0031687	0.00100302	43.362	104.77	2546.29	2441.5	0.3670	8.5560
35	0.0056263	0.00100605	25.222	146.59	2564.38	2417.8	0.5050	8.3511
70	0.31178	0.00102276	5.0443	293.01	2626.10	2333.1	0.9550	7.7540
110	0.143243	0.00105156	1.2106	461.33	2691.26	2229.9	1.4186	7.2386
150	0.47571	0.00109046	0.39286	632.28	2746.35	2114.1	1.8420	6.8381
200	1.55366	0.00115641	0.12732	852.34	2792.47	1940.1	2.3307	6.4312
250	3.97351	0.00125145	0.050112	1085.3	2800.66	1715.4	2.7926	6.0716
300	8.58308	0.00140369	0.021669	1344.0	2748.71	1404.7	3.2533	5.7042
350	16.521	0.00174008	0.008812	1670.3	2563.39	893.0	3.7773	5.2104
373.99	22.064	0.003106	0.003106	2085.9	2085.87	0.0	4.4092	4.4092

（2）依压力排列

$\{p\}_{MPa}$	$\{t\}_{℃}$	$\{v'\}_{m^3/kg}$	$\{v''\}_{m^3/kg}$	$\{h'\}_{kJ/kg}$	$\{h''\}_{kJ/kg}$	$\{\gamma\}_{kJ/kg}$	$\{s'\}_{kJ/(kg·K)}$	$\{s''\}_{kJ/(kg·K)}$
0.001	6.9491	0.0010001	129.185	29.21	2513.29	2484.1	0.1056	8.9735
0.003	24.1142	0.0010028	45.666	101.07	2544.68	2443.6	0.3546	8.5758
0.004	28.9533	0.0010041	34.796	121.30	2553.46	2432.2	0.4221	8.4725
0.005	32.8793	0.0010053	28.191	137.72	2560.55	2422.8	0.4761	8.3830
0.01	45.7988	0.0010103	14.673	191.76	2583.72	2392.0	0.6490	8.1481
0.02	60.0650	0.0010172	7.6497	251.43	2608.90	2357.5	0.8320	7.9028
0.05	81.3388	0.0010299	3.2409	340.55	2645.31	2403.8	1.0912	7.5928
0.1	99.634	0.0010432	1.6943	417.52	2675.14	2257.6	1.3028	7.3589
0.2	120.240	0.0010605	0.88585	504.78	2706.53	2201.7	1.5303	7.1272
0.5	151.867	0.0010925	0.37486	640.35	2748.59	2108.2	1.8610	6.8214
1.0	179.916	0.0011272	0.19438	762.84	2777.67	2014.8	2.1388	6.5859
2.0	212.417	0.0011767	0.099588	908.64	2798.66	1890.0	2.4471	6.3395
3.0	233.893	0.0012166	0.066662	10008.2	2803.19	1794.9	2.6454	6.1854
5.0	263.980	0.0012862	0.039439	1154.2	2793.64	1639.5	2.9201	5.9724
22.064	373.99	0.003106	0.003106	2085.9	2085.87	0.0	4.4092	4.4092

表 6-2 未饱和水和过热蒸汽表（节录）

压力	$p=0.01$MPa			$p=0.1$MPa		
饱和参数	$t_s=45.7988$℃ $v'=0.0010103$m³/kg $h'=191.76$kJ/kg $s'=0.6490$kJ/(kg·K) $v''=14.673$m³/kg $h''=2583.72$kJ/kg $s''=8.1481$kJ/(kg·K)			$t_s=99.634$℃ $v'=0.0010432$m³/kg $h'=417.52$kJ/kg $s'=1.3028$kJ/(kg·K) $v''=1.6943$m³/kg $h''=2675.14$kJ/kg $s''=7.3589$kJ/(kg·K)		
t/℃	v/(m³/kg)	h/(kJ/kg)	s/[kJ/(kg·K)]	v/(m³/kg)	h/(kJ/kg)	s/[kJ/(kg·K)]
0	0.0010002	−0.04	−0.0002	0.0010002	0.05	−0.0002
10	0.0010003	42.01	0.1510	0.0010003	42.10	0.1519
20	0.0010018	83.87	0.2963	0.0010018	83.96	0.2963
30	0.0010044	125.68	0.4366	0.0010044	125.77	0.4365
40	0.0010079	167.51	0.5723	0.0010078	167.59	0.5723
50	14.869	2591.8	8.1732	0.0010121	209.40	0.7037
60	15.336	2610.8	8.2313	0.0010171	251.22	0.8312
70	15.802	2629.9	8.2876	0.0010227	293.07	0.9549
80	16.268	2648.9	8.3422	0.0010290	334.97	1.0753
90	16.732	2667.9	8.3954	0.0010359	379.96	1.1925
100	17.196	2686.9	8.4471	1.6961	2657.9	7.3609
110	17.660	2706.2	8.6008	1.7448	2696.2	7.4146
120	18.124	2725.1	8.5466	1.7931	2716.3	7.4665
130	18.587	2744.2	8.5945	1.8411	2736.3	7.5167
140	19.059	2763.3	8.7447	1.8889	2756.2	7.5654
150	19.513	2782.5	8.7905	1.9364	2776.0	7.6128

注：1. 本表数据摘录自严家录等著《水和水蒸气热力性质图表》（第二版），高等教育出版社，2004。
2. 黑线以上为未饱和水，黑线以下为过热蒸汽。

在上两个表中，当饱和水全部汽化，在饱和温度 t_s 下由饱和水变成干饱和蒸汽时，其1kg工质所吸收的热量为：

$$\gamma=T_s(s''-s')=h''-h'=(u''-u')+p(v''-v') \tag{6-1}$$

式中，$u''-u'$ 表示用于增加热力学能的热量；$p(v''-v')$ 表示汽化时比体积增大用作膨胀功的热量。

当饱和水加热变成干饱和蒸汽时，其中间状态为湿饱和蒸汽，它由饱和水和干饱和蒸汽组成，此时水的温度及压力分别为：$t_0=t_s$、$p_0=p_s$，且 t_s 与 p_s 相互对应。因此首选引入一独立参数干度 x，它表征湿蒸汽中干饱和蒸汽的质量分数，其数学表达式为：

$$x=\frac{m_g}{m_g+m_l} \tag{6-2}$$

式中，m_g 为干饱和蒸汽的质量；m_l 为饱和水的质量。

因为1kg湿蒸汽是由 x kg干蒸汽和 $(1-x)$ kg饱和水混合而成的，因此1kg湿蒸汽中的各参数就等于 x kg干蒸汽的相应参数与 $(1-x)$ kg饱和水相应参数的和，即：

$$v_x=xv''+(1-x)v'=v'+x(v''-v') \tag{6-3}$$

$$h_x = xh'' + (1-x)h' = h' + x(h''-h') \tag{6-4}$$

$$s_x = xs'' + (1-x)s' = s' + x(s''-s') \tag{6-5}$$

6.2.2 水蒸气图

分析水蒸气的热力过程或热力循环时常使用温熵图（$T\text{-}s$ 图，图 6-4）。在 $T\text{-}s$ 图中，CT 为饱和水线，CV 为干饱和蒸汽线，这两条界限曲线将全图划分成湿区（曲线中间部分）和过热区（曲线右上部分），此外还有定干度线（$x=$定值）和定压线（在湿区即定温线，呈水平；在过热区向右上斜）。在详图上还有定容线和定热力学能线，故可根据任意两个已知状态参数求得其他各个参数，焓值则按 $h=u+pv$ 计算得到。根据比熵的定义，定压过程线下面的面积表示可逆定压过程中每千克水的吸热量。

在分析热力循环时 $T\text{-}s$ 图尤为重要，但由于热量和功在 $T\text{-}s$ 图上均以面积表示，故而作数值计算时也有其不便之处。

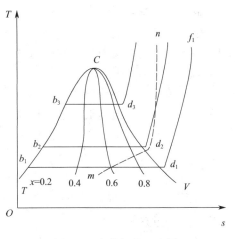

图 6-4 水蒸气的 $T\text{-}s$ 图

利用水蒸气表确定水蒸气状态参数的优点是数值的准确度高，但由于水蒸气表所给出的数据是不连续的，在遇到间隔中的状态时，需要用内插法求得，甚为不便。另外，当已知状态参数不是压力或温度，或分析过程中遇到跨越两相的状态时，使用水蒸气表尤其不便。为了使用上的便利，工程上根据蒸汽表中已列出的各种数值，用不同的热力参数坐标制成各种水蒸气线图，以方便工程上的计算。除了前已述及的 $T\text{-}s$ 图外，热工上使用较广的还有一种以焓为纵坐标、以熵为横坐标的焓熵图（即 $h\text{-}s$ 图）。水蒸气的焓熵图如图 6-5 所示。

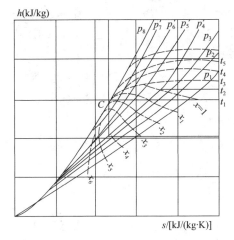

图 6-5 水蒸气的 $h\text{-}s$ 图

图中饱和水线 $x=1$ 的上方为过热蒸汽区；下方为湿蒸汽区。$h\text{-}s$ 图中还绘制了等压线、等温线、等干度线和等容线。在湿蒸汽区，等压线与等温线重合，是一组斜率不同的直线。在过热蒸汽区，等压线与等温线分开，等压线为向上倾斜的曲线，而等温线是先弯曲而后趋于平坦。此外，在 $h\text{-}s$ 图上还有等容线（图 6-5 中未画出），在湿蒸汽区中还有等干度线。由于等容线与等压线在延伸方向上有些近似（但更陡些），为了便于区别，在通常的焓熵图中，常将等容线印成红线或虚线。

由于工程上用到的水蒸气，常常是过热蒸汽或干度大于 50% 的湿蒸汽，故 $h\text{-}s$ 图的实用部分仅是它的右上角。工程上实用的 $h\text{-}s$ 图，即是将这部分放大而绘制的。

【例 6-1】 利用水蒸气表，确定下列各点的状态和 h、s 值。

(1) $t = 45.8℃$，$v = 0.00101 \text{m}^3/\text{kg}$；

(2) $t = 200℃$，$x = 0.9$；

(3) $p = 0.5\text{MPa}$，$t = 165℃$；

(4) $p = 0.5\text{MPa}$，$v = 0.545 \text{m}^3/\text{kg}$。

解 利用水蒸气表进行分析：

(1) 由已知温度查得 $v' = 0.00101 \text{m}^3/\text{kg} = v$，确定该状态为饱和水。由饱和水和饱和蒸汽表查得该饱和水的焓和熵分别为：

$$p_s = 0.01\text{MPa}, h = 191.76 \text{kJ/kg}, s = 0.6490 \text{kJ/(kg·K)}$$

(2) 由于条件中使用了干度，可以确定该状态为湿蒸汽，首先利用饱和水和干饱和蒸汽表求取其在饱和水及干饱和水蒸气状态的相差参数，因此有：

$$h' = 852.34 \text{kJ/kg}, h'' = 2792.47 \text{kJ/kg}, s' = 2.3307 \text{kJ/(kg·K)}, s'' = 6.4312 \text{kJ/(kg·K)}$$
$$h_x = xh'' + (1-x)h' = 0.9 \times 2792.47 + (1-0.9) \times 852.34 = 2598.5 (\text{kJ/kg})$$
$$s_x = xs'' + (1-x)s' = 0.9 \times 6.4312 + (1-0.9) \times 2.3307 = 6.0212 [\text{kJ/(kg·K)}]$$

(3) $p = 0.5\text{MPa}$ 时，查得 $t_s = 151.867℃$，现 $t > t_s$，所以为过热蒸汽状态。查未饱和水和过热蒸汽表得：

$$p = 0.5\text{MPa}, t = 160℃ \text{时}, h = 2767.2 \text{kJ/kg}, s = 6.8647 \text{kJ/(kg·K)}$$
$$p = 0.5\text{MPa}, t = 170℃ \text{时}, h = 2789.6 \text{kJ/kg}, s = 6.9160 \text{kJ/(kg·K)}$$

题中 $t = 165℃$，故其可从上面两者之间按线性插值求得：

$$h_{165} = h_{160} + \frac{165-160}{170-160} \times (h_{170} - h_{160})$$
$$= 2767.2 + \frac{5}{10} \times (2789.6 - 2767.2) = 2778.4 (\text{kJ/kg})$$

$$s_{165} = s_{160} + \frac{165-160}{170-160} \times (s_{170} - s_{160})$$
$$= 6.8647 + \frac{5}{10} \times (6.9160 - 6.8647) = 6.8904 [\text{kJ/(kg·K)}]$$

(4) $p = 0.5\text{MPa}$，饱和蒸汽的比体积 $v'' = 0.37486 \text{m}^3/\text{kg}$，因 $v > v''$，所以该状态为过热蒸汽状态。查未饱和水和过热蒸汽表得：

$$p = 0.5\text{MPa}, t = 320℃ \text{时}, v = 0.54164 \text{m}^3/\text{kg}, h = 3104.9 \text{kJ/kg}, s = 7.5297 \text{kJ/(kg·K)}$$
$$p = 0.5\text{MPa}, t = 330℃ \text{时}, v = 0.55115 \text{m}^3/\text{kg}, h = 3125.6 \text{kJ/kg}, s = 7.5643 \text{kJ/(kg·K)}$$

按线性插值求得，此时蒸汽的各个状态参数分别为：

$$t = 323.6℃, h = 3112.4 \text{kJ/kg}, s = 7.5422 \text{kJ/(kg·K)}。$$

6.3 水蒸气的基本热力过程

分析水蒸气热力过程的任务和分析理想气体一样，即确定过程中工质状态参数变化的规律，以及过程中能量的转换情况。但是，理想气体的状态参数可以通过简单计算得到，而水蒸气的状态参数要用查表或查图的方法得到。过程中各参数的转换关系，同样依据热力学第一定律、第二定律进行计算确定。

分析水蒸气热力过程的一般步骤为：

① 根据初态的两个已知参数，通常为 (p,t)、(p,x) (t,x)，从表或图中查得其他参数；

② 根据过程特征（如定温、定压、定容、定熵等）以及一个终态参数确定终态，再从表或图上查得终态的其他参数；

③ 根据已求得的初、终态参数，应用热力学第一定律、第二定律的基本方程及参数定义式等计算 q、w、Δh、Δu，方法如下：

定容过程　　$w=0$，$w_t=v(p_1-p_2)$

　　　　　　$q=u_2-u_1=(h_2-h_1)-(p_2-p_1)v$

定压过程　　$w=p(v_2-v_1)$，$w_t=0$

　　　　　　$q=h_2-h_1$

定温过程　　$q=\int_1^2 T\mathrm{d}s=T(s_2-s_1)$　　$w=q-\Delta u$　　$w_t=q-\Delta h$

　　　　　　$\Delta u=u_2-u_1=(h_2-h_1)-(p_2v_2-p_1v_1)$

定熵过程　　$q=\int_1^2 T\mathrm{d}s=0$　　$w=-\Delta u$　　$w_t=-\Delta h$

【例 6-2】　在一台蒸汽锅炉中，烟气定压放热，温度从 1500℃ 降低到 250℃，所放出的热量用以生产水蒸气。压力为 9.0MPa、温度为 30℃ 的锅炉给水被加热、汽化、过热成压力为 9.0MPa、温度为 450℃ 的过热蒸汽。将烟气近似为空气，取比热容为定值，且 $c_p=1.079\mathrm{kJ/(kg \cdot K)}$，试求：

(1) 产生 1kg 过热蒸汽需要多少千克烟气？

(2) 生产 1kg 过热蒸汽时，烟气熵的减少量以及过热蒸汽熵增大量各为多少？

(3) 将烟气和水蒸气作为孤立系统，求生产 1kg 过热蒸汽时，孤立系统熵增量为多少？设环境温度 $T_0=15℃$，求有用能损失 I。

解　由过冷水和过热蒸汽表查得：

给水：$p=0.9\mathrm{MPa}$，$t_{w,1}=30℃$ 时，$h_{w,1}=1333.86\mathrm{kJ/kg}$，$s_{w,1}=0.4338\mathrm{kJ/(kg \cdot K)}$

过热蒸汽：$p=9.0\mathrm{MPa}$，$t_{w,2}=450℃$ 时，

　　　　　$h_{w,2}=3256.0\mathrm{kJ/kg}$，$s_{w,2}=6.4835\mathrm{kJ/(kg \cdot K)}$

烟气进、出口温度：$t_{g1}=1500℃$，$t_{g2}=250℃$

(1) 由热力平衡方程可确定 1kg 过热蒸汽需烟气量质量 m：

$$mc_p(t_{g,2}-t_{g,1})=h_{w,2}-h_{w,1}$$

$$m=\frac{h_{w,2}-h_{w,1}}{c_p(t_{g,2}-t_{g,1})}=\frac{3256.0-1333.86}{1079\times(1500-250)}=1.43(\mathrm{kg})$$

(2) 在定压情况下，烟气熵变为：

$$\Delta S_g=mc_p\ln\frac{T_{g,2}}{T_{g,1}}=1.43\times1079\times\ln\frac{250+273}{1500+273}=-1.884(\mathrm{kJ/K})$$

水的熵变：

$$\Delta s_w=s_{w,2}-s_{w,1}=6.4835-0.4338=6.0497[\mathrm{kJ/(kg \cdot K)}]$$

(3) 由水及烟气组成的孤立系统的熵变：

$$\Delta S_{iso}=\Delta S_g+\Delta s_w=-1.884+6.0497=4.1639(\mathrm{kJ/K})$$

因此系统的有用能损失为：

$$I = T_0 \Delta S_{iso} = (273+15) \times 4.1639 = 1199.2 \text{(kJ)}$$

【例 6-3】　一容积为 100m^3 的开口容器，装满 0.1MPa、20℃ 的水。将容器内的水加热到 90℃ 时将会有多少公斤水溢出（忽略水的汽化，假定加热过程中容器体积保持不变）？

解　当 $p_1 = p_2 = 0.1 \text{MPa}$ 时，对应饱和水温度 $t_s = 99.634$℃

由题意可知：$t < t_s$。

由于初、终态均处于未饱和水状态，查未饱和水表得：

$$v_1 = 0.0010018 \text{m}^3/\text{kg}, \quad v_2 = 0.0010359 \text{m}^3/\text{kg}$$

由此可分别算出容器内初、终态时水的质量：

$$m_1 = \frac{V}{v_1} = \frac{100}{0.0010018} = 99.820 \times 10^3 \text{(kg)}$$

$$m_2 = \frac{V}{v_2} = \frac{100}{0.0010359} = 96.534 \times 10^3 \text{(kg)}$$

所以　　　　　　　　　$\Delta m = m_1 - m_2 = 3286 \text{(kg)}$

6.4　蒸汽动力装置循环

利用固体、液体或气体燃料（如煤、渣油，甚至可燃垃圾）燃烧放出的热量进行发电的工厂称为热力发电厂（火力发电厂）。现代大型热力发电厂都是由锅炉、汽轮机、凝汽器、水泵、发电机等设备构成的。近年来，我国已成批生产功率分别为 200MW、300MW、600MW 的热力发电机组，我国建成的大型火力发电厂的装机容量可达 1000MW 以上。

热力电厂的蒸汽动力装置主要以水蒸气作为工质，其工作循环称为蒸汽动力循环。

6.4.1　朗肯循环

40. 简单朗肯循环及效率

朗肯循环（Rankine cycle）是最简单也是最基本的蒸汽动力循环，它由锅炉、汽轮机、冷凝器和水泵四个基本的、主要的设备组成，如图 6-6(a) 所示。实际循环都是在朗肯循环的基础上经过改进建立起来的。朗肯循环的工作过程如下：低温高压的水在锅炉中被加热成高温高压的水蒸气后进入汽轮机进行膨胀做功，通过汽轮机将热能转换成机械能，进而通过发电机转换成电能；做功的低温低压的乏汽离开汽轮机后在冷凝器冷凝成低温低压的饱和水，后由水泵加压后送入锅炉中重新被加热，完成一个工作循环。如果忽略水泵、汽轮机中的摩擦和散热以及工质在锅炉、冷凝器中的压力变化，上述工质的循环过程就可以简化为由以下四个理想化的可逆过程组成的朗肯循环。

①　水蒸气在汽轮机中的可逆绝热膨胀过程 1-2；

②　乏汽在冷凝器中的可逆定压放热过程 2-3；

③　水在水泵中的可逆绝热压缩过程 3-4；

④　水与水蒸气在锅炉中的可逆定压吸热过程 4-5-6-1。

朗肯循环在 T-s 图中的表示如图 6-6(b) 所示。

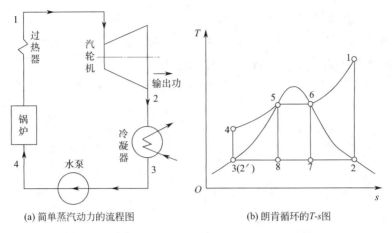

(a) 简单蒸汽动力的流程图   (b) 朗肯循环的T-s图

图 6-6   简单的蒸汽动力循环

6.4.2 朗肯循环分析

下面对朗肯循环中的热功转化过程进行定量分析。

循环中，每千克蒸汽对外所做出的净功 w_{net} 应等于蒸汽流过汽轮机所做的功 $w_{s,1-2}$ 与水在水泵内被绝热压缩时所消耗的功 $w_{s,3-4}$ 之差。根据稳定流动的能量方程式，有：

$$w_{s,1-2}=h_1-h_2, w_{s,3-4}=h_4-h_3$$

于是 $$w_{net}=(h_1-h_2)-(h_4-h_3)$$

循环中，水在锅炉中被定压加热时所吸热量为：

$$q_1=h_1-h_4$$

而乏汽在冷凝器中定压放热时所放出的热量为：

$$q_2=h_2-h_3$$

那么循环热效率 η_t 为：

$$\eta_t=\frac{w_{net}}{q_1}=\frac{w_T-w_p}{q_1}=\frac{(h_1-h_2)-(h_4-h_3)}{h_1-h_4} \tag{6-6}$$

与汽轮机做出的功相比，水泵耗功极小，计算中可忽略。这样热效率可近似表示为：

$$\eta_t=\frac{h_1-h_2}{h_1-h_4} \tag{6-7}$$

而以上各点的参数可通过已知条件查水和水蒸气热力性质图或表得到。

当机组功率一定时，机组的尺寸是由其所消耗的蒸汽量决定的。因此，除了热效率之外，还有一个衡量其经济性的重要指标——汽耗率。其定义为蒸汽动力装置每输出 $1kW \cdot h$（3600kJ）的功时所消耗的蒸汽量，用 d 表示为

$$d=\frac{3600}{w}[kg/(kW \cdot h)] \tag{6-8}$$

朗肯循环是最基本的蒸汽动力循环，它结构简单，但是效率较低。现代大、中型蒸汽动力装置中所采用的循环都是在朗肯循环的基础上改进得到的。

【例 6-4】 在朗肯循环中，蒸汽轮机入口的蒸汽状态为 $p_1=16.5\text{MPa}$、$t_1=550℃$，蒸汽轮机乏汽的压力 $p_2=0.004\text{MPa}$，求循环热效率和汽耗率。

解 朗肯循环如图 6-6(b) 所示。由给定参数，查水蒸气图表。

由 $p_1=16.5\text{MPa}$、$t_1=550℃$ 查得：$h_1=3432.6(\text{kJ/kg})$，$s_1=6.4625[\text{kJ}/(\text{kg}\cdot\text{K})]$

由 $p_2=0.004\text{MPa}$，$s_2=s_1$ 查得：$h_2=1946.2(\text{kJ/kg})$

由 $p_3=p_2$，查饱和水的焓与熵分别为：$h_3=121.4(\text{kJ/kg})$，$s_3=0.4224[\text{kJ}/(\text{kg}\cdot\text{K})]$

由 $p_4=p_1$，$s_4=s_3$，查得：$h_4=139.1(\text{kJ/kg})$

根据上述参数，计算得出水蒸气在汽轮机中定熵膨胀所做的功为：

$$w_T=h_1-h_2=3432.6-1946.2=1486.4(\text{kJ/kg})$$

水泵定熵压缩所消耗的功为：

$$w_p=h_4-h_3=139.1-121.4=17.7(\text{kJ/kg})$$

因此汽轮机所输出的净功为：

$$w=w_T-w_p=1468.7(\text{kJ/kg})$$

工质在锅炉中所吸收的热量为：

$$q_H=h_1-h_4=3432.6-139.1=3293.5(\text{kJ/kg})$$

循环的热效率：

$$\eta_t=\frac{w}{q_H}=\frac{1468.7}{3293.5}=0.446$$

汽耗率：

$$d=\frac{3600}{w}=\frac{3600}{1468.7}=2.451[\text{kg}/(\text{kW}\cdot\text{h})]$$

在上述计算中可以发现，水泵耗功只占汽轮机所做功的 1.2% 左右，因此在很多计算中，水泵的耗功通常可以忽略不计。

6.4.3 蒸汽参数对循环的影响

41. 蒸汽参数对朗肯循环的影响

由式(6-7) 可知，朗肯循环的热效率取决于汽轮机进口新蒸汽的焓 h_1，乏汽的焓 h_2 以及凝结水的焓 h_3。新蒸汽的焓 h_1 取决于新蒸汽的压力 p_1 及温度 t_1；乏汽焓值 h_2 除了取决于 p_1、t_1 外，还与乏汽的压力 p_2 有关；h_3 是乏汽所处压力 p_2 对应的饱和水的焓值，也取决于 p_2 的值。由此可见影响朗肯循环热效率的主要因素不外乎新蒸汽的压力 p_1、温度 t_1，及乏汽的压力 p_2。分析蒸汽参数对循环的影响时，运用 T-s 图最方便。

(1) 蒸汽初温度的影响

如果维持初压 p_1 和背压 p_2 不变，将新气初温从 T_1 提高到 T_1'，如图 6-7 所示，循环的平均吸热温度也必然提高，即循环的效率也随着提高。从图中还可以看出，初温提高还可以带来另外两个明显的好处：单位工质循环的功量将增加，并由此减小循环的汽耗率（在功率一定的条件下，汽耗率反映了设备尺寸的大小，汽耗率越小，设备的尺寸也越小，设备的投资也越小）；乏汽的干度将增大，从而改善汽轮机的工作条件。

尽管从热力学的角度来看，提高初温总是有利的；但是由于受到金属材料耐热性能的限制，一般初温取在 600℃ 以下。

（2）蒸汽初压力的影响

假定初温 T_1 和背压 p_2 保持不变，把初压由 p_1 提高到 p_1'，如图 6-8 所示。由于背压不变，则平均放热温度保持不变，而平均吸热温度提高，因此循环效率也随之提高。

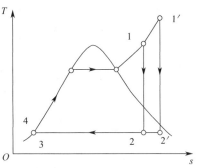

但是，单纯地提高初压会导致乏汽干度的下降，而乏汽干度过低会危及汽轮机运行的安全性，并降低汽轮机的工作效率。一般要求乏汽的干度不低于 85%。

（3）乏汽参数的影响

背压对热效率的影响也是十分明显的。当初参数 p_1 和 T_1 不变时，降低背压 p_2 至 p_2'（图 6-9）。蒸汽动力循环的平均放热温度明显下降，而平均吸

图 6-7　初温的影响

热温度的变化很小，这样使得循环的热效率得以提高。但是背压必然受到环境温度的制约，即对应于背压条件下的蒸汽饱和温度不能低于环境温度。现代蒸汽动力装置的背压可设计在 0.003～0.004MPa，其对应的饱和温度为 28℃ 左右，略高于冷却水的温度。

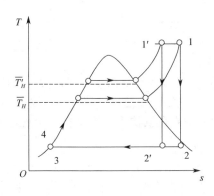

图 6-8　初压的影响

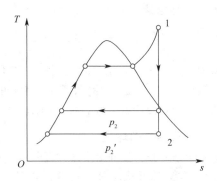

图 6-9　乏汽参数的影响

6.4.4　提高蒸汽动力循环效率的其他措施

通过前面的分析可知，单纯地调整蒸汽参数，可以提高循环效率，但同时也受到各种制约，如蒸汽干度、材料以及环境温度等。为了更好地解决这些矛盾，还可以通过改进循环结构来提高热效率。比较常用的方法有再热循环和抽汽回热循环。

（1）再热循环

由前面分析可知，在朗肯循环中提高 p_1，可以提高循环效率 η_t，但如果不相应提高温度 t_1，则将使得 x_2 减小，不利于汽轮机安全运行，为此应将朗肯循环作适当改进。解决的办法为中间再热。即当新汽膨胀到某一中间压力时，撤出（高压）汽轮机，导入换热器再加热，然后再导入（低压）汽轮机，继续膨胀到背压 p_2。这样的循环称为再热循环。再热

42. 再热循环

循环的主要目的是在提高新蒸汽压力 p_1 的情况下，提高汽轮机出口乏汽干度 x_2，但能否使热效率 η_t 进一步提高，取决于中间再热压力。再热循环的设备简图及在 T-s 图上的表示如图 6-10 及图 6-11 所示。

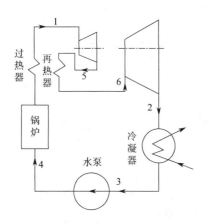

图 6-10　再热循环设备简图

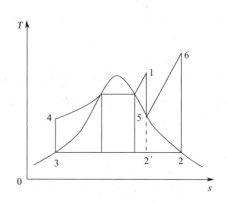

图 6-11　再热循环的 T-s 图

忽略泵功时，再热循环所做的功为：

$$w_t = (h_1 - h_5) + (h_6 - h_2)$$

循环加热量：

$$q_1 = (h_1 - h_4) + (h_6 - h_5)$$

再热循环热效率：

$$\eta_t = \frac{w_t}{q_1} = \frac{(h_1 - h_5) + (h_6 - h_2)}{(h_1 - h_4) + (h_6 - h_5)} \tag{6-9}$$

从图 6-11 可以看出，选择合适的再热压力，不仅可以使乏汽干度得以提高，而且由于附加循环（$2'$-5-6-2-$2'$）提高了整个循环的平均吸热温度，还可以使循环热效率 η_t 得到提高。依据计算及运行经验，最佳中间再热压力一般在蒸汽初压力的 20%～30% 之间。

（2）抽汽回热循环

43. 回热循环

① 抽汽回热循环　朗肯循环效率不高的一个主要原因：水的加热过程及水蒸气的过热过程是变温加热过程，尤其是水泵加压后的未饱和水温很低，使得平均加热温度不高，传热的不可逆损失较大。因此可利用汽轮机中作过功的蒸汽来加热锅炉给水，消除朗肯循环中水在较低温度下吸热的不利影响，以提高热效率。而这种利用从汽轮机中间抽出做过部分功的低压蒸汽加热给水，给水温度升高后再进入锅炉吸热，从而提高吸热过程的平均温度，以达到提高循环效率目的的循环称为回热循环。抽汽回热的优点在于：

a. 减轻了锅炉的热负荷，可使锅炉的换热面积减小；

b. 减少了进入冷凝器的乏汽，可使冷凝器的换热面积减小；

c. 汽轮机低压段因抽汽流量减小，叶片长度可缩短，使高低压结构更均衡。

采用一级抽汽、混合式给水加热器的回热循环，如图 6-12 及图 6-13 所示。显然，由于采用了抽汽回热，工质在热汽（锅炉）中的吸热从朗肯循环的 4-1 变到 5-1，从而提高了平均吸热温度。另外，还可用理论分析的方法，把一级抽汽回热循环的热效率 $\eta_{t,R}$ 与无回热的朗肯循环热效率 η_t 作比较，同样可以说明采用抽汽回热循环可以提高蒸汽动力循环的热效率。

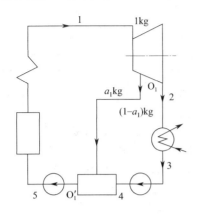

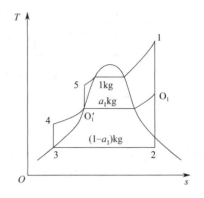

图 6-12　一级抽汽回热循环流程图　　　　图 6-13　一级抽汽回热循环 T-s 图

② 回热循环分析　回热循环的计算，首先要研究室抽汽量 a_1，图 6-14 是混合式回热器示意图，根据质量守恒定律和能量守恒有：

$$a_1 h_{o1} + (1-a_1) h_4 = h'_{o1}$$

则：

$$a_1 = \frac{h'_{o1} - h_4}{h_{o1} - h_4}$$

忽略泵功时，循环吸热量为：

$$q_1 = h_1 - h_5 = h_1 - h'_{o1}$$

循环所做功为：

$$w_t = (h_1 - h_{o1}) + (1-a_1)(h_{o1} - h_2) \tag{6-10}$$

则循环热效率为：

$$\eta_{t,R} = \frac{w_t}{q_1} = \frac{(h_1 - h_{o1}) + (1-a_1)(h_{o1} - h_2)}{h_1 - h_5} \tag{6-11}$$

以上对一级抽汽回热循环的计算，原则上同样适用于多级抽汽回热循环。各级抽汽量依据上述方法在各级回热加热器能量平衡基础上确定。另外，回热加热除了混合式的，还有表面式的，即抽汽与冷凝水不直接接触，通过换热器壁面交换热量。

思　考　题

6-1　锅炉产生的水蒸气在定温过程中是否满足 $q=w$ 的关系？为什么？

6-2　有无 0℃ 或低于 0℃ 的蒸汽存在？有无低于 0℃ 的水存在？为什么？

6-3　25MPa 的水是否也像 1MPa 的水那样可以经历定压汽化过程？为什么？

6-4　试画出简单蒸汽动力循环装置的系统图及其循环的 p-v 图及 T-s 图。

6-5　蒸汽动力装置循环热效率不高的原因是冷凝器放热损失太大，是否可以消冷凝器而用压缩机将乏汽直接升压送回锅炉？

习　题

6-1　利用蒸汽图表，填充下表空白：

序号	p/MPa	t/℃	h/(kJ/kg)	s/[kJ/(kg·K)]	x	过热度/℃
1	3	500				
2	0.5		3244			
3		360	3140			
4	0.02				0.90	

6-2 过热蒸汽的 $p=3$MPa、$t=400$℃，试根据水蒸气表求 v、h、s、u 和过热度，再用 h-s 图求上述参数。

6-3 已知水蒸气的压力 $p=0.5$MPa、比体积 $v=0.35\text{m}^3/\text{kg}$，其是不是过热蒸汽？如果不是，那是饱和蒸汽还是湿蒸气？用水蒸气表求出其他参数。

6-4 1kg、$p_1=2$MPa、$x_1=0.95$ 的蒸汽，定温膨胀到 $p_2=1$MPa，求终点状态参数 t_2、v_2、h_2、s_2，并求该过程中对蒸汽所加入的热量 q 和过程中蒸汽对外界所做的膨胀功 w。

6-5 某容器盛有 0.5kg、$t=120$℃的干饱和蒸汽，在定容下冷却至 80℃。求冷却过程中蒸汽所放出的热量。

6-6 水蒸气由 $p_1=1$MPa、$t_1=300$℃可逆绝热膨胀到 $p_2=0.1$MPa，求每千克蒸汽所做的轴功和膨胀功。

6-7 某锅炉每小时产生 10000kg 的蒸汽，蒸汽的表压力 $p_e=1.9$MPa、温度 $t_1=350$℃。设锅炉给水的温度 $t_2=40$℃，锅炉的效率 $\eta_B=0.78$，煤的发热量（热值）$Q_p=2.97\times10^4$kJ/kg，求每小时锅炉的耗煤量。锅炉内水的加热、汽化以及蒸汽的过热都在定压下进行。锅炉效率 η_B 的定义为：$\eta_B=\dfrac{\text{水和蒸汽所吸收的热量}}{\text{燃料燃烧时可提供的热量}}$。未被水和蒸汽吸收的热量是锅炉的热损失，其中主要是烟囱排烟带走的热能。

6-8 某朗肯循环的蒸汽参数取为 $t_1=550$℃、$p_1=30$bar、$p_2=0.05$bar。试计算（1）水泵所消耗的功量；（2）汽轮机做功量；（3）汽轮机出口蒸汽干度；（4）循环净功；（5）循环热效率。

6-9 在一理想再热循环中，蒸汽在 68.67bar、400℃下进入高压汽轮机，在膨胀至 9.81bar 后，在定压下再热至 400℃，然后此蒸汽在低压汽轮机中膨胀至 0.0981bar，对每公斤蒸汽求下列各值：（1）高压和低压汽轮机输出的等熵功；（2）给水泵的等熵压缩功；（3）循环热效率；（4）蒸汽消耗率。

6-10 某热电厂（热电站）以背压式汽轮机的乏汽供热，其新汽参数为 3MPa、400℃。背压为 0.12MPa。乏汽被送入用热系统，作加热蒸汽用。放出热量后凝结为同一压力的饱和水，再经水泵返回锅炉。设用热系统中热量消费为 1.06×10^7kJ/h，理论上此背压式汽轮机的电功率输出为多少 kW？

7　制冷循环

制冷是指人为维持物体的温度低于周围自然环境的温度，这就要求必须不断地将热量从该物体中取出并排向温度较高的物体（通常是自然环境，如大气、水等）。能够获得并维持物体低温的设备称为制冷装置。

制冷循环是一种逆向循环。逆向循环的目的在于把低温物体（热源）的热量转移到高温物体（热源）。按照克劳修斯对热力学第二定律的叙述，要使热量从低温物体传到高温物体，必须以机械能或其他形式的能量作为代价。如果循环的目的是从低温物体（如冷藏室、冷库等）不断地取走热量，以维持物体的低温，则称为制冷循环。如果循环的目的是给高温物体（如供暖的房间）不断地提供热量，以保证高温物体的温度，则称为热泵循环。本章主要叙述制冷循环。

压缩制冷装置是目前使用广泛的一种制冷装置，绝大多数家用冰箱、空调、冷柜等都采用压缩式制冷。如果制冷工质（制冷剂）在循环过程中一直处于气态，则称制冷循环为气体压缩式制冷循环。如果制冷工质的状态变化跨越液、气两态，则称制冷循环为蒸气压缩式制冷循环。除此之外，还有吸收式制冷循环、吸附式制冷循环、蒸汽喷射式制冷循环及半导体制冷循环等。

本章主要介绍压缩式制冷循环、吸收式制冷循环及热泵的工作原理。

7.1　空气压缩式制冷循环

空气压缩式制冷循环可以视为布雷顿循环的逆循环，如图 7-1 所示。从冷藏室出来的空气状态为 1，$T_1 = T_L$（T_L 为冷藏室温度），空气接着进入压缩机进行可逆绝热压缩过程，升温升压到 T_2、p_2，再进入气体冷却器，进行可逆的定压放热过程，温度下降到 T_3（$T_3 = T_0$），然后进入膨胀机进行可逆的绝热膨胀过程，压力下降到 p_4，温度进一步下降到 T_4，最后进入冷藏室，实现可逆的定压吸热过程，升温至 T_1，完成一个理想的循环。循环的 T-s 图见图 7-2。空气视为比热容为定值的理想气体。

循环从低温热源（冷藏室）吸收的热量为：

$$q_2 = c_p(T_1 - T_4)$$

它就是循环中单位工质的制冷量。

放给高温热源的热量为：

$$q_1 = c_p(T_2 - T_3)$$

该循环消耗的净功为：

44. 制冷剂

$$w_{\text{net}} = (h_2 - h_1) - (h_3 - h_4) = c_p(T_2 - T_1) - c_p(T_3 - T_4)$$

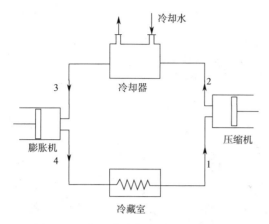

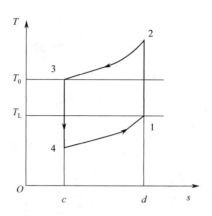

图 7-1 空气压缩式制冷循环装置流程图　　图 7-2 空气压缩式制冷循环 T-s 图

那么循环的制冷系数为：

$$\varepsilon = \frac{q_2}{w_{\text{net}}} = \frac{c_p(T_1 - T_4)}{c_p(T_2 - T_1) - c_p(T_3 - T_4)} = \frac{T_1 - T_4}{(T_2 - T_3) - (T_1 - T_4)} = \frac{1}{\dfrac{T_2 - T_3}{T_1 - T_4} - 1}$$

因为 1-2、3-4 都是等熵过程，各状态参数之间的关系式为：

$$\frac{T_2}{T_1} = \left(\frac{p_2}{p_1}\right)^{\frac{\kappa-1}{\kappa}} = \frac{T_3}{T_4}$$

代入上式可得：

$$\frac{T_2 - T_3}{T_1 - T_4} = \frac{T_3}{T_4}$$

将上面关系式代入制冷系数计算表达式可得：

$$\varepsilon = \frac{1}{\dfrac{T_3}{T_4} - 1} = \frac{T_4}{T_3 - T_4} = \frac{T_1}{T_2 - T_1} = \frac{1}{\left(\dfrac{p_2}{p_1}\right)^{\frac{\kappa-1}{\kappa}} - 1} \tag{7-1}$$

上式表明，压缩比（p_2/p_1）越小，制冷系数越大。但压缩比越小，循环中单位工质的制冷量也越小。如图 7-3 所示，当压缩比由 p_2/p_1 下降到 $p_{2'}/p_1$ 时，制冷量也由面积 1-5-7-4-1 下降为面积 1-5-6-4'-1，因此压缩比不能太小。

从图 7-2 还可以看到，在空气压缩制冷循环中，吸热过程 4-1 的平均吸热温度总是低于冷藏室温度 T_1，放热过程 2-3 的平均放热温度总是高于环境温度 T_3，因而其制冷系数总是小于在 T_1、T_3 相同温度下工作的逆向卡诺循环的制冷系数。这一点通过对比两者制冷系数的公式也可证明。

空气压缩制冷循环的制冷量为：

$$Q_0 = mc_p(T_1 - T_4) \tag{7-2}$$

式中，m 是循环工质的质量流率。由于空气的比热容 c_p 很小，$T_1 - T_4$ 又不能太大，从图 7-3 可见，$T_1 - T_4$ 越大则要求压缩比越高，压缩比高制冷系数

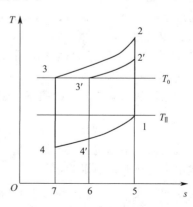

图 7-3 压缩空气制冷循环状态参数图

就要降低；再加上活塞式压缩机和膨胀机循环工质的质量流率不能很大，否则压缩机和膨胀机就要造得庞大沉重。因此空气压缩制冷循环的制冷量很小。如果考虑到在冷藏室和冷却器中传热需要有温差，以及压缩过程和膨胀过程的不可逆性，实际的制冷系数比理想的要小得多，为使装置的制冷量提高，只能加大空气的流量，例如可采用叶轮式的压气机和膨胀机代替活塞式的机器，或采用回热措施，组成回热式空气压缩式制冷装置，可以很好地解决上述矛盾。

7.2 蒸气压缩式制冷循环

45. 蒸气压缩制冷循环

空气压缩式制冷循环经济性较差，且制冷量小。而采用低沸点物质作为制冷剂，就可以利用其在定温定压下汽化吸热和凝结放热的相变特性，实现定温吸、放热过程，可以大大地提高制冷量和经济性。因此，采用低沸点工质的蒸气压缩式制冷循环是一种被广泛应用的制冷循环。

图 7-4、图 7-5 分别是蒸气压缩式制冷装置及其理想制冷循环示意图。该制冷装置主要由压缩机、冷凝器、节流阀和蒸发器组成。其工作过程如下：从蒸发器出来的处于状态 1 的干饱和蒸气被吸入压缩机进行绝热压缩过程(1-2)，工质升压、升温至状态 2（过热蒸气）；接着进入冷凝器，进行定压放热过程(2-3-4)，先从状态 2 下定压冷却为干饱和蒸气 3，然后继续在定压、定温下凝结为饱和液体 4；从冷凝器出来的饱和液体经过节流阀绝热节流，降压降温至湿蒸气状态 5，最后进入蒸发器，在定压下进行蒸发吸热过程 5-1 至饱和蒸气 1，从而完成了一个循环（1-2-3-4-5-1）。循环中过程 4-5 是不可逆的绝热节流过程，在图上只能用虚线表示。因此图 7-5 中 1-2-3-4-5-1 的面积不再表示制冷循环的耗功量。

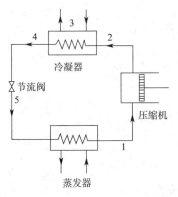

图 7-4 蒸气压缩式制冷装置流程图

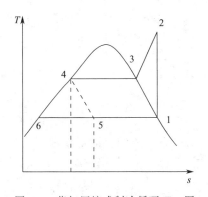

图 7-5 蒸气压缩式制冷循环 T-s 图

每完成一个循环，每千克制冷剂在蒸发器中吸收的热量为：
$$q_0 = h_1 - h_5 = h_1 - h_4$$
在冷凝器中放出的热量为： $q_1 = h_2 - h_4$
式中，利用了绝热节流过程的性质，即 $h_4 = h_5$。
循环的理论比功即等于压缩机的理论比功： $w_0 = h_2 - h_1$
所以循环的制冷系数为：
$$\varepsilon = \frac{q_0}{w_0} = \frac{h_1 - h_4}{h_2 - h_1}$$
(7-3)

式中，h_1 根据 p_1 来确定；h_2 可以根据 p_2 和 s_2（因为 $s_2 = s_1$）来确定；h_4 即 p_2 下饱和液体的焓。利用工质的热力性质表和图，按照上述方法可以方便地求得上述各个参数。

由以上各式可见，蒸气压缩式制冷循环的单位制冷量、单位冷凝热负荷以及所需功量皆可用工质在各状态点的焓差来表示。由于循环中包含两个定压换热过程，因此用以压力为纵坐标、焓为横坐标所绘成的制冷剂的压焓图进行制冷循环的热力计算非常方便。通常，压焓图的纵坐标采用对数坐标，所以又称为 $\lg p$-h 图。如果将蒸汽压缩式制冷循环表示在 $\lg p$-h 图上，则如图 7-6 所示。

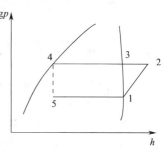

图 7-6　蒸汽压缩式制冷循环 $\lg p$-h 图

蒸气压缩式制冷循环的吸热过程为定温过程，放热过程也有相当一部分是定温过程，因此其制冷系数比较接近于逆向卡诺循环的制冷系数。同时，蒸汽压缩式制冷循环依靠工质吸收的汽化潜热。由于汽化潜热较大，蒸汽压缩式制冷装置有较大的制冷量。正因为这样，蒸气压缩式制冷装置在实际中得到极为广泛地应用。

【例 7-1】 某压缩式制冷设备用氨作制冷剂。已知氨的蒸发温度为 $-10\,℃$，冷凝温度为 $38\,℃$，压缩机入口是干饱和氨蒸气，要求制冷量为 $10^5\,\text{kJ/h}$，试计算制冷剂的流量、压缩机消耗的功率和制冷系数。

解 根据题意，$t_1 = -10\,℃$，$t_3 = 38\,℃$。由氨的 $\lg p$-h 图查出各状态点的参数为：

$$h_1 = 1430\,\text{kJ/kg}, \quad p_1 = 0.29\,\text{MPa}$$
$$h_2 = 1670\,\text{kJ/kg}, \quad p_2 = 1.5\,\text{MPa}$$
$$h_4 = h_3 = 350\,\text{kJ/kg}$$

（1）单位质量制冷量：
$$q_0 = h_1 - h_4 = 1430 - 350 = 1080\,(\text{kJ/kg})$$

氨的质量流量：
$$q_m = \frac{Q}{q_0} = \frac{10^5}{1080} = 92.6\,(\text{kg/h}) = 0.0257\,(\text{kg/s})$$

（2）压缩机消耗的功率：
$$w_0 = h_2 - h_1 = 1670 - 1430 = 240\,(\text{kJ/kg})$$
$$P = q_m w_0 = 0.0257 \times 240 = 6.168\,(\text{kW})$$

（3）制冷系数
$$\varepsilon = \frac{q_0}{w_0} = \frac{1080}{240} = 4.5$$

7.3　吸收式制冷循环

在蒸气压缩式制冷装置中，从蒸发器出来的低温低压蒸气是由压缩机压缩到高温、高压过热蒸气状态的。工质的压缩也可以通过其他途径来实现。吸收式制冷循环中的压缩就是利用溶质（制冷剂）在溶剂（吸收剂）中的溶解度随温度变化的特性，使制冷工质在较低的温度下被吸收剂吸收形成二元溶液，加热后又在较高的压力下从溶液中逸出，从而完成制冷工质的压缩过程。

图 7-7 为以溴化锂为吸收剂、水作制冷剂的吸收式制冷循环。

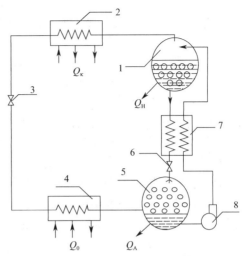

图 7-7　吸收式制冷系统装置图
1—发生器；2—冷凝器；3,6—节流元件；
4—蒸发器；5—吸收器；7—热交换器；8—溶液泵

其工作过程如下：吸收器中的溴化锂溶液由溶液泵加压送入发生器，并被发生器所提供的热量加热而汽化，形成较高温度和较高压力的水蒸气。水蒸气进入冷凝器后通过向冷却水放热而降温，凝结成饱和水，又经节流元件降压降温形成低干度的湿饱和蒸汽，进入蒸发器吸热汽化，成为饱和蒸汽，然后送入吸收器。与此同时，发生器中由于水蒸发而变浓的溴化锂溶液经减压阀减压后也流入吸收器，吸收由蒸发器来的饱和蒸汽，生成稀溴化锂溶液，再重新被利用以完成新的循环，吸收过程中放出的热量由冷却水带走。

除上述溴化锂-水溶液的吸收式制冷循环外，还有利用氨（制冷剂）-水（吸收剂）溶液的。

循环的性能参数 $(\text{COP})_R$ 为：

$$(\text{COP})_R = \frac{Q_0}{Q_H + W_p} \tag{7-4}$$

式中，Q_0 是从蒸发器吸收的热量；Q_H 是由加热器加入的热量；W_p 是溶液泵消耗的功量，由于输送液体消耗的泵功相对很小，在计算性能参数时泵功常被忽略不计。

吸收式制冷装置的优点是用液泵代替气体压缩，因而大大节省了机械能，其代价是消耗（低品位）热能来加热发生器。

在相同制冷量情况下，吸收式制冷循环的设备体积要比蒸气压缩式制冷循环的大，而且需要更多的维修服务，并只适用于具有稳定冷负荷的场合，因为从启动到稳定需要较长的时间。但其优点是可利用较低温度的热能（如低压蒸汽、热水、烟气等）的余热资源或太阳能实现制冷。

7.4　热泵

热泵与制冷装置的工作原理没有什么差别，只是二者的工作目的不同。制冷装置是为了制冷，热泵的目的在于把低温热源的热量输送到高温热源。例如可利用热泵对房间进行供暖，循环在供暖房间温度 T_r（即高温热源温度 $T_H = T_r$）和大气温度 T_0（即低温热源温度 $T_L = T_0$）之间工作。输入功率 w_{net}，从大气取得热量 q_2，送给供暖房间的热量 $q_1 = w_{net} + q_2$，以维持供暖房间的温度高于大气温度且恒定不变。而制冷循环则是要求从冷藏室取走 q_2，以维持冷藏室温度低于大气温度且恒定不变。热泵循环与制冷循环本质上都是逆循环，只是温度水平不同，着眼点不同而已。

热泵循环的经济性指标是供热系数 ε'，表达式为

$$\varepsilon' = \frac{q_1}{w_{\text{net}}} \tag{7-5}$$

如果把 $q_1 = w_{\text{net}} + q_2$ 代入上式，不难得到供热系数与制冷系数之间的关系，即：

$$\varepsilon' = \frac{w_{\text{net}} + q_2}{w_{\text{net}}} = 1 + \varepsilon \tag{7-6}$$

上式表明，制冷系数越高则供热系数也越高。而且热泵的供热系数恒大于1。

热泵相比于其他供暖装置（如电加热器等）的优越之处就在于：消耗同样多的能量（如功量 w_{net}）可比其他方法提供更多的热量。这是因为电加热器至多只能将电能全部转化为热能，而热泵循环除了由机械功所转换的热量外，还包括制冷剂在蒸发器中所吸收的热量。

目前已有可轮流用作制冷和供暖的热泵装置。夏季作为制冷机用于空调，冬季作为热泵用来供热。热泵装置还可以将大量较低品位（即较低温度）的热能提升为较高品位（即较高温度）的热能，以满足生产上的需要。另外，采用热泵供热取代锅炉供热还有利于保护环境不受污染。

思 考 题

7-1 家用冰箱的使用说明书上指出，冰箱应放置在通风处，并距墙壁适当距离，以及不要把冰箱温度设置过低。

7-2 为什么空气压缩式制冷循环不采用逆向卡诺循环？

7-3 空气压缩式制冷循环能否用节流阀代替膨胀机？为什么？

7-4 利用制冷机产生低温，再利用低温物体作为冷源以提高热机循环的热效率。这样做是否有利？

7-5 热泵与制冷装置有何区别？同一装置是否既可作制冷机又可作热泵？

习 题

7-1 一制冷机工作在245K和300K之间，吸热量为9kW，制冷系数是同温限卡诺逆循环制冷系数的75%。试计算放热量和耗功量。

7-2 一卡诺热泵提供250kW热量给温室，以便维持该室温度为22℃。热量取自处于0℃的室外空气。试计算供热系数、循环耗功量以及从室外空气中吸取的热量。

7-3 一逆向卡诺循环，性能参数COP为4，高温热源温度与低温热源温度之比是多少？如果输入功率为6kW，制冷量为多少？如果将这个系统作为热泵循环，试求循环的性能参数以及能提供的热量。

7-4 采用布雷顿逆循环的制冷机，运行在300K和250K之间，如果循环增压比分别为3和6，试计算它们的COP。假定工质可视为理想气体，$c_p = 1.004\text{kJ}/(\text{kg} \cdot \text{K})$，$\kappa = 1.4$。

7-5 具有理想回热的布雷顿逆循环的制冷机，工作在290K和200K之间，循环增压比为5，当输入功率为3kW时循环的制冷量是多少？循环的性能参数又是多少？工质可视为理想气体，$c_p = 1.004\text{kJ}/(\text{kg} \cdot \text{K})$，$\kappa = 1.3$。

7-6 工作在0℃和30℃热源之间的R22制冷机的冷凝液（饱和液）进入节流阀，压缩机入口处为干饱和蒸汽，消耗了3.5kW功率，制冷量为多少？放热量为多少千瓦

(kW)？如果改用替代物 R134a 作为工质，工作温度及制冷量不变，此时耗功量为多少？放热量为多少？

7-7　以 R22 为工质的制冷机，蒸发温度为－20℃，压缩机入口状态为干饱和蒸汽。冷凝器温度为 30℃，其出口工质状态为饱和液体，制冷量为 1kW。若工质改用替代物 HFC134a，其他参数不变。试比较它们之间的循环制冷系数、压缩机耗功量以及制冷剂质量流量。

7-8　以 R22 为工质的蒸气压缩式制冷理想循环，运行在 900kPa 和 261kPa 之间。试确定循环性能参数。

7-9　以 R22 为工质的蒸气压缩式制冷循环，蒸发器温度为－5℃，它的出口是干饱和蒸汽。冷凝温度为 30℃，出口处干度为零。压缩机的压缩效率为 75%，试求循环耗功量。若工质改用 HFC134a，循环耗功量为多少？

7-10　冬季取暖用的热泵以 R134a 为工质，压缩机入口为干饱和蒸汽，工质在冷凝器内被冷凝为饱和液体后进入节流阀。室外温度为－10℃。如欲维持室内温度为 20℃，热泵的供热系数为多少？如果维持室内温度为 30℃，供热系数又为多少？从舒适与经济两方面考虑，室内温度以多少为宜？

传热学篇

[8] 传热的基本形式和传热过程

传热学是工程热物理的一个分支，是研究由温差引起的热量传递规律的一门科学。热量传递有三种基本方式：热传导、热对流和热辐射。实际的传热过程往往是几种基本方式联合作用的结果。

本章将介绍热量传递的三种基本方式的特点及传热过程。

8.1 热量传递的基本方式

8.1.1 热传导

在物体内部或相互接触的物体表面之间，由分子、原子及自由电子等微观粒子热运动而产生的热量传递称为热传导（导热）。当存在温差时，气体、固体和液体都具有一定的导热能力，虽然它们的机理不尽相同。当两物体之间发生热传导时，它们必须紧密接触，所以导热是一种依赖直接接触的传热方式。

下面考虑通过一块规则平壁的导热情况。如图 8-1 所示，一块宽和高远大于厚度 δ 的无限大平壁，一侧表面面积为 A，平壁两侧面分别保持均匀恒定的温度 t_1、t_2，且 $t_1 > t_2$，温差只存在于垂直平壁的方向。经验表明，单位时间内通过平壁的热流量 Φ 与两侧表面的温度差（$t_1 - t_2$）及导热面积 A 成正比，而与平壁的厚度 δ 成反比。

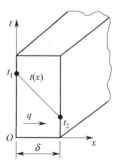

图 8-1 通过平壁的一维导热

$$\Phi = \lambda A \frac{t_1 - t_2}{\delta} \qquad (8\text{-}1)$$

$$q = \frac{\Phi}{A} = \lambda \frac{t_1 - t_2}{\delta} \qquad (8\text{-}2)$$

式中，Φ 为热流量，是单位时间内通过给定截面积的热量，W；q 为热流密度，是单位时间内通过单位面积的热流量，W/m^2；比例常数 λ 为热导率或导热系数，$W/(m\cdot K)$，反映材料导热能力。不同材料的导热系数值不同，同一种材料的导热系数值与温度等因素有关。一般来说，金属材料的导热系数最高，液体次之，气体最小。

【例 8-1】 一玻璃窗，宽 1.1m，高 1.2m，厚度 $\delta=5mm$，室内外空气温度分别为 $t_{w1}=25℃$，$t_{w2}=-10℃$，玻璃的导热系数为 $0.85W/(m\cdot K)$，试求通过玻璃的热流密度。

解 这是一维单层平壁稳态导热问题，利用式(8-2)来求解通过平板玻璃的热流密度：

$$q=\lambda\frac{t_{w1}-t_{w2}}{\delta}=0.85\times\frac{25-(-10)}{0.005}=5950(W/m^2)$$

8.1.2 热对流

热对流是指存在温差时，由流体宏观流动引起的冷、热流体相互掺混所导致的热量迁移。显然热对流是指流体内部相互间的热量传递方式。流体宏观流动时，流体中的分子也在进行着不规则的热运动，因而热对流必然伴随有热传导现象，只不过在流动的情况下，对流所传递的热量通常占主导地位。

工程上常见的是具有不同温度的流体与固体表面之间的热量传递过程，称为对流传热。当流体流过固体表面时，由于黏滞作用，紧贴固体表面的流体是静止的，热量传递只能以导热的方式进行。离开固体表面，流体有宏观运动，热量传递以热对流方式进行。也就是说，对流传热是热传导和热对流两种传热机理共同作用的结果。

对流传热机理与紧靠壁面的薄膜层的热传递有关，还与具体的换热过程密切相关。根据引起流动原因的不同，将对流传热区分为自然对流与强制对流两大类。自然对流是由流体受热或受冷产生密度变化而引起的流动。强制对流是指流体的运动是由水泵、风机等外界强迫驱动力所造成的。另外，工程上还常遇到液体在热表面上沸腾及蒸汽在冷表面上凝结的对流传热问题，它们是伴随有相变的对流传热。

对流传热的基本计算式是牛顿冷却公式：

$$\Phi=hA\Delta t \tag{8-3a}$$

$$q=h\Delta t \tag{8-3b}$$

为使用方面，温差 Δt 永远取正值，以保证热流密度也总是正值。当壁面温度高于流体温度时，$\Delta t=t_w-t_f$；当壁面温度低于流体温度时，$\Delta t=t_f-t_w$。式中，t_w、t_f 分别为壁面温度和流体温度，℃；h 为表面传热系数或对流传热系数，$W/(m^2\cdot K)$。牛顿冷却公式表明对流换热的热流量与换热面积以及壁面和流体之间的温差成正比。

表面传热系数表示流体与固体之间换热的强弱，它不仅取决于流体的流动状态（层流、湍流）、流动起因（自然对流、强迫对流）、流体的物性（热导率、黏度、密度、比热容等）、换热表面的形状、大小与空间布置，而且还与换热时流体有无相变（沸腾、凝结）等因素有关。研究对流传热主要研究对流传热系数。部分表面传热系数的数值范围见表 8-1。

表 8-1　对流传热表面传热系数的一般范围

介质	表面传热系数 h /[W/(m² · K)]
空气自然对流	1～10
水自然对流	200～1000
空气强制对流	20～100
水强制对流	1000～15000
水沸腾	2500～35000
水蒸气凝结	5000～25000

【例 8-2】　一室内暖气片的散热面积 $A=3\text{m}^2$，表面温度 $t_w=50℃$，与温度为 20℃的室内空气之间自然对流换热的表面传热系数 $h=4\text{W/(m}^2 \cdot \text{K)}$。暖气片相当于多大功率的电暖气？

解　暖气片和室内空气之间是稳态的自然对流换热，根据式(8-3) 得：

$$\Phi=hA(t_w-t_f)=4\times3\times(50-20)=360(\text{W})$$

即相当于功率为 360W 的电暖气。

8.1.3　热辐射

物体向外发射电磁波的现象称为辐射。物体会由各种原因向外辐射，其中因为转化本身的热能向外发射电磁辐射能的现象称为热辐射。一切温度高于绝对零度的物体都能产生热辐射，温度愈高，辐射出的总能量就愈大，短波成分也愈多。热辐射的光谱是连续谱，波长覆盖范围理论上可从 0 直至 ∞，一般的热辐射主要靠波长较长的可见光和红外线传播。由于电磁波的传播无须任何介质，所以热辐射是真空中唯一的传热方式。

物体热辐射的能力取决于物体的温度，但温度相同的不同物体的热辐射能力也不一样。相同温度下辐射能力和吸收能力最强的理想物体称为黑体，它对外发射辐射的能力和其热力学温度的四次方成正比，和辐射表面积成正比，即：

$$\Phi=A\sigma T^4 \tag{8-4}$$

式中，T 为黑体热力学温度，K；$\sigma=5.67\times10^{-8}\text{W/(m}^2 \cdot \text{K}^4)$，为黑体辐射常数；$A$ 为辐射表面积，m²。

上式即斯蒂芬-玻尔兹曼定律，或称为黑体辐射的四次方定律。实际物体的辐射能力都低于相同温度下的黑体，一般用发射率（黑度）ε 来修正斯蒂芬-玻尔兹曼定律，即：

$$\Phi=\varepsilon A\sigma T^4 \tag{8-5}$$

发射率 ε 是物体发射的辐射功率与同温度下黑体发射的辐射功率之比，其值总小于 1，与物体的种类及表面状态有关。发射率有法向发射率和半球发射率之分，但在工程应用情况下，一般可用法向发射率近似代替半球发射率。

自然界中的物体在向空间发出辐射能的同时，又不断地吸收其他物体发出的辐射能，其综合结果就造成了以辐射方式进行的物体间的能量传递——辐射传热。若辐射传热是在两个温度不同的物体之间进行，则传热的结果是高温物体将热量传给了低温物体。若两个物体温度相同，则物体间的辐射传热量等于零，但物体间辐射和吸收过程仍在进行，处于热的动平衡状态。要计算辐射换热量必须同时考虑投到物体上的辐射能量的吸收。如表面积为 A_1、表面温度为 T_1、发射率为 ε_1 的物体被包容在一个很大的表面温度为 T_2 的空腔内，此时该物体与空腔表面间的辐射换热量按下式计算：

$$\Phi = \varepsilon_1 A_1 \sigma (T_1^4 - T_2^4) \tag{8-6}$$

【例 8-3】 一航天器在太空中飞行，其外表面平均温度为 250K，表面发射率为 0.4，试计算航天器单位面积上的换热量（宇宙空间可近似看成 0K 的真空空间）。

解 宇宙空间可近似为 0K 的真空空间，其辐射能为 0。故航天器单位表面上的换热量就是其自身单位面积的辐射能，即：

$$q = \varepsilon \sigma T^4 = 0.4 \times 5.67 \times 10^{-8} \times 250^4 = 88.6 (\mathrm{W/m^2})$$

以上分别介绍了热传导、热对流和热辐射三种热量传递的基本方式。实际上，这三种方式往往不单独出现，如在暖气片的散热过程中，三种基本传热方式同时存在。暖气片内热水与内壁面的对流换热、暖气片内外壁之间的导热、外壁面与周围空气的对流换热以及与房间内墙壁、物体之间的辐射换热同时发生。因此在分析传热问题时，首先应该弄清楚有哪些传热方式在起作用，然后再依照每一种传热方式的规律进行计算。

8.2　传热过程简介

在实际的传热问题中，进行热量交换的冷、热流体常分别处于固体壁面的两侧，即热量交换要通过固体壁面进行，例如锅炉省煤器及冰箱冷凝器中的热量交换过程。这种热量由壁面一侧的流体通过壁面传到另一侧流体中去的过程称为传热过程。

8.2.1　传热过程和传热方程

如图 8-2 所示，一个热导率 λ 为常数、厚度为 δ 的大平壁，平壁左侧远离壁面处的流体温度为 t_{f1}，表面传热系数为 h_1，平壁右侧远离壁面处的流体温度为 t_{f2}，表面传热系数为 h_2，且 $t_{f1} > t_{f2}$。假设平壁两侧的流体温度及表面传热系数都不随时间变化。对传热过程进行分析可知，冷、热流体间通过间壁传热包括三个串联环节：①热量靠对流传热从热流体传递到壁面高温侧；②热量自壁面高温侧靠热传导传递至壁面低温侧；③热量靠对流传热自壁面低温侧传给冷流体。由于是稳态过程，通过串联着的各个环节的热流量必定是相等的。设平壁表面积为 A，上述三个环节的热流量表达式为：

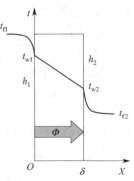

图 8-2　流体通过间壁的传热

$$\Phi = h_1 A (t_{f1} - t_{w1}) \tag{8-7}$$

$$\Phi = \lambda A \frac{t_{w1} - t_{w2}}{\delta} \tag{8-8}$$

$$\Phi = h_2 A (t_{w2} - t_{f2}) \tag{8-9}$$

将式(8-7)、式(8-8)、式(8-9) 写成温差的形式：

$$t_{f1} - t_{w1} = \frac{\Phi}{h_1 A} \tag{8-10}$$

$$t_{w1} - t_{w2} = \frac{\Phi}{A\lambda/\delta} \tag{8-11}$$

$$t_{w2} - t_{f2} = \frac{\Phi}{h_2 A} \tag{8-12}$$

将上述三式相加可得：

$$\Phi = \frac{A(t_{f1} - t_{f2})}{\frac{1}{h_1} + \frac{\delta}{\lambda} + \frac{1}{h_2}} \tag{8-13}$$

也可写成：

$$\Phi = Ak(t_{f1} - t_{f2}) \tag{8-14}$$

式中，k 称为传热系数，$W/(m^2 \cdot K)$。数值上，它等于稳定传热条件下，冷、热流体间温差 $\Delta t = 1℃$、传热面积 $A = 1m^2$ 时的热流量，其反映了传热过程的强烈程度。传热过程越强烈，传热系数越大，反之越小。传热系数的大小取决于冷热流体的物性，流速，换热面的形状、大小及空间布置，材料的导热系数等。

通过单位面积平壁的热流密度为：

$$q = \frac{t_{f1} - t_{f2}}{\frac{1}{h_1} + \frac{\delta}{\lambda} + \frac{1}{h_2}} = k(t_{f1} - t_{f2}) \tag{8-15}$$

【例8-4】 一房屋的混凝土外墙厚度 $\delta = 150mm$，混凝土的热导率 $\lambda = 1.5W/(m \cdot K)$。冬季室外空气温度 $t_{f2} = -10℃$，有风天室外空气与壁面之间的表面传热系数 $h_2 = 20W/(m^2 \cdot K)$；室内空气温度 $t_{f1} = 25℃$，与壁面之间的表面传热系数 $h_1 = 5W/(m^2 \cdot K)$。假设墙壁及两侧的空气温度及表面传热系数都不随时间变化，求单位面积壁面的散热损失及内外墙壁面的温度 t_{w1}、t_{w2}。

解 由给定条件可知，这是一个稳态传热过程。

由式(8-15)，单位面积壁面的散热损失为：

$$q = \frac{t_{f1} - t_{f2}}{\frac{1}{h_1} + \frac{\delta}{\lambda} + \frac{1}{h_2}} = \frac{25 - (-10)}{\frac{1}{5} + \frac{0.15}{1.5} + \frac{1}{20}} = 100(W/m^2)$$

根据式(8-3b)，内、外墙面与空气之间的对流换热为：

$$q = h_1(t_{f1} - t_{w1})$$
$$q = h_2(t_{w2} - t_{f2})$$

可求得

$$t_{w1} = t_{f1} - \frac{q}{h_1} = 25 - \frac{100}{5} = 5(℃)$$

$$t_{w2} = t_{f2} + \frac{q}{h_2} = -10 + \frac{100}{20} = -5(℃)$$

8.2.2　复合换热

两种或两种以上基本换热方式同时起作用的换热过程称为复合换热。如暖气片外表面的散热过程，就是由暖气片外表面与空气的对流换热过程、暖气片外表面与室内其他物体之间的辐射换热过程所组成的复合换热过程。在稳态下，可以认为组成复合换热过程的各基本过程是互不影响、独立进行的，复合换热的结果是基本换热过程单独作用的总和。在复合换热过程中，较多的场合是对流换热起主要作用，此时可用适当加大表面传热系数的办法来考虑辐射换热的影响，即：

$$h_t = h_c + h_r \tag{8-16}$$

式中，h_t、h_c、h_r 分别为复合表面传热系数、对流传热表面传热系数和辐射换热表面传热系数，$W/(m^2 \cdot K)$。

$$h_r = \frac{\Phi_r}{A(T_w - T_f)} \tag{8-17}$$

式中，Φ_r 为辐射换热量，W；T_w 和 T_f 为流体和壁面的热力学温度，K。

于是同时存在辐射和对流的复合传热的总换热量可以表示成：

$$\Phi = \Phi_c + \Phi_r = h_c A \Delta t + h_r A \Delta t = (h_c + h_r) A \Delta t = h_t A \Delta t \tag{8-18}$$

【例 8-5】　某室冬季内墙表面温度为 12℃，室内空气温度为 22℃。若室内人体衣物外表面的温度等于 27℃，表面发射率为 0.8，人体可以简化成直径为 0.3m，高为 1.75m 的圆柱体。试估算室内人体的辐射散热量和辐射换热的表面传热系数。如果人体衣物外表面自然对流的表面传热系数是 5.03W/($m^2 \cdot$K)，那么人体的总散热量等于多少？

解　假设人体散热表面积只算圆柱面与顶面：

$$A = \pi d l + \frac{\pi}{4} d^2 = \pi \times 0.3 \times 1.75 + \frac{\pi}{4} \times 0.3^2 = 1.72 (m^2)$$

辐射换热量为：

$$\Phi_r = \varepsilon A \sigma (T_w^4 - T_{sur}^4) = 0.8 \times 1.72 \times 5.67 \times 10^{-8} \times (300^4 - 285^4) = 117.2 (W)$$

$$q_r = \frac{\Phi_r}{A} = \frac{117.2}{1.72} = 68.14 (W/m^2)$$

$$h_r = \frac{q_r}{\Delta t} = \frac{68.14}{(27 - 22)} = 13.63 [W/(m^2 \cdot K)]$$

对流换热量为

$$\Phi_c = h A \Delta t = 5.03 \times 1.72 \times (27 - 22) = 43.26 (W)$$

$$q_c = \frac{\Phi_c}{A} = \frac{43.26}{1.72} = 25.15 (W/m^2)$$

所以

$$\Phi_t = \Phi_c + \Phi_r = 117.2 + 43.26 = 160.46 (W)$$

或者

$$h_t = h_c + h_r = 5.03 + 13.63 = 18.66 [W/(m^2 \cdot K)]$$

$$\Phi_t = h_t A \Delta t = 18.66 \times 1.72 \times (27 - 22) = 160.46 (W)$$

思 考 题

8-1 试说明导热、热对流和热辐射三种基本传热方式的传热机理以及它们之间的联系和区别。

8-2 试说明热对流和对流换热之间的联系和区别。

8-3 用铝制的水壶烧开水时，尽管炉火很旺，但是水壶安然无恙。若壶内的水烧干后，则水壶很快就被烧坏。试从传热学的观点分析这一现象。

8-4 试论述暖水瓶玻璃真空内胆内的热水与外界空气之间的热量传递过程和暖水瓶玻璃真空内胆的保温原理。

8-5 室内供暖的对流式散热器通常放置在较低的位置，而分体式空调的室内机则往往安装在较高的位置，为什么？如果将供暖的散热器放置在高处，而将空调室内机放置在较低的地方，室内供暖和制冷是否会受到影响？

8-6 在寒冷的冬季，北方供暖房间内的室内温度为22℃时，在室内穿毛衫仍会觉得凉。但在炎热的夏季，采用空调制冷，也维持室内温度为22℃时，在室内只穿短袖衬衫也不会觉得冷。同样的室内温度，人的感觉为什么会不一样？

习 题

8-1 机车中，机油冷却器的外表面面积为0.12m²，表面温度为65℃。行驶时，温度为32℃的空气流过机油冷却器的外表面，表面传热系数为45W/(m²·K)。试计算机油冷却器的散热量。

8-2 木板墙厚5cm，内、外表面的温度分别为50℃和15℃，通过此木板墙的热流密度是75W/m²，求该木板在此厚度方向上的导热系数。

8-3 厚度为0.3m、表面积等于20m²的混凝土墙壁，其内表面温度为22℃，外表面温度为-10℃。混凝土导热系数是1.54W/(m·K)。试求通过该墙壁的总热流量和热流密度。

8-4 有一平板稳态导热，表面积为0.1m²，厚25mm，平均导热系数为0.2W/(m·K)，若单位时间导热量为1.5W，求平板两侧的温差。

8-5 用直径为0.18m、厚度为δ_1的水壶烧开水，热流量为1000W，与水接触的壶底温度为107.6℃。因长期使用，壶底结了一层厚度$\delta_2=3$mm的水垢，水垢的热导率为1W/(m·K)。此时，与水接触的水垢表面温度仍为107.6℃，壶底热流量也不变，水垢与壶底接触面的温度增加了多少？

8-6 空气在一根内径为50mm、长2.5m的管子内流动并被加热，已知空气平均温度为100℃，管内对流换热的表面传热系数为50W/(m²·K)，热流密度为5000W/m²，试求管壁温度及热流量。

8-7 在地球静止轨道上运行的人造卫星的表面发射率等于0.4，其表面平均温度大约为260K。试计算该卫星的辐射热流密度。宇宙空间的背景温度可视为4K。如果设法降低表面发射率，情况将如何变化？

8-8 对一台氟利昂冷凝器的传热过程作初步测算得到以下数据：管内水的对流传

热表面传热系数 $h_1 = 8700 \text{W}/(\text{m}^2 \cdot \text{K})$，管外氟利昂蒸气凝结换热表面传热系数 $h_2 = 1800 \text{W}/(\text{m}^2 \cdot \text{K})$，换热管子壁厚 $\delta = 1.5 \text{mm}$。管子材料是导热系数 $\lambda = 383 \text{W}/(\text{m} \cdot \text{K})$ 的铜。试计算冷凝器的总传热系数。

8-9 有一厚度 $\delta = 300 \text{mm}$ 的房屋外墙，导热系数 $\lambda_b = 0.5 \text{W}/(\text{m} \cdot \text{K})$。冬季室内空气温度 $t_1 = 20 ℃$，与墙内壁面之间对流传热的表面传热系数 $h_1 = 4 \text{W}/(\text{m}^2 \cdot \text{K})$，室外空气温度 $t_2 = -3 ℃$，与外墙之间对流传热的表面传热系数 $h_2 = 8 \text{W}/(\text{m}^2 \cdot \text{K})$。如果不考虑热辐射，试求通过墙壁的传热系数、单位面积的传热量和内、外壁面温度。

9 导 热

本章首先讨论与导热问题密切相关的基本概念、基本定律及导热问题的数学描述方法，然后讨论几种简单的稳态导热、非稳态导热的分析解法，最后对导热问题的数值解法进行简要介绍。

9.1 导热理论基础

9.1.1 温度场

温差是热量传递的动力，因此导热与物体内部的温度分布密切相关。在某一时刻，物体中各点温度的分布称为温度场。一般说，物体的温度场是空间与时间的函数，在直角坐标系下，温度场可表示为：

$$t = (x, y, z, \tau) \tag{9-1}$$

式中，t 为温度；x、y、z 为空间直角坐标；τ 为时间。

随时间变化的温度场称为非稳态温度场（$\partial t / \partial \tau \neq 0$），非稳态温度场中的导热称为非稳态导热。不随时间变化的温度场称为稳态温度场（$\partial t / \partial \tau = 0$），温度场可表示为 $t = (x, y, z)$。稳态温度场中的导热为稳态导热。

在同一时刻，温度场中温度相同的点所连成的线或面称为等温线或等温面。通常用等温线或等温面来直观地描述物体内的温度场。

因为每条等温线上的各点温度相同，一个点在某一瞬间只能有一个温度，因此，物体中的任何一条等温线不会与另一条等温线相交，它要么形成一个封闭的曲线，要么终止在物体表面上。另外，当等温线图上每两条相邻等温线间的温度间隔相等时，等温线的疏密可反映出不同区域导热热流密度的大小。等温线越疏，该区域热流密度越小；反之，越大。

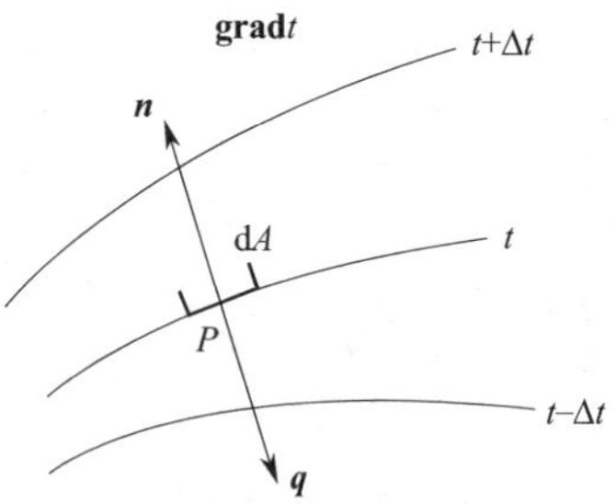

温度场中沿不同方向的温度变化率是不同的，沿等温面法线方向的温度变化率最大。等温面法线方向的温度变化率称为温度梯度，如图 9-1 所示。

图 9-1 温度梯度

温度梯度数学表达式为：

$$\text{grad}\, t = \frac{\partial t}{\partial n} \vec{n} \tag{9-2}$$

式中，$\vec{n}$ 表示温度场中某点等温线法线方向的单位矢量，$\dfrac{\partial t}{\partial n}$ 表示通过该点法线方向的温度变化率。

在直角坐标系中，温度梯度可以表示为三个方向的分量之和，即：

$$\mathrm{grad}t = \frac{\partial t}{\partial x}\boldsymbol{i} + \frac{\partial t}{\partial y}\boldsymbol{j} + \frac{\partial t}{\partial z}\boldsymbol{k} \tag{9-3}$$

式中，$\boldsymbol{i}$、$\boldsymbol{j}$、$\boldsymbol{k}$ 分别表示三个坐标轴方向的单位向量，$\dfrac{\partial t}{\partial x}$、$\dfrac{\partial t}{\partial y}$ 和 $\dfrac{\partial t}{\partial z}$ 分别表示温度在三个方向的偏导数。

9.1.2 导热基本定律

导热基本定律就是傅里叶定律。其是法国数学家傅里叶在对各向同性的连续介质物体导热实验的基础上，总结出来的导热的一般规律：导热的热流密度大小与该处的温度梯度成正比，其方向与温度梯度的方向相反，指向温度降低的方向。数学表达式为：

$$q = -\lambda\,\frac{\partial t}{\partial n} \tag{9-4}$$

写成矢量形式为：

$$\boldsymbol{q} = -\lambda\,\mathrm{grad}t = -\lambda\,\frac{\partial t}{\partial n}\boldsymbol{n} \tag{9-5}$$

上式表明，热流密度与温度梯度同在等温面的法线上，但是方向与之相反，永远指向温度降低的方向。热流密度可以分解成多个不同方向上的分量，在直角坐标系中，热流密度矢量的表达式为：

$$\boldsymbol{q} = q_x\boldsymbol{i} + q_y\boldsymbol{j} + q_z\boldsymbol{k} \tag{9-6}$$

应用傅里叶定律表达式(9-5)，上式可以改写为：

$$\boldsymbol{q} = -\lambda\left(\frac{\partial t}{\partial x}\boldsymbol{i} + \frac{\partial t}{\partial y}\boldsymbol{j} + \frac{\partial t}{\partial z}\boldsymbol{k}\right) \tag{9-7}$$

因此热流密度矢量沿坐标轴 x、y 和 z 的分量大小分别为：

$$q_x = -\lambda\,\frac{\partial t}{\partial x},\ q_y = -\lambda\,\frac{\partial t}{\partial y},\ q_z = -\lambda\,\frac{\partial t}{\partial z}$$

9.1.3 导热系数

应用傅里叶定律，首先要知道热导率，热导率表示基于扩散过程的能量传输的速率，是物质一个重要的热物性参数，表示该物质导热能力的大小。

根据傅里叶定律式(9-5)，在 x 方向的导热系数的定义式为：

$$\lambda = \frac{q}{|\mathrm{grad}t|} \tag{9-8}$$

由上式可知，导热系数在数值上等于在单位温度梯度作用下物体内所产生的热流密度。导热系数主要取决于材料的成分、内部结构、密度、湿度等，通常由实验确定。一般来说，固体的导热系数大于液体的，而液体的又比气体的大；同样固体导电金属的热导率又大于非金属固体的。表 9-1 列出了一些典型材料在常温下的导热系数数值。

表 9-1　一些典型材料在常温下的导热系数

材料名称	$\lambda[W/(m\cdot K)]$	材料名称	$\lambda[W/(m\cdot K)]$
金属（固体）		松木（平行木纹）	0.35
纯银	427	冰（0℃）	2.22
纯铜	398	液体	
黄铜（70%Cu,30%Zn）	109	水（0℃）	0.551
纯铝	236	水银	7.90
铝合金（87%Al,13%Si）	162	变压器油	0.124
纯铁	81.1	柴油	0.128
碳钢（约0.5%C）	49.8	润滑油	0.146
非金属（固体）		气体（大气压力）	
石英晶体（0℃,平行于轴）	19.4	空气	0.0257
石英玻璃（0℃）	1.13	氮气	0.0256
大理石	2.70	氢气	0.177
玻璃	0.65~0.71	水蒸气（0℃）	0.0183
松木（垂直木纹）	0.15		

因为导热现象发生在非均匀的温度场中，温度对热导率的影响显得尤为重要。严格来说，所有物质的导热系数都是温度的函数。工程实际计算中，在常见的温度范围内，绝大多数材料可用线性近似关系表达：

$$\lambda=\lambda_0(1+bt) \tag{9-9}$$

式中，λ_0 为 0℃时按上式计算的导热系数，并非 0℃时的实际值；b 为由实验确定的常数。

通常把导热系数小的材料称为保温材料。我国国家标准 GB/T 4272—2008 中规定：将平均温度不高于 25℃时的导热系数不大于 0.08W/(m·K) 的材料称为保温材料，如膨胀塑料、膨胀珍珠岩、矿渣棉等。

9.1.4　导热微分方程

傅里叶定律表明，在分析热传导问题时，对热流量的求取转化成了对物体内部温度场的求取，当获得温度场后，可以计算物体内任一点的传热速率。导热微分方程揭示了连续物体内的温度分布与空间坐标和时间的内在关系。

9.1.4.1　直角坐标系中的导热微分方程

导热微分方程式是根据在导热物体内选取的微元控制体（简称微元体）的能量守恒和傅里叶定律导出的，为了简化分析，作下列假设：

① 物体由各向同性的连续介质构成；
② 物体内部无宏观位移，物体与外界无功的交换；
③ 材料的物性参数为常数；
④ 物体内部具有内热源，例如物体内部存在放热或吸热化学反应，或通电加热等。

内热源强度记作 $\dot{\Phi}$，单位为 W/m³，表示单位时间、单位体积内由内热源生成的热量。

如图 9-2 所示，在直角坐标系中，选取一个 $dx\times dy\times dz$ 大小的微元体，$d\Phi_x$、$d\Phi_y$、$d\Phi_z$ 分别为单位时间内在 x、y、z 三个方向上导入微元体的热量，$d\Phi_{x+dx}$、$d\Phi_{y+dy}$、$d\Phi_{z+dz}$ 分别为单位时间内在 x、y、z 三个方向上导出微元体的热量。

在导热过程中，微元体的热平衡可表述为：单位时间内，净导入微元体的热流量 $d\Phi_\lambda$ 与微元体内热源生成热 $d\Phi_V$ 之和，等于微元体热力学能的增加 dU，即：

$$d\Phi_\lambda+d\Phi_V=dU \tag{9-10}$$

下面对上式中的各项分别进行讨论。

（1）净导入微元体的热流量

$d\Phi_\lambda$ 等于从 x、y、z 三个方向上净导入微元体的热量之和，即：

$$d\Phi_\lambda = d\Phi_{\lambda x} + d\Phi_{\lambda y} + d\Phi_{\lambda z}$$

x 方向净导入微元体的热量为：

$$d\Phi_{\lambda x} = d\Phi_x - d\Phi_{x+dx} = q_x \, dy \, dz - q_{x+dx} \, dy \, dz$$

在所研究范围内，热流密度 q 是连续的，应用泰勒展开，忽略高阶小量，可得：

$$q_{x+dx} = q_x + \frac{\partial q_x}{\partial x} dx$$

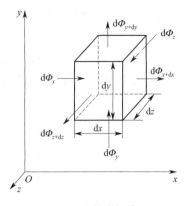

图 9-2　导热分析模型

于是：

$$d\Phi_{\lambda x} = q_x \, dy \, dz - \left(q_x + \frac{\partial q_x}{\partial x} dx \right) dy \, dz = -\frac{\partial q_x}{\partial x} dx \, dy \, dz$$

将傅里叶表达式 $q_x = -\lambda \dfrac{\partial t}{\partial x}$

代入上式，可得从 x 方向净导入微元体的热流量为：

$$d\Phi_{\lambda x} = \frac{\partial}{\partial x} \left(\lambda \frac{\partial t}{\partial x} \right) dx \, dy \, dz$$

同样也可以得出，在单位时间内从 y 和 z 方向净导入微元体的热流量分别为：

$$d\Phi_{\lambda y} = \frac{\partial}{\partial y} \left(\lambda \frac{\partial t}{\partial y} \right) dx \, dy \, dz$$

$$d\Phi_{\lambda z} = \frac{\partial}{\partial z} \left(\lambda \frac{\partial t}{\partial z} \right) dx \, dy \, dz$$

于是，在单位时间 3 个方向上净导入微元体的热流量之和为：

$$d\Phi_\lambda = \left[\frac{\partial}{\partial x} \left(\lambda \frac{\partial t}{\partial x} \right) + \frac{\partial}{\partial y} \left(\lambda \frac{\partial t}{\partial y} \right) + \frac{\partial}{\partial z} \left(\lambda \frac{\partial t}{\partial z} \right) \right] dx \, dy \, dz \tag{9-11}$$

（2）单位时间内，微元体内热源的生成热：

$$d\Phi_V = \dot{\Phi} dx \, dy \, dz \tag{9-12}$$

（3）单位时间内，微元体热力学能的增加：

$$dU = \rho c \frac{\partial t}{\partial \tau} dx \, dy \, dz \tag{9-13}$$

式中，ρ 为物体密度，kg/m^3；c 为物体的比热容，$J/(kg \cdot K)$。

将式(9-11)、式(9-12)、式(9-13)代入微元体的热平衡表达式，并消去 $dx \, dy \, dz$，可得：

$$\rho c \frac{\partial t}{\partial \tau} = \left[\frac{\partial}{\partial x} \left(\lambda \frac{\partial t}{\partial x} \right) + \frac{\partial}{\partial y} \left(\lambda \frac{\partial t}{\partial y} \right) + \frac{\partial}{\partial z} \left(\lambda \frac{\partial t}{\partial z} \right) \right] + \dot{\Phi} \tag{9-14}$$

上式就是导热微分方程，它建立了导热过程中物体温度随时间和空间变化的函数关系。

在常物性条件下，即 λ、ρ、c 均为常量时，上式可写成

$$\frac{\partial t}{\partial \tau} = \frac{\lambda}{\rho c} \left(\frac{\partial^2 t}{\partial x^2} + \frac{\partial^2 t}{\partial y^2} + \frac{\partial^2 t}{\partial z^2} \right) + \frac{\dot{\Phi}}{\rho c} \tag{9-15}$$

引入另一个物性参数 a 来表示上式中的物性参数常量群 $\frac{\lambda}{\rho c}$，即 $a=\frac{\lambda}{\rho c}$，a 称为热扩散系数（导温系数，m^2/s）。它反映了导热过程中材料的导热能力与沿途物质储热能力之间的关系。a 值大，说明物体内温度分布趋向于一致的能力越大。

导热微分方程也可以写成：

$$\frac{\partial t}{\partial \tau}=a\nabla^2 t+\frac{\dot\Phi}{\rho c} \tag{9-16}$$

式中，∇ 为哈密顿算子，在直角坐标系下，$\nabla^2 t=\frac{\partial^2 t}{\partial x^2}+\frac{\partial^2 t}{\partial y^2}+\frac{\partial^2 t}{\partial z^2}$。

在一些特殊情况下，导热微分方程还可以进一步简化，如：

① 物体无内热源（$\dot\Phi=0$）：$\frac{\partial t}{\partial \tau}=a\nabla^2 t$

② 稳态导热（$\frac{\partial t}{\partial \tau}=0$）：$\nabla^2 t+\frac{\dot\Phi}{\rho c}=0$

③ 稳态导热，无内热源：$\nabla^2 t=0$

9.1.4.2 圆柱坐标系和球坐标系中的导热微分方程

当所研究的导热物体为圆柱形时，采用圆柱坐标（r，φ，z）比较方便。采用和直角坐标系相同的方法，分析圆柱坐标系中微元体在导热过程中的热平衡，可以推导出圆柱坐标系中的导热微分方程式。

$$\rho c\frac{\partial t}{\partial \tau}=\frac{1}{r}\frac{\partial}{\partial r}\left(\lambda r\frac{\partial t}{\partial r}\right)+\frac{1}{r^2}\frac{\partial}{\partial \varphi}\left(\lambda\frac{\partial t}{\partial \varphi}\right)+\frac{\partial}{\partial z}\left(\lambda\frac{\partial t}{\partial z}\right)+\dot\Phi \tag{9-17}$$

当所研究的导热物体为球状物体时，则可以采用球坐标系（r，θ，φ）中的导热微分方程。

$$\rho c\frac{\partial t}{\partial \tau}=\frac{1}{r^2}\frac{\partial}{\partial r}\left(\lambda r^2\frac{\partial t}{\partial r}\right)+\frac{1}{r^2\sin^2\theta}\frac{\partial}{\partial \varphi}\left(\lambda\frac{\partial t}{\partial \varphi}\right)+\frac{1}{r^2\sin\theta}\frac{\partial}{\partial \theta}\left(\lambda\sin\theta\frac{\partial t}{\partial \theta}\right)+\dot\Phi \tag{9-18}$$

分析三种坐标系下的导热微分方程式(9-14)、式(9-17)、式(9-18)，可以发现方程左边均是单位时间内微元体热力学能的增量，称为非稳态项；方程右边的前三项之和为通过微元体界面的净导热量，称为扩散项；最后一项表示内热源的强度，称为源项。

9.1.5 单值性条件

导热微分方程式描写物体温度随时间和空间变化的关系；它没有涉及具体的、特定的导热过程，是通用表达式。求解导热问题，实质上就可以归结为对上述导热微分方程的求解。通过数学方法原则上可以得到上述方程的通解，但是就具体的实际工程而言，不能满足于得出通解，还要得出既能满足导热微分方程，又能满足具体问题所限定的一些附加条件下的特解。这些使微分方程式得到特定解的附加条件，数学上称为单值性条件或定解条件。导热微分方程及单值性条件构成了一个导热问题完整的数学描述。

导热问题的单值性条件包括四方面：几何条件、物理条件、初始条件和边界条件。几何条件，用来说明导热体的几何形状和大小，如平壁或圆筒壁；厚度、直径等。物理条件，是用来说明导热体的物理特征的，如物性参数导热系数、比热容和密度的数值，是否随温度变化；有无内热源、大小和分布情况；材料是否各向同性等。

一般来说，求解对象的几何条件和物理条件是已知的。因此对于非稳态导热问题的单值性条件就剩下两个：给出初始时刻导热体内的温度分布，即初始条件；以及给出导热体边界上过程进行的特点，反映过程与周围环境相互作用的条件，即边界条件。导热微分方程连同初始条件和边界条件才能完整地描述一个具体的导热问题。对于稳态导热问题，单值性条件没有初始条件，仅有边界条件。

导热问题常见的边界条件一般可归纳为三类：第一类边界条件、第二类边界条件、第三类边界条件。

① 第一类边界条件：规定了物体表面上的温度分布值，即：

$$t_w = f(x, y, z, \tau) \tag{9-19}$$

其中最简单的情况是某一边界上的温度为定值，即 $t_w =$ 常数，式中下标 w 表示壁面。

② 第二类边界条件：规定了物体边界上的热流密度值。

$$-\lambda \left(\frac{\partial t}{\partial n} \right)_w = q_w \tag{9-20}$$

式中，n 为壁面法线方向。

绝热边界条件是传热学研究中经常碰到的一种边界条件，是指边界上的热流密度值为 0，即没有热流通过边界，它实质上是第二类边界条件的特例。

③ 第三类边界条件：边界上物体与周围流体间的表面传热系数 h 以及周围流体的温度 t_f。即：

$$-\lambda \left(\frac{\partial t}{\partial n} \right)_w = h(t_w - t_f) \tag{9-21}$$

9.2 稳态导热

稳态导热是指温度场不随时间变化的导热过程。本节将讨论日常生活和工程中常见的平壁、圆筒壁、球壁及肋壁的一维稳态导热问题。

9.2.1 通过平壁的稳态导热

(1) 单层平壁的稳态导热

已知一没有内热源的单层平壁，表面面积为 A，壁厚为 δ，热导率 λ 为常数。两侧为第一类边界条件，表面温度恒定分别为 t_{w1} 和 t_{w2}，且 $t_{w1} > t_{w2}$。建立如图 9-3 所示坐标系，温度只在 x 方向变化，属一维温度场。

平壁的导热微分方程式为：

$$\frac{\mathrm{d}^2 t}{\mathrm{d} x^2} = 0 \tag{9-22}$$

边界条件为：

$$x = 0, \quad t = t_{w1}$$
$$x = \delta, \quad t = t_{w2}$$

对式(9-22) 积分两次得其通解：

$$t = c_1 x + c_2$$

代入边界条件，可得：

$$c_2 = t_{w1}$$

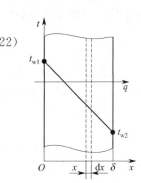

图 9-3 单层平壁

$$c_1 = -\frac{t_{w1} - t_{w2}}{\delta}$$

将 c_1、c_2 代入通解，平壁内的温度分布为：

$$t = t_{w1} - \frac{t_{w1} - t_{w2}}{\delta}x \tag{9-23}$$

由上式可知物体内温度分布呈线性关系，即温度分布曲线的斜率是常数（温度梯度）。

根据温度分布，利用傅里叶定律可得到平壁的热流密度：

$$q = -\lambda \frac{\mathrm{d}t}{\mathrm{d}x} = \lambda \frac{t_{w1} - t_{w2}}{\delta} \tag{9-24}$$

$$\Phi = \lambda A \frac{t_{w1} - t_{w2}}{\delta} \tag{9-25}$$

式(9-24)、式(9-25)可写成：

$$q = \frac{t_{w1} - t_{w2}}{\dfrac{\delta}{\lambda}} = \frac{\Delta t}{r_\lambda} \tag{9-26}$$

$$\Phi = \frac{t_{w1} - t_{w2}}{\dfrac{\delta}{\lambda A}} = \frac{\Delta t}{R_\lambda} \tag{9-27}$$

式中，$\Delta t = t_{w1} - t_{w2}$ 为温差，℃；$r_\lambda = \dfrac{\delta}{\lambda}$ 为单位导热面积的导热热阻，$(\mathrm{m}^2 \cdot \mathrm{K})/\mathrm{W}$；$R_\lambda = \dfrac{\delta}{\lambda A}$ 为导热面积为 A 时的导热热阻，K/W。

这个表达式和直流电路的欧姆定律 $I = U/R$ 类似，流量等于流动驱动力与流动阻力之比。因此热量的传递可以和直流电路相比拟。热阻概念的建立给分析复杂热量传递过程带来很大的便利。人们可以借用电阻串联和并联的公式来计算热传递过程所形成的总热阻。参照电阻串联，可以得到串联热阻叠加原则：在一个串联的热量传递过程中，若通过各串联环节的热流量相同，则串联过程的总热阻等于各串联环节的分热阻之和。因此，稳态传热过程热阻的组成是由各个构成环节的热阻组成，且符合热阻叠加原则。

(2) 导热系数随温度变化的情况

以单层平壁中稳态导热为例说明导热系数随温度变化的情况。当导热系数是温度的函数时，一维稳态导热微分方程式的形式为：

$$\frac{\mathrm{d}}{\mathrm{d}x}\left(\lambda \frac{\mathrm{d}t}{\mathrm{d}x}\right) = 0 \tag{9-28}$$

当温度变化不大时，可以近似地认为材料的导热系数随温度线性变化，即 $\lambda = \lambda_0(1+bt)$。将其代入式(9-28)，通过两次积分，并代入边界条件，可得平壁内的温度分布为：

$$t + \frac{1}{2}bt^2 = -\frac{1}{\delta}(t_{w1} - t_{w2})\left[1 + \frac{1}{2}b(t_{w1} + t_{w2})\right]x + t_{w1} + \frac{1}{2}bt_{w1}^2 \tag{9-29}$$

由式可以看出平壁中的温度分布呈抛物线形状，且其抛物线的凸凹性取决于系数 b 的正负，如图9-4所示。

当 $b > 0$，随着 t 增大，λ 增大，即高温区的导热系数大于低温区的。根据 $\Phi = \lambda A$ $(\mathrm{d}t/\mathrm{d}x)$ 可知，高温区的温度梯度 $\mathrm{d}t/\mathrm{d}x$ 较小，而形成上凸的温度分布。

当 $b<0$，正好相反，随着 t 增大，λ 减小，高温区的温度梯度 $\mathrm{d}t/\mathrm{d}x$ 较大，而形成下凹的温度分布。

（3）多层平壁的稳态导热

在日常生活与工程中，经常遇到由几层不同材料组成的多层平壁。例如建筑房屋的墙壁是由白灰内层、水泥砂浆层、红砖（青砖）主体层等组成的，锅炉的炉墙也是由耐火层、保温砖层和普通砖层叠合而成。运用热阻的概念，很容易分析多层平壁的一维稳态导热问题。以图 9-5 所示三层复合平壁的导热问题为例进行讨论。

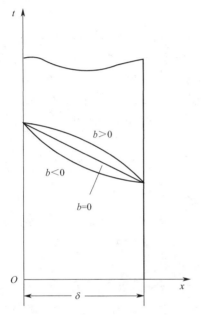

图 9-4　导热系数随温度变化时平壁内温度分布

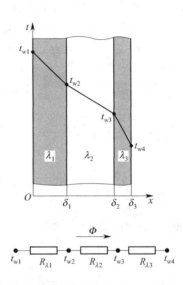

图 9-5　三层复合平壁的稳态导热

假设 3 层材料厚度为 δ_1、δ_2、δ_3，层与层间接触良好，没有引起附加热阻，即通过层间分界面时不会发生温度降。对应导热系数为 λ_1、λ_2、λ_3，且为常数。多层壁内外表面温度为 t_{w1}、t_{w4}，各层之间接触面的温度为 t_{w2}、t_{w3}。在稳定情况下，通过各层的热流量相同。根据单层平壁稳态导热的计算公式，

$$\Phi = \frac{t_{w1}-t_{w2}}{\dfrac{\delta_1}{\lambda_1 A}} = \frac{t_{w1}-t_{w2}}{R_{\lambda 1}} \tag{9-30}$$

$$\Phi = \frac{t_{w2}-t_{w3}}{\dfrac{\delta_2}{\lambda_2 A}} = \frac{t_{w2}-t_{w3}}{R_{\lambda 2}} \tag{9-31}$$

$$\Phi = \frac{t_{w3}-t_{w4}}{\dfrac{\delta_3}{\lambda_3 A}} = \frac{t_{w3}-t_{w4}}{R_{\lambda 3}} \tag{9-32}$$

由以上三式可得：

$$\Phi = \frac{t_{w1}-t_{w4}}{\dfrac{\delta_1}{\lambda_1 A}+\dfrac{\delta_2}{\lambda_2 A}+\dfrac{\delta_3}{\lambda_3 A}} = \frac{t_{w1}-t_{w4}}{R_{\lambda 1}+R_{\lambda 2}+R_{\lambda 3}} \tag{9-33}$$

可见，三层平壁稳态导热的总导热热阻 R_λ 为各层导热热阻之和。

由此类推，对于 n 层平壁的稳态导热问题，热流量的计算公式为：

$$\Phi = \frac{t_{w1} - t_{w(n+1)}}{\sum_{i=1}^{n} R_{\lambda i}} \tag{9-34}$$

$$q = \frac{t_{w1} - t_{w(n+1)}}{\sum_{i=1}^{n} r_{\lambda i}} \tag{9-35}$$

可见，利用热阻的概念，可以很容易地求得通过多层平壁稳态导热的热流量，进而求出各层间接触面的温度。

【例 9-1】 一台型号为 DZL4-1.25-193-AII（卧式燃煤蒸汽锅炉）的锅炉，炉墙由三层材料叠合组成。最里层为耐火黏土砖，导热系数为 1.12W/(m·K)，厚度为 110mm；中间层为硅藻土砖，导热系数为 0.116W/(m·K)，厚度为 120mm；最外层为石棉板，导热系数为 0.116W/(m·K)，厚度为 70mm。已知炉墙内表面温度为 600℃，外表面温度为 40℃，求炉墙单位面积上每小时的热损失及中间两个界面的温度。

解： 假定通过炉墙的导热为一维稳态导热，且炉墙三种材料之间接触良好，没有接触热阻的存在，则由式(9-35) 可得：

$$q = \frac{t_1 - t_{n+1}}{\sum_{i=1}^{n} r_{\lambda i}} = \frac{600 - 40}{\dfrac{0.11}{1.12} + \dfrac{0.12}{0.116} + \dfrac{0.07}{0.116}} = 322.6(\text{W/m}^2)$$

耐火砖与硅藻土砖分界面的温度为：

$$t_2 = t_1 - q\frac{\delta_1}{\lambda_1} = 600 - 322.6 \times \frac{0.11}{1.12} = 568.3(℃)$$

硅藻土砖与石棉板分界面的温度为：

$$t_3 = t_2 - q\frac{\delta_2}{\lambda_2} = 568.4 - 322.6 \times \frac{0.12}{0.116} = 234.7(℃)$$

9.2.2 通过圆筒壁的稳态导热

圆形管道在日常生活和工程中的应用非常广泛，如换热器中的管束、蒸汽管道等。本节讨论通过圆筒壁的热流量和圆筒壁中的温度分布。

(1) 单层圆筒壁

如图 9-6 所示，已知一长度远大于其外径的圆筒壁，其内、外半径分别为 r_1、r_2，内外表面温度恒定，分别为 t_{w1}、t_{w2}，且 $t_{w1} > t_{w2}$，圆筒壁材料的导热系数为常数，无内热源。若采用圆柱坐标系 (r, φ, z) 求解，因为其长度远大于外径，通过圆筒壁两端的散热可以忽略，则圆筒壁的导热问题称为沿半径方向的一维导热问题，导热微分方程式为：

$$\frac{\mathrm{d}}{\mathrm{d}r}\left(r\frac{\mathrm{d}t}{\mathrm{d}r}\right) = 0 \tag{9-36}$$

边界条件：

$$r = r_1, \quad t = t_{w1}$$
$$r = r_2, \quad t = t_{w2}$$

对式(9-36) 进行两次积分，可得导热微分方程式的通解为：

$$t=c_1\ln r+c_2$$

代入边界条件得：

$$c_1=-\frac{t_{w1}-t_{w2}}{\ln(r_2/r_1)}$$

$$c_2=t_{w1}+\frac{t_{w1}-t_{w2}}{\ln(r_2/r_1)}\ln r_1$$

将其代入通解，可得圆筒壁内的温度分布为：

$$t=t_{w1}-(t_{w1}-t_{w2})\frac{\ln(r/r_1)}{\ln(r_2/r_1)} \tag{9-37}$$

由此可见，与平壁中温度分布呈线性分布不同，在圆筒壁中的温度分布（图9-7）呈对数曲线。

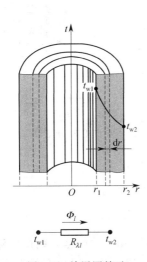

图 9-6　单层圆筒壁

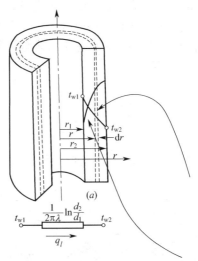

图 9-7　单层圆筒壁的温度分布

因为$\dfrac{\mathrm{d}t}{\mathrm{d}r}=\dfrac{t_{w2}-t_{w1}}{\ln(r_2/r_1)}\dfrac{1}{r}$；$\dfrac{\mathrm{d}^2r}{\mathrm{d}r^2}=\dfrac{t_{w1}-t_{w2}}{\ln(r_2/r_1)}\dfrac{1}{r^2}$

所以，曲线的凹凸性取决于圆筒内外壁面的温度高低：

$$若\,t_{w1}<t_{w2}：\quad \frac{\mathrm{d}^2t}{\mathrm{d}r^2}<0，向上凸；$$

$$若\,t_{w1}>t_{w2}：\quad \frac{\mathrm{d}^2t}{\mathrm{d}r^2}>0，向下凹。$$

上面提到，对于稳态的一维导热问题，可以利用傅里叶定律定性判断温度分布曲线的形状，请按照上述方法自行判断曲线的凹凸性。

根据傅里叶定律，圆筒壁沿 r 方向的热流密度为：

$$q=-\lambda\frac{\mathrm{d}t}{\mathrm{d}r}=\lambda\frac{t_{w1}-t_{w2}}{\ln(r_2/r_1)}\frac{1}{r} \tag{9-38}$$

由此可见，通过圆筒壁导热时，不同半径处的热流密度与半径成反比。但是，对于稳态导热，通过整个圆筒壁的热流量是不变的，其计算公式为：

$$\Phi = 2\pi r l q = \frac{t_{w1} - t_{w2}}{\frac{1}{2\pi\lambda l}\ln\frac{r_2}{r_1}} = \frac{t_{w1} - t_{w2}}{\frac{1}{2\pi\lambda l}\ln\frac{d_2}{d_1}} = \frac{t_{w1} - t_{w2}}{R_\lambda} \tag{9-39}$$

式中，R_λ 为整个圆筒壁的导热热阻，单位为 K/W。

单位长度圆筒壁的热流量为：

$$\Phi_l = \frac{\Phi}{l} = \frac{t_{w1} - t_{w2}}{\frac{1}{2\pi\lambda}\ln\frac{d_2}{d_1}} = \frac{t_{w1} - t_{w2}}{R_{\lambda l}} \tag{9-40}$$

式中，$R_{\lambda l}$ 为单位长度圆筒壁的导热热阻，单位为 (m·K)/W。

（2）多层圆筒壁

对于多层圆筒壁的径向一维稳态导热，各层圆筒壁成为沿热流方向的串联热阻（图9-8）。根据热阻叠加原理，其导热热流量可按总温差和总热阻计算，求得通过多层圆筒壁的导热热流量为：

$$\Phi = \frac{t_{w1} - t_{w(n+1)}}{\sum_{i=1}^{n} R_{\lambda i}} = \frac{t_{w1} - t_{w(n+1)}}{\sum_{i=1}^{n}\frac{1}{2\pi\lambda_i l}\ln\frac{d_{i+1}}{d_i}} \tag{9-41}$$

通过单位长度圆筒壁的热流量为：

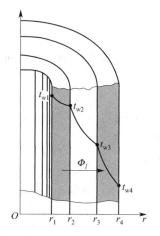

图9-8 n 层圆筒壁的导热

$$\Phi_l = \frac{t_{w1} - t_{w(n+1)}}{\sum_{i=1}^{n} R_{\lambda l i}} = \frac{t_{w1} - t_{w(n+1)}}{\sum_{i=1}^{n}\frac{1}{2\pi\lambda_i}\ln\frac{d_{i+1}}{d_i}} \tag{9-42}$$

【例9-2】 蒸汽管道的内径为160mm，外径为170mm。管外覆有两层保温材料，第一层的厚度 $\delta_1 = 30mm$，第二层厚度 $\delta_2 = 50mm$。设钢管和两层保温材料的导热系数分别为 $\lambda_1 = 50W/(m·K)$、$\lambda_2 = 0.15W/(m·K)$ 和 $\lambda_3 = 0.08W/(m·K)$。已知蒸汽管内表面温度 $t_{w1} = 300℃$，第二层保温材料的外表面温度 $t_{w4} = 50℃$，试求 1m 长蒸汽管的散热损失和各层接触面上的温度。

解： 由式(9-42)，1m 长管道的热流量：

$$\Phi_l = \frac{t_{w1} - t_{w(n+1)}}{\sum_{i=1}^{n} R_{\lambda l i}} = \frac{t_{w1} - t_{w4}}{\frac{1}{2\pi\lambda_1}\ln\frac{d_2}{d_1} + \frac{1}{2\pi\lambda_2}\ln\frac{d_3}{d_2} + \frac{1}{2\pi\lambda_3}\ln\frac{d_4}{d_3}}$$

$$= \frac{2\times3.14\times(300-50)}{\frac{1}{50}\ln\frac{0.17}{0.16} + \frac{1}{0.15}\ln\frac{0.23}{0.17} + \frac{1}{0.08}\ln\frac{0.33}{0.23}} = 240(W/m)$$

各层接触面上的温度

$$t_{w2} = t_{w1} - \Phi_l\frac{1}{2\pi\lambda_1}\ln\frac{d_2}{d_1} = 300 - 240\times\frac{1}{2\times3.14\times50}\ln\frac{0.17}{0.16} = 299.95(℃)$$

$$t_{w3} = t_{w2} - \Phi_l\frac{1}{2\pi\lambda_2}\ln\frac{d_3}{d_2} = 299.95 - 240\times\frac{1}{2\times3.14\times0.15}\ln\frac{0.23}{0.17} = 222.94(℃)$$

9.2.3 通过肋片的稳态导热

由牛顿冷却公式可以看出，增大对流换热面积能够减小对流换热热阻，强化对流传热。在换热器表面加装肋片是增加换热面积的主要措施。常见肋片的结构如图 9-9 所示：针肋、直肋、环肋、大套片等，其形状有矩形、圆环形、圆柱形等。

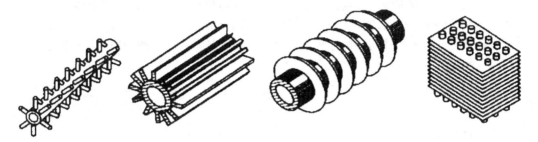

图 9-9　肋片的典型结构

下面以等截面直肋为例，说明肋片稳态导热的求解方法。

（1）通过等截面直肋的导热

以矩形肋为例，如图 9-10 所示，肋的高度为 H，厚度为 δ，宽度为 l，与高度方向垂直的横截面积为 A_c，截面周长为 P，纵剖面积为 A_1，已知肋根温度为 t_0，周围流体温度为 t_∞，且 $t_0 > t_\infty$，h 为复合换热的表面传热系数。

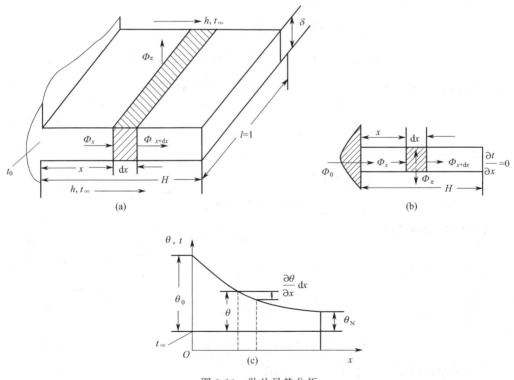

图 9-10　肋片导热分析

为了简化分析，作下列假设：

① 材料导热系数 λ 及表面传热系数 h 均为常数，沿肋高方向肋片横截面积 A_c 不变；

② 肋片在垂直于纸面方向（即深度方向）很长，不考虑温度沿该方向的变化，取单位长度 $l=1$ 分析；

③ 表面上的换热热阻 $1/h$ 远大于肋片的导热热阻 δ/λ，即肋片任意截面上的温度均匀不变；一般来说肋片都很薄，而且都是用金属材料制成的，所以基本上都能满足这一条件；

④ 忽略肋片顶端的散热，视为绝热。

肋片温度高于周围流体温度，热量从肋基导入肋片，然后从肋根导向肋端，沿途不断有热量从肋的侧面以对流换热的方式散给周围的流体。这种情况下可以当作肋片具有负的内热源来处理。这样肋片的导热问题就简化成了一维有内热源的稳态导热问题。其相应的导热微分方程为：

$$\frac{\mathrm{d}^2 t}{\mathrm{d}x^2} - \frac{\dot{\Phi}}{\lambda} = 0 \qquad (9\text{-}43)$$

边界条件为：

$$x=0,\ t=t_0$$
$$x=H,\ \frac{\mathrm{d}t}{\mathrm{d}x}=0$$

内热源强度为：

$$\dot{\Phi} = \frac{P\,\mathrm{d}x h(t-t_\infty)}{A_c\,\mathrm{d}x} = \frac{Ph(t-t_\infty)}{A_c}$$

代入导热微分方程式(9-43)，得：

$$\frac{\mathrm{d}^2 t}{\mathrm{d}x^2} - \frac{Ph(t-t_\infty)}{\lambda A_c} = 0$$

令 $m=\sqrt{\dfrac{Ph}{\lambda A_c}}$；$\theta=t-t_\infty$。$\theta$ 称为过余温度，则肋根处的过余温度为 $\theta_0=t_0-t_\infty$，肋端处的过余温度为 $\theta_H=t_H-t_\infty$。于是肋片的导热微分方程可写成：

$$\frac{\mathrm{d}^2 \theta}{\mathrm{d}x^2} - m^2\theta = 0 \qquad (9\text{-}44)$$

边界条件为：

$$x=0,\ \theta=\theta_0$$
$$x=H,\ \frac{\mathrm{d}\theta}{\mathrm{d}x}=0$$

式(9-44)的通解为：

$$\theta = C_1 e^{mx} + C_2 e^{-mx}$$

代入边界条件，可求得：

$$C_1 = \theta_0\,\frac{e^{-mH}}{e^{mH}+e^{-mH}}$$

$$C_2 = \theta_0\,\frac{e^{mH}}{e^{mH}+e^{-mH}}$$

代入通解，可得肋片内部的温度分布函数为：

$$\theta = \theta_0\,\frac{e^{m(H-x)}+e^{-m(H-x)}}{e^{mH}+e^{-mH}}$$

根据双函数关系，可将肋片内部的温度分布改写为：

$$\theta = \theta_0 \frac{\mathrm{ch}[m(H-x)]}{\mathrm{ch}(mH)} \qquad (9\text{-}45)$$

代入 $x=H$，即可得出肋端温度的计算式：

$$\theta_H = \frac{\theta_0}{\mathrm{ch}(mH)} \qquad (9\text{-}46)$$

据能量守恒定律可知，由肋片散入外界的全部热流量都必须通过 $x=0$ 处的肋根截面。将式(9-45)的 θ 代入傅里叶定律表达式，即得通过肋片散入外界的热流量为：

$$\Phi_{x=0} = -\lambda A_c \left(\frac{\mathrm{d}\theta}{\mathrm{d}x}\right)_{x=0} = -\lambda A_c \theta_0 (-m) \frac{\mathrm{ch}(mH)}{\mathrm{sh}(mH)}$$

$$= \lambda A_c \theta_0 m\,\mathrm{th}(mH) = \frac{hP}{m}\theta_0\,\mathrm{th}(mH) \qquad (9\text{-}47)$$

上述结论是在假设肋端绝热的情况下推出的。对于实际采用的肋片，特别是薄而长结构的肋片，用上式进行计算可以获得足够精确的结果。如果必须考虑肋端的散热，只要把 $H' = H + \delta/2$ 定义为肋高，用来代替上式中的 H 就可以获得精度很高的结果。

（2）肋片效率

加装肋片的目的是增加散热面积，增大散热量。但随着肋片高度的增加，肋片的平均过余温度会逐渐降低，即肋片散热量的增加不会与散热面积的增加成正比。为了衡量肋片散热的有效程度，引进肋片效率的概念。肋片效率定义为肋片的实际散热量 Φ 与假设整个肋片都具有肋根温度时的理想散热量 Φ_0 之比，即：

$$\eta_f = \frac{\Phi}{\Phi_0} = \frac{hPH(t_m - t_\infty)}{hPH(t_0 - t_\infty)} = \frac{\theta_m}{\theta_0} \qquad (9\text{-}48)$$

式中，t_m、θ_m 分别为肋面的平均温度和平均过余温度；t_0、θ_0 分别为肋根温度与肋根过余温度。由于 $\theta_m < \theta_0$，所以肋片效率 η_f 小于1。

假设肋表面各处的 h 都相等，所以等截面直肋的平均过余温度可按下式进行计算：

$$\theta_m = \frac{1}{H}\int_0^H \theta\,\mathrm{d}x = \frac{1}{H}\int_0^H \theta_0 \frac{\mathrm{ch}[m(H-x)]}{\mathrm{ch}(mH)}\mathrm{d}x = \theta_0 \frac{\mathrm{th}(mH)}{mH} \qquad (9\text{-}49)$$

代入式(9-48)，可得：

$$\eta_f = \frac{\mathrm{th}(mH)}{mH} \qquad (9\text{-}50)$$

可见等截面直肋片的肋片效率 η_f 是 mH 的函数，图 9-11 给出了肋片效率 η_f 随

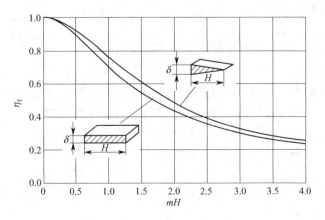

图 9-11　矩形肋与三角形肋的肋片效率

mH 的变化规律。由图可见，mH 越大，肋片效率越低。

对于矩形肋片，$mH = \sqrt{\dfrac{2h}{\lambda\delta}}H$，由此可以看出影响矩形肋片效率的主要因素有：

① 肋片材料的热导率 λ，热导率越大，肋片效率越高；

② 肋片高度 H，肋片越高，肋片效率越低；

③ 肋片厚度 δ，肋片越厚，肋片效率越高；

④ 肋片与周围流体间对流换热的表面传热系数 h，h 越大，对流换热越强，肋片效率越低。

但是对于其他类型肋片来说，肋片效率的解析表达式就远不是式（9-50）这么简单了。工程上一般采用曲线来表示。图 9-12 给出了三种直肋的肋片效率曲线，可供计算这几种肋片的实际散热量。

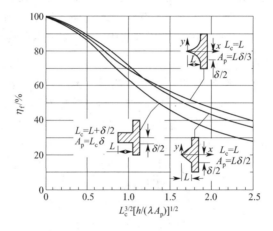

图 9-12　矩形、三角形和凹抛物线形的肋片效率

【例 9-3】　为了测量管道内的热空气温度和保护测温元件——热电偶，采用金属测温套管，热电偶端点镶嵌在套管的端部，如图 9-13 所示。套管长 $H = 100\text{mm}$，外径 $d = 15\text{mm}$，壁厚 $\delta = 1\text{mm}$，套管材料的导热系数 $\lambda = 45\text{W/(m·K)}$。已知热电偶的指示温度为 200℃，套管根部的温度 $t_0 = 50\text{℃}$，套管外表面与空气之间对流换热的表面传热系数为 $h = 40\text{W/(m}^2\text{·K)}$。求测温误差。

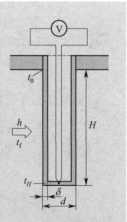

图 9-13　套管温度计示意图

解： 由于热电偶是镶嵌在套管的端部，所以热电偶指示的是测温套管端部的温度 t_H。测温套管与周围环境的热量交换情况如下：热量以对流换热的方式由热空气传给测温套管，测温套管再通过热辐射和导热方式将热量传给空气管道壁面。只考虑套管的导热，在稳态情况下，测温套管热平衡的结果使测温套管端部的温度不等于空气的温度，测温误差就是套管端部的过余温度 $\theta_H = t_H - t_\infty$。

如果忽略测温套管横截面上的温度变化，并认为套管端部绝热，则套管可以看成是等截面直肋片。根据式（9-46）

$$t_H - t_\infty = \frac{t_0 - t_\infty}{\mathrm{ch}(mH)}$$

其中

$$mH = \sqrt{\frac{hP}{\lambda A}}H = \sqrt{\frac{h\pi d}{\lambda \pi d\delta}}H = \sqrt{\frac{h}{\lambda \delta}}H = \sqrt{\frac{40}{45 \times 0.001}} \times 0.1 = 2.98$$

$$\mathrm{ch}(mH) = 9.87$$

解得

$$t_\infty = 216.9(℃)$$

测量误差

$$\Delta t = t_H - t_\infty = -16.9(℃)$$

9.3 非稳态导热

非稳态导热是指温度场随时间变化的导热过程。具有这种特点的导热在日常生活和生产活动中大量存在。例如由一年四季或一天 24 小时大气温度变化引起的建筑物墙壁的温度变化，热力设备在启动、停机或变工况时引起的零部件内的温度变化。本节将介绍非稳态导热过程中的基本概念以及常见的几种非稳态导热问题的计算方法。

9.3.1 非稳态导热的基本概念

非稳态导热过程主要分为以下两类。一类是物体的温度随时间而作周期性变化，称为周期性非稳态导热。如内燃机气缸的气体温度随热力循环周期性变化引起气缸壁的温度变化。另一类是物体的温度会随着时间的推移逐渐趋于恒定的值，称为瞬态导热问题。例如由一个固体的周围热环境突然发生变化形成的导热问题，初始时处于均匀温度，突然放到温度较低的液体中进行淬火的金属锻件，金属锻件的温度会随着时间的延续而逐渐降低，最终达到冷却液体的温度。本节只对瞬态导热过程的特点和计算方法进行介绍。

非稳态导热问题中，物体内部的温度是不均匀的。如图 9-14 所示，设一平壁，其初始温度为 t_0，令其左侧的表面温度突然升高到 t_1 并保持不变，而右侧仍与温度为 t_0 的空气接触，平壁的温度分布通常要经历以下的变化过程。首先，物体与高温表面靠近部分的温度很快上升，而其余部分仍保持原来的温度 t_0。如图中曲线 HBD。随着时间的推移，由于物体导热，温度变化波及范围扩大，以致在一定时间后，右侧表面温度也逐渐升高，图中曲线 HCD、HE、HF 示意性地表示了这种变化过程。最终达到稳态时，温度分布保持恒定，如图中曲线 HG（若导热系数为常数，则 HG 是直线）。

以上分析表明，在上述非稳态导热过程中，存在着非正规状况阶段（右侧面不参与换热）和正规状况阶段（右侧面参与换热过程）两个阶段。在非正规状况阶段里，物体内的温度分布受初始温度分布的影响很大，部分区域尚未感受到边界条件的改变；在正规状况阶段，物体初始温度分布的影响逐渐消失，物体中的温度分布主要取决于边界条件及物性。

在上述非稳态导热过程中，与热流量方向相垂直的不同截面上的热流量不相等，这是非稳态导热区别于稳态导热的一个特点。图 9-15 定性地示出了图 9-14 所示的非稳态导热平板，从左侧面导入的热流量 Φ_1 及从右侧面导出的热流量 Φ_2 随时间变化的曲线。

在整个非稳态导热过程中，这两个截面上的热流量是不相等的，但随着过程的进行，其差别逐渐减小，直至达到稳态时热流量相等。图中阴影线部分就代表了平板升温过程中所积累的能量。

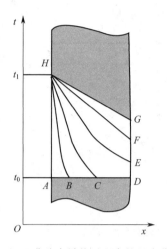

图 9-14 非稳态导热过程中的温度分布

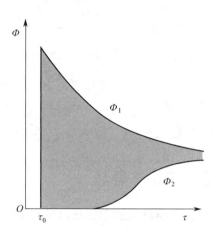

图 9-15 平板非稳态导热过程中两侧表面上导热量随时间的变化

9.3.2 集总参数法

在 $\tau=0$ 时，将温度均匀且为 t_0 的常物性、无内热源的导热物体置于温度为 t_f 的流体中，物体壁面与流体之间的表面传热系数为 h，则 $\tau>0$ 时物体内的温度场逐步改变，最终达到 t_f。如果物体内部的导热热阻远小于其表面的换热热阻，物体内的温度趋于一致，可认为整个物体在同一瞬间均处于同一温度下，这时需求解的温度仅是时间的一元函数，而与坐标无关，这种忽略物体内部导热热阻的简化分析方法称为集总参数法。

假定本问题中的物体具有任意形状，其体积为 V，面积为 A，无内热源，物体的密度为 ρ，比热容为 c，初始温度为 t_0，在初始时刻，突然将其置于温度恒为 t_∞ 的流体中，且 $t_0>t_\infty$，固体与流体间的表面传热系数 h，固体的物性参数均保持常数。设同一时刻物体内温度相等（图 9-16）。试根据集总参数法确定物体温度随时间的依变关系及在一段时间 τ 内物体与流体间的换热量。

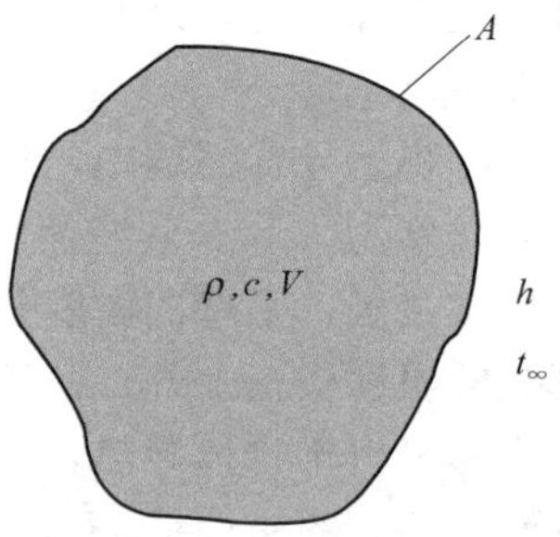

图 9-16 集中参数法的简化分析

对于非稳态、有内热源的导热微分方程式原则上适用：

$$\frac{\partial t}{\partial \tau}=\frac{\lambda}{\rho c}\left(\frac{\partial^2 t}{\partial x^2}+\frac{\partial^2 t}{\partial y^2}+\frac{\partial^2 t}{\partial z^2}\right)+\frac{\dot{\Phi}}{\rho c}$$

由于物体内部导热热阻很小，可忽略不计，因此物体温度与坐标无关，式中对坐标的导数项均为零。于是上式简化为：

$$\frac{\partial t}{\partial \tau}=\frac{\dot{\Phi}}{\rho c} \tag{9-51}$$

式中，$\dot{\Phi}$ 看成广义热源。按照对流传热的牛顿冷却公式，物体与外界的总换热量为：

$$-\dot{\Phi}V = hA(t - t_\infty) \tag{9-52}$$

在物体被冷却的条件下热源放热，故式有负号，代入式得：

$$\rho c V \frac{\mathrm{d}t}{\mathrm{d}\tau} = -hA(t - t_\infty) \tag{9-53}$$

这是本问题所适用的导热微分方程式。

引入过余温度：$\theta = t - t_\infty$，则上式可以表示为：

$$\rho c V \frac{\mathrm{d}\theta}{\mathrm{d}\tau} = -hA\theta \tag{9-54}$$

其初始条件为：

$$\theta(0) = t_0 - t_\infty = \theta_0$$

式（9-54）分离变量：

$$\frac{\mathrm{d}\theta}{\theta} = -\frac{hA}{\rho c V}\mathrm{d}\tau$$

对时间 τ 从 0 到 τ 进行积分得：

$$\int_{\theta_0}^{\theta} \frac{\mathrm{d}\theta}{\theta} = \int_0^\tau -\frac{hA}{\rho c V}\mathrm{d}\tau$$

$$\ln\frac{\theta}{\theta_0} = -\frac{hA}{\rho c V}\tau$$

$$\frac{\theta}{\theta_0} = \frac{t - t_\infty}{t_0 - t_\infty} = \mathrm{e}^{\left(-\frac{hA}{\rho c V}\tau\right)} \tag{9-55}$$

整理右端的指数：

$$\frac{hA}{\rho c V}\tau = \frac{h(V/A)}{\lambda}\frac{\lambda}{\rho c}\frac{\tau}{(V/A)^2}$$

令 $V/A = L$，L 具有长度的量纲，称为物体的特征长度。于是：

$$\frac{hA}{\rho c V}\tau = \frac{hL}{\lambda}\frac{\lambda}{\rho c}\frac{\tau}{L^2} = \frac{hL}{\lambda}\frac{a\tau}{L^2} = Bi_V Fo_V$$

式中，$Bi_V = \dfrac{hL}{\lambda}$ 为毕渥数；$Fo_V = \dfrac{a\tau}{L^2}$ 为傅里叶数。下角标 V 表示以 $L = V/A$ 为特征长度。

式（9-55）又可以写成

$$\frac{\theta}{\theta_0} = \frac{t - t_\infty}{t_0 - t_\infty} = \mathrm{e}^{(-Bi_V Fo_V)}$$

由上式可见，采用集总参数法分析时，物体内的过余温度随时间成指数曲线关系变化。而且开始变化较快，随后逐渐变慢，如图 9-17 所示。

式中，$\dfrac{hA}{\rho c V}$ 具有 $1/\tau$ 的量纲。当 $\tau = \dfrac{hA}{\rho c V}$ 时：

$$\frac{\theta}{\theta_0} = \frac{t - t_\infty}{t_0 - t_\infty} = \mathrm{e}^{-1} = 0.368 = 36.8\%$$

式中 $\dfrac{hA}{\rho c V}$ 称为时间常数，用 τ_c 表示，其数值反映了物体内温度对外界温度变化反应的快慢程度。当时间 $\tau = \tau_c$ 时，物体的过余温度已是初始过余温度值的 36.8%。

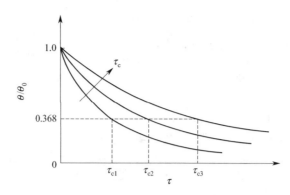

图 9-17　过余温度的变化曲线

在用热电偶测定流体温度时，热电偶的时间常数是说明热电偶对流体温度变动影响快慢的指标。显然，时间常数越小，热电偶越能反映出流体温度的变动。时间常数不仅取决于热电偶的几何参数（V/A）、物理性质（ρ、c），还同换热条件（h）有关。从物理意义上来说，热电偶对流体温度变动反应的快慢取决于其自身的热容量（ρcV）及表面换热条件（hA）。热容量越大，温度变化得越慢；表面换热条件越好（hA 越大），单位时间内传递的热量越多，则越能使热电偶的温度迅速接近被测流体的温度。ρcV 与 hA 的比值反映了这两种影响的综合结果。

某一瞬时，物体与外界之间的瞬时换热热流量为：

$$\Phi = hA\,(t - t_\infty) = hA\theta = hA\theta_0 \exp\left(-\frac{hA}{\rho cV}\tau\right) \tag{9-56}$$

τ 时间段内累积换热量为：

$$Q_\tau = \int_0^\tau \Phi \mathrm{d}\tau = \int_0^\tau hA\theta_0 \exp\left(-\frac{hA}{\rho cV}\tau\right)\mathrm{d}\tau = \theta_0 \int_0^\tau hA\exp\left(-\frac{hA}{\rho cV}\tau\right)\mathrm{d}\tau$$

$$= \theta_0 \rho cV\left[1 - \exp\left(-\frac{hA}{\rho cV}\tau\right)\right] = (t_0 - t_\infty)\rho cV\left[1 - \exp\left(-\frac{hA}{\rho cV}\tau\right)\right] \tag{9-57}$$

从上式也可以看出，在 $0 \sim \tau$ 这段时间间隔内，物体与流体之间所交换的热量也即物体温度降低所释放的热量。

已经证明，对形如平板、圆柱和球这一类的物体，如果毕渥数满足以下条件：

$$Bi_V = \frac{h\left(\dfrac{V}{A}\right)}{\lambda} < 0.1M \tag{9-58}$$

则物体中各点间过余温度的偏差小于 5%。其中 M 是与物体几何形状有关的无量纲数。

对无限大平板：$M = 1$；无限长圆柱：$M = 1/2$；球：$M = 1/3$。

式（9-58）毕渥数中，特征长度为 V/A，对不同几何形状，其值不同，具体如下：

厚度为 2δ 的平板：$\dfrac{V}{A} = \dfrac{A\delta}{A} = \delta$

半径为 R 的圆柱：$\dfrac{V}{A} = \dfrac{\pi R^2 l}{2\pi Rl} = \dfrac{R}{2}$

半径为 R 的球：$\dfrac{V}{A} = \dfrac{\dfrac{4}{3}\pi R^3}{4\pi R^2} = \dfrac{R}{3}$。

由此可见，对平板：$Bi_V = Bi$；圆柱：$Bi_V = Bi/2$；球体：$Bi_V = Bi/3$。

因此，集总参数法的判别条件也可写为：$Bi = \dfrac{hl}{\lambda} \leqslant 0.1$，这里 l 是特征长度，对于平板是指平板的半厚 δ；对于圆柱体和球体，是指半径 R。

下面讨论毕渥数 Bi 及傅里叶数 Fo 的物理意义。

毕渥数表征固体内部单位导热面积上的导热热阻与单位面积上的换热热阻（即外部热阻）之比，即：

$$Bi = \frac{hl}{\lambda} = \frac{l/\lambda}{1/h}$$

Bi 越小，表示内热阻越小，外部热阻越大。此时采用集总参数法求解的结果就越接近实际情况。

傅里叶数可以理解为两个时间间隔相比所得的无量纲时间。

$$Fo = \frac{a\tau}{l^2} = \frac{\tau}{l^2/a}$$

分子 τ 是从边界上开始发生热扰动的时刻起到所计时刻为止的时间间隔。分母 l^2/a 可视为边界上发生的有限大小的热扰动穿过一定厚度的固体层扩散到 l^2 的面积上所需的时间。显然在非稳态导热过程中，这一时间越长，热扰动就越深入地传播到物体内部，因而物体内各点的温度越接近周围介质的温度。

【例 9-4】 用热电偶测量气罐中气体的温度。热电偶的初始温度为 20℃，与气体的表面传热系数为 10W/(m^2·K)。热电偶近似为球形，直径为 0.2mm。试计算插入 10s 后，热电偶的过余温度为初始过余温度的百分之几。要使温度计过余温度不大于初始温度的 1%，至少需要多长时间？已知热电偶焊锡丝的导热系数为 67W/(m·K)，密度为 7310kg/m^3，比热容 228J/(kg·K)。

解： 首先验算 Bi 数的范围：

$$Bi = \frac{hR}{\lambda} = \frac{10 \times 0.1 \times 10^{-3}}{67} = 1.49 \times 10^{-5} < 0.1$$

可用集总参数法。

时间常数为：

$$\tau_c = \frac{\rho c V}{hA} = \frac{\rho c}{h} \times \frac{R}{3} = \frac{7310 \times 228}{10} \times \frac{0.1 \times 10^{-3}}{3} = 5.56 \text{(s)}$$

则 10s 的相对过余温度：

$$\frac{\theta}{\theta_0} = \exp\left(-\frac{\tau}{\tau_c}\right) = \exp\left(-\frac{10}{5.56}\right) = 16.6\%$$

热电偶过余温度不大于初始过余温度 1% 所需的时间，由题意：

$$\frac{\theta}{\theta_0} = \exp\left(-\frac{\tau}{\tau_c}\right) \leqslant 0.01$$

9.3.3 一维非稳态导热问题的分析解

第三类边界条件下无限大平板、无限长圆柱、球体的加热或冷却是工程上常见的一维非稳态导热问题，下面重点介绍无限大平板。

9.3.3.1 无限大平板的分析解

如图 9-18 所示，厚度为 2δ 的无限大平板，材料的热导率 λ、热扩散率 a 为常数，无内热源，初始温度为 t_0，突然将其放于温度为 t_∞ 的流体中。假设平板表面与流体间对流换热的表面传热系数 h 为常数。

因为平板两面对称受热，所以其内温度分布以其中心截面为对称面。建立如图所示坐标系，其导热微分方程式为：

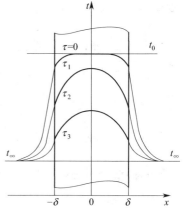

$$\frac{\partial t}{\partial \tau}=a\frac{\partial^2 t}{\partial x^2}\ (0\leqslant x\leqslant\delta,\ \tau>0)\qquad(9\text{-}59)$$

初始条件
$$\tau=0,\ t=t_0\ (0\leqslant x\leqslant\delta)$$

边界条件
$$x=0,\ \frac{\partial t}{\partial x}\Big|_{x=0}=0$$

$$x=\delta,\ -\lambda\frac{\partial t}{\partial x}\Big|_{x=\delta}=h\ (t-t_\infty)$$

图 9-18 平板中温度变化

引入过余温度 $\theta=t-t_\infty$，上述方程表示为：

$$\frac{\partial\theta}{\partial\tau}=a\frac{\partial^2\theta}{\partial x^2}\ (0\leqslant x\leqslant\delta,\tau>0)\qquad(9\text{-}60)$$

$$\tau=0,\ \theta=\theta_0\ (0\leqslant x\leqslant\delta)$$

$$x=0,\ \frac{\partial\theta}{\partial x}\Big|_{x=0}=0$$

$$x=\delta,\ -\lambda\frac{\partial\theta}{\partial x}\Big|_{x=0}=h\theta$$

对偏微分方程 $\dfrac{\partial\theta}{\partial\tau}=a\dfrac{\partial^2\theta}{\partial x^2}$ 分离变量求得：

$$\frac{\theta(x,\tau)}{\theta_0}=2\sum_{n=1}^{\infty}\frac{\sin\beta_n}{\beta_n+\sin\beta_n\cos\beta_n}\cos\left(\beta_n\frac{x}{\delta}\right)\mathrm{e}^{-\beta_n^2\frac{a\tau}{\delta^2}}\qquad(9\text{-}61)$$

其中离散值 β_n 是下面超越方程的根：

$$\tan\beta=\frac{Bi}{\beta}\qquad(9\text{-}62)$$

式中，Bi 是以 δ 为特征长度的毕渥数，超越方程的根是周期函数曲线 $y=\tan x$ 与双曲线 $y=\dfrac{Bi}{x}$ 的交点。

由此可见：平板中的无量纲过余温度 $\dfrac{\theta}{\theta_0}$ 与三个无量纲数有关，即以平板厚度一半 δ 为特征长度的傅里叶数、毕渥数以及无量纲尺度 $\dfrac{x}{\delta}$，即：

$$\frac{\theta}{\theta_0}=f\left(Fo,Bi,\frac{x}{\delta}\right)$$

9.3.3.2 分析解的讨论

(1) 傅里叶数 Fo 对温度分布的影响

式(9-61)是一个快速收敛的无穷级数。计算结果表明，当 $Fo \geqslant 0.2$ 时，采用该级数的第一项与采用完整的级数计算平板中心温度的误差小于 1%，对于工程计算已足够精确。因此，当 $Fo \geqslant 0.2$ 时，可取：

$$\frac{\theta(x,\tau)}{\theta_0} = \frac{2\sin\beta_1}{\beta_1 + \sin\beta_1\cos\beta_1} \cos\left(\beta_1 \frac{x}{\delta}\right) e^{-\beta_1^2 Fo} \tag{9-63}$$

如果用 θ_m 表示平壁中心的过余温度，则由式(9-63)可得

$$\frac{\theta_m}{\theta_0} = \frac{2\sin\beta_1}{\beta_1 + \sin\beta_1\cos\beta_1} e^{-\beta_1^2 Fo} = f(Bi, Fo) \tag{9-64}$$

平板中任一点的过余温度 θ 与平板中心的过余温度 θ_m 之比为：

$$\frac{\theta}{\theta_m} = \cos\left(\beta_1 \frac{x}{\delta}\right) = f\left(Bi, \frac{x}{\delta}\right) \tag{9-65}$$

此式反映了非稳态导热过程中一种很重要的物理现象，即当 $Fo \geqslant 0.2$ 以后，虽然 θ 与 θ_m 各自均与 τ 有关，但其比值则与 τ 无关，而仅取决于几何位置 (x/δ) 及边界条件 $(Bi$ 数$)$。也就是说，初始条件的影响已经消失，无论初始条件分布如何，只要 $Fo \geqslant 0.2$，$\dfrac{\theta}{\theta_m}$ 是一个常数，也就是无量纲的温度分布是一样的。非稳态导热的这一阶段就是前面已提到的正规状况或充分发展阶段。确认正规状况阶段的存在具有重要的工程实用意义。因为工程技术中所关心的非稳态导热过程常常处于正规状况阶段，此时的计算可以采用简化公式(9-63)。

(2) 毕渥数 Bi 对温度分布的影响

毕渥数的物理意义是物体内部的导热热阻 δ/λ 与边界处的对流换热热阻 $1/h$ 之比，Bi 的大小对平壁内的温度分布有很大影响。

图9-19表示了平板经历非稳态导热过程的三种不同类型。$Bi \longrightarrow \infty$ 表明对流换热热阻趋于零，平板表面与流体之间的温差趋于零。这意味着，非稳态导热一开始平板的表面温度就立即变为流体温度 t_∞，平板内部的温度变化完全取决于平板的导热热阻。由于 t_∞ 在第三类边界条件中已给定，所以这种情况相当于给定了壁面温度，即给定了第一类边界条件。平板内的过余温度如图9-19(a)所示。$Bi \longrightarrow \infty$ 是一种极限情况，实际上只要 $Bi > 100$，就可以近似地按这种情况处理。

$Bi \longrightarrow 0$ 意味着平板的导热热阻趋于零，平板内部各点的温度在任一时刻都趋于均匀一致，只随时间而变化，且变化的快慢完全取决于平板表面的对流换热强度。在这种情况下，平板内的过余温度分布如图9-19(b)所示。$Bi \longrightarrow 0$ 同样是一种极限情况，工程上只要 $Bi < 0.1$，就可以近似地按这种情况处理，这种情况下的非稳态导热可以采用前面介绍的集总参数法计算。

当 $0.1 \leqslant Bi \leqslant 100$ 时，平板内的过余温度分布如图9-19(c)所示。在这种情况下，平板的温度变化既取决于平板内部的导热热阻，也取决于平板外部的对流换热热阻。

9.3.3.3 非稳态导热过程中传递的热量

① 从物体初始时刻到平板与周围介质处于热平衡，这一过程传递的热量为：

$$Q_0 = \rho c V(t_0 - t_\infty) \tag{9-66}$$

此值为非稳态导热过程中传递的最大热量。

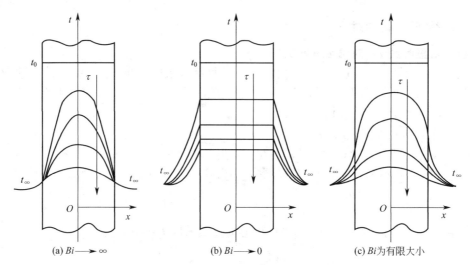

图 9-19 毕渥数 Bi 对平板温度场变化的影响

② 从初始时刻到某一时间 τ，这段时间内所传递的热量 Q 为：

$$Q = \rho c \int_V (t_0 - t)\, \mathrm{d}V \tag{9-67}$$

③ Q 与 Q_0 之比：

$$\frac{Q}{Q_0} = \frac{\rho c \int_V (t_0 - t)\, \mathrm{d}V}{\rho c V (t_0 - t_\infty)} = \frac{1}{V} \rho c \int_V \frac{(t_0 - t_\infty) - (t - t_\infty)}{(t_0 - t_\infty)} \mathrm{d}V$$

$$= 1 - \frac{1}{V} \int_V \frac{(t - t_\infty)}{(t_0 - t_\infty)} \mathrm{d}V = 1 - \frac{\overline{\theta}}{\theta_0} \tag{9-68}$$

式中，$\overline{\theta}$ 是物体的平均过余温度，$\overline{\theta} = \dfrac{1}{V} \displaystyle\int_V (t - t_\infty)\, \mathrm{d}V$。

对于无限大平板，当 $Fo > 0.2$ 后，将式（9-63）代入 $\overline{\theta}$ 的定义式，可得：

$$\frac{\overline{\theta}}{\theta_0} = \frac{1}{V} \int_V \frac{(t - t_\infty)}{(t_0 - t_\infty)} \mathrm{d}V = \frac{2\sin^2 \beta_1}{\beta_1^2 + \beta_1 \sin \beta_1 \cos \beta_1} \mathrm{e}^{-\beta_1^2 Fo} \tag{9-69}$$

9.3.3.4 诺谟图

如前所述，当 $Fo > 0.2$ 时，可采用上述计算公式求得非稳态导热物体的温度场及交换的热量。工程上，为便于计算，将按分析解级数的第一项式绘制成线算图，称为诺谟图，如图 9-20、图 9-21、图 9-22 所示，其中前两者是用以确定温度分布的图线，称海斯勒图。

诺谟图的绘制步骤，以无限大平板为例，首先根据式（9-64）给出 $\dfrac{\theta_m}{\theta_0}$ 随 Fo 及 Bi 变化的曲线，然后根据式（9-65）确定 $\dfrac{\theta}{\theta_m}$ 的值，于是平板中任意一点的 $\dfrac{\theta}{\theta_0}$ 值便为：

$$\frac{\theta}{\theta_0} = \frac{\theta}{\theta_m} \frac{\theta_m}{\theta_0}$$

同样，从初始时刻到时刻 τ 物体与环境间所交换的热量，可采用式（9-66）、式（9-68）作出 $\dfrac{Q}{Q_0}$ 的图线。无限大平板的 $\dfrac{\theta_m}{\theta_0}$ 计算图线如图 9-20 所示，图中横坐标为 Fo

数，纵坐标为平板中心与初始时刻过余温度之比，图中每条线对应于不同的 Bi 数。图 9-21 表达的是同一时刻、不同位置过余温度与平板中心过余温度之比 $\dfrac{\theta}{\theta_m}$ 及随着 Bi 数的变化，图中每条线所对应的是不同位置。图 9-22 表示的是从开始到某时刻非稳态导热过程中所传递的热量与所能传递最大热量之比 $\dfrac{Q}{Q_0}$，如式（9-69）所表达的，图中横坐标为 Bi^2Fo，不同曲线代表不同 Bi 数的情形。

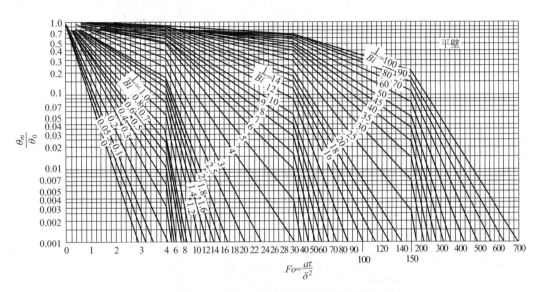

图 9-20　无限大平板中心温度的诺漠图

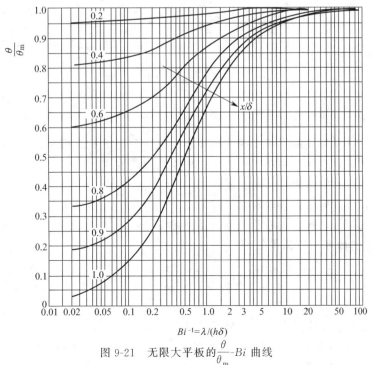

图 9-21　无限大平板的 $\dfrac{\theta}{\theta_m}$-Bi 曲线

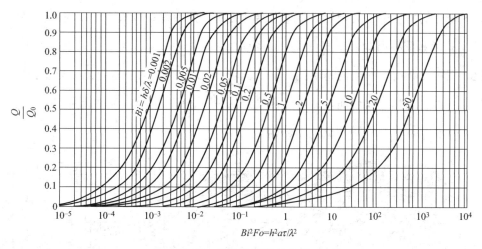

图 9-22　无限大平板的曲线

【例 9-5】 有一初始温度 $t_0 = 20℃$、直径为 400mm 的圆柱形钢柱，放入 900℃的炉中加热，求当钢球表面温度达到 750℃时需要用的时间。假设 $h = 174W/(m^2 \cdot K)$，$\lambda = 34.8W/(m \cdot K)$，$a = 0.695 \times 10^{-5} m^2/s$。

解： $Bi = \dfrac{hR}{\lambda} = \dfrac{174 \times 0.2}{34.8} = 1.0$，$\dfrac{r}{R} = 1.0$

从图中查得，$\dfrac{\theta_w}{\theta_m} = 0.65$，又过余温度 $\dfrac{\theta_w}{\theta_0} = \dfrac{t_w - t_\infty}{t_0 - t_\infty} = \dfrac{750 - 900}{20 - 900} = 0.17$，

因此，$\dfrac{\theta_m}{\theta_0} = \dfrac{\theta_w}{\theta_0} / \dfrac{\theta_w}{\theta_m} = 0.17/0.65 = 0.262$，由 $Bi = 1.0$ 查得 $Fo = 0.96$，

则 $\tau = 0.96 \dfrac{R^2}{a} = 5525(s) = 1.535(h)$

思　考　题

9-1　何为温度场、等温面、等温线、温度梯度？

9-2　写出一般形式的傅里叶导热定律表达式，并说明其适用条件及各符号的含义。

9-3　什么是导热问题的单值性条件？它都包含哪些内容？

9-4　试述肋片效率的定义和作用。

9-5　试说明影响肋片效率的主要因素。

9-6　稳态导热与非稳态导热最根本的差别是什么？典型的非稳态导热过程可分为几个阶段？它们的主要特征是什么？

9-7　Bi 数和 Fo 数的表达式和物理含义是什么？

9-8　什么条件下可以用集总参数法处理固体因外界热环境变化而引起的非稳态响应？

9-9　集总参数法有什么特点？使用条件是什么？

9-10　什么是非稳态导热的正规状况阶段，其具有什么样的特点？

9-11　试分别定性画出半无限大固体在三类边界条件下，物体中温度随时间变化的图像。

习　题

9-1　一冷库的墙由内向外由钢板、矿渣绵和石棉板 3 层材料构成，各层的厚度分别为 0.8mm、150mm 和 10mm，热导率分别为 45W/(m・K)、0.07W/(m・K) 和 0.1W/(m・K)。冷库内、外气温分别为 −2℃ 和 30℃，冷库内、外壁面的表面传热系数分别为 2W/(m²・K) 和 3W/(m²・K)。为了维持冷库内温度恒定，试确定制冷设备每小时需要从冷库内取走的热量。

9-2　火箭燃烧室为外径 130mm 的圆筒，壁厚 2.1mm，导热系数为 23.2W/(m・K)。圆筒外壁用冷却水冷却，外壁温度 240℃。通过测量得到热流密度为 4.8×10^{-6} W/m²，其材料的最高温度不允许超过 700℃，试判断该燃烧室壁面是否处于安全工作温度范围内。

9-3　一个摩托车气缸外径为 60mm，高 170mm，导热系数 180W/(m・K)。为了强化传热，气缸外敷设等厚度的铝合金环肋 10 个，肋厚 3mm，肋高 25mm，假设摩托车表面传热系数 50W/(m²・K)，空气温度 28℃，气缸外壁 220℃。分析增加肋片后气缸的散热是原来多少倍。

9-4　炉墙由一层耐火砖和一层红砖构成，厚度都为 250mm，热导率分别为 0.6W/(m・K) 和 0.4W/(m・K)，炉墙内外壁面温度分别维持 700℃ 和 80℃ 不变。试求通过炉墙的热流密度；如果用热导率为 0.076W/(m・K) 的珍珠岩混凝土保温层代替红砖层，并保持通过炉墙的热流密度及其他条件不变，试确定该保温层的厚度。

9-5　有一炉墙，厚度为 20cm，墙体材料的热导率为 1.3W/(m・K)，为使散热损失不超过 1500W/m²，紧贴墙外壁面加一层热导率为 0.1W/(m・K) 的保温层。已知复合墙壁内、外两侧壁面温度分别为 800℃ 和 50℃，试确定保温层的厚度。

9-6　外直径为 70mm 的蒸汽管道，外面包裹两层保温材料，内层是厚 22mm、导热系数 0.11W/(m・K) 的石棉，外层是厚 80mm、导热系数为 0.05W/(m・K) 的超细玻璃棉。已知蒸汽管道外表面温度为 500℃，保温层最外表面温度为 56℃，求每米管长的热损失以及两保温层交界处的温度。

9-7　有一厚度为 $\delta = 400$mm 的房屋外墙，热导率为 0.5W/(m・K)。冬季室内空气温度 $t_1 = 20$℃，和墙内壁面之间对流换热的表面传热系数为 $h_1 = 4$W/(m²・K)。室外空气温度 $t_2 = -10$℃，和外墙之间对流换热的表面传热系数为 $h_2 = 6$W/(m²・K)。如果不考虑热辐射，试求通过墙壁的传热系数、单位面积的传热量和内、外壁面温度。

9-8　直径为 50mm 的金属球，导热系数为 85W/(m・K)，热扩散率为 2.95×10^{-5} m²/s，初始时温度均匀，等于 300℃。今把铜球置于 36℃ 的大气中，若对流表面换热系数为 30W/(m²・K)，试以集总参数法计算球达 90℃ 时所需要的时间。

9-9　将厚度为 20mm、500℃ 的钢板放置于 20℃ 空气中冷却，钢板两侧表面传热系数为 35W/(m²・K)，钢板导热系数和热扩散率分别为 45W/(m・K) 和 1.37×10^{-5} m²/s，试计算当钢板冷却至与空气温差为 20℃ 时所需要的时间。

9-10　将直径为 0.08m，长为 0.2m，初始温度为 80℃ 的紫铜棒突然置于 20℃ 的气流中，5min 后紫铜棒的表面温度降到 34℃。已知紫铜的密度为 8954kg/m³，比热容为 383.1J/(kg・K)，导热系数为 386W/(m・K)，试求紫铜棒表面与周围环境介质对流表面换热系数。

9-11　一初始温度为 30℃ 的厚金属板，其一侧与 100℃ 的沸水相接触。在离开此表面 10mm 处由热电偶测得 3min 后该处的温度为 70℃。该材料的密度和比热容分别为 2200kg/m³、700J/(kg·K)，试计算该材料的导热系数。

9-12 某一水银温度计，长 20mm，内径 4mm，初始温度 t_0，现用其测量储气罐中气体的温度。设水银同气体的对流传热系数为 11.63W/(m²·K)，试计算此条件下温度计的时间常数。水银的物性参数为：$c = 0.138$J/(kg·K)，$\rho = 13100$kg/m³，$\lambda = 10.36$W/(m·K)。

9-13 把厚度等于 0.05m、初始温度为 27℃的铝合金板悬吊在温度为 600℃的电炉中加热，铝材的物性参数是：$\rho = 2770$kg/m³，$c = 925$ J/(kg·K)、$\lambda = 186$W/(m·K)。若复合表面传热系数等于 280W/(m²·K)。求铝板温度达到 380℃所需要的时间。

10 对流传热

对流传热是指流体流经固体时流体与固体表面之间的热量传递现象。对流传热可分为自然对流和强制对流两类，还可细分为单相对流传热和伴随相变的对流传热。本章将重点讲述对流传热的基本概念、影响因素、数学描述方法及边界层理论和相似理论，为求解对流传热问题奠定必要的理论基础；然后分别讨论外部和内部强迫对流传热以及自然对流传热的常用关联式和计算方法，对有相变的凝结和沸腾传热的特点和影响因素进行简要介绍。

10.1 对流传热概述

10.1.1 牛顿冷却公式

流体流过固体表面时流体与固体间的热量交换称为对流传热。对流传热的热流速率方程可用牛顿冷却公式表示，即：

$$\Phi = Ah(t_w - t_f) \tag{10-1}$$
$$q = h(t_w - t_f) \tag{10-2}$$

式中，h 为平均表面传热系数，$W/(m^2 \cdot K)$；t_w 为壁面温度，K；t_f 为流体温度，K。

由于流体沿固体表面流动的情况是变化的，因此局部表面传热系数 h_x、局部温差 $(t_w - t_f)_x$ 以及局部热流密度 q_x 都会沿固体表面发生变化。对于局部对流传热，牛顿冷却公式可表示为：

$$q_x = h_x(t_w - t_f)_x \tag{10-3}$$

对局部热流密度在整个换热表面上积分就得到了总换热量：

$$\Phi = \int_A q_x \mathrm{d}A = \int_A h_x(t_w - t_f)_x \mathrm{d}A \tag{10-4}$$

若流体与固体表面温差是恒定的，那么有：

$$\Phi = (t_w - t_f)\int_A h_x \mathrm{d}A \tag{10-5}$$

与式(10-1)相比较，可以得出固体表面温度均匀条件下平均表面传热系数 h 与局部表面传热系数 h_x 之间的关系，即：

$$h = \frac{1}{A}\int_A h_x \mathrm{d}A \tag{10-6}$$

10.1.2　对流传热的影响因素

对流传热是流体热传导和热对流两种基本传热方式共同作用的结果。因此，影响对流传热的因素也就是影响热传导和热对流作用的因素，即影响流体中热量传递以及流体流动的因素。这些因素归纳起来可以分为以下五个方面。

（1）引起流动的原因

由于引起流动的原因不同，对流传热可以分为强制对流传热和自然对流传热两种。强制对流是指在风机、水泵等外部动力作用下产生的流动。自然对流是由于流体中存在温度差，由此产生密度差异从而导致浮升力进而引起流体的运动。两种流动的成因不同，流体的速度也有差别，所以传热规律不一样。通常是流速越高，流体的掺混就越激烈，对流传热就越强。强制对流时的速度一般高于自然对流，所以前者的表面对流传热系数也常高于后者。

（2）流动状态

从流体力学中可知，在固体表面附近流动的黏性流体存在两种不同的流动状态，层流和湍流。层流时流速缓慢，流体将分层地沿平行于壁面的方向流动，宏观上层与层之间互不混合，因此垂直于流动方向上的热量传递主要靠分子扩散（导热）。湍流时，流体内存在强烈的脉动和旋涡，使各部分流体迅速混合。流体湍流时的热量传递除了分子扩散之外，主要靠流体宏观的湍流脉动，因此湍流对流换热要比层流对流换热强烈，表面传热系数大。

（3）流体的热物理性质

流体的热物理性质对于对流传热有很大影响。流体的密度 ρ、定压比热容 c_p、导热系数 λ、体胀系数 α 和动力黏度 η 等都会影响流体中的速度分布及热量的传递，因而影响对流传热。对流传热包括流体的导热作用，特别是近壁处的流体，导热是主要的热量传递方式。导热系数大，则流体内部、流体与壁面间的导热热阻就小，表面传热系数较大，故气体的对流表面传热系数一般低于液体的表面传热系数；水的表面传热系数高于油类，又低于液态金属。流体密度和比热容的乘积反映流体携带和转移热量能力的大小，是热对流传热机理的主要来源，c_p 和 ρ 大的流体单位体积能携带的热量多，即以对流作用转移热量的能力大，故表面传热系数大。例如，20℃时，水的 $\rho c_p \approx 4180$ kJ/$(m^3 \cdot K)$，而空气的 $\rho c_p \approx 1.21$ kJ/$(m^3 \cdot K)$。两者相差悬殊，造成在强制对流情况下，水的表面传热系数为空气的 $100 \sim 150$ 倍。

流体的流态对对流传热有强烈影响，黏性流体流过壁面时，流体与壁面之间或流体内部不同流速层之间总会产生抵制流动的内摩擦力。而流体的动力黏度对流体流态影响很大，从而影响对流传热。黏度大的流体，流速就较低，往往处于层流状态，使对流传热表面传热系数减小。如相同条件的油类、液态氟利昂与水相比，一般就处于层流状态，其对流传热系数也低于水的对流传热系数。此外，反映流体热膨胀性大小的流体体胀系数对自然对流换热也有重要影响。

需要强调的是，流体的各项热物性参数都是温度的函数。在流体与固体表面存在传热的条件下，流体中各点的温度不同，物性也不相同，这一特点使对流传热计算更加复杂。为了简化计算，在求解实际对流传热问题时，一般选取某个有代表性的温度值作为计算热物性参数的依据，这个参考温度叫作定性温度。所有由实验得出的对流传热计算式，称为关联式或特征数方程，都必须对定性温度做出明确的规定。

（4）流体有无相变

在流体没有相变时，对流传热中的换热过程是依靠流体显热的变化实现的；而在有相变（如凝结和沸腾）的换热过程中，流体相变热（潜热）的释放或吸收常起主要作用。单位质量流体的潜热一般比显热大得多。因此，一般有相变的对流传热系数比无相变的对流传热系数大。

（5）换热表面的几何因素

换热表面的几何因素包括换热表面的形状、大小，换热表面与流体运动方向的相对位置以及换热表面的状态（光滑或粗糙）。换热表面的几何因素对换热强度有着非常重要的影响。首先要区分对流传热问题在几何特征方面的类型，即分清是内部流动换热还是外部流动换热，因为这两者的速度场、温度场以及换热规律是不同的。在同一几何类型的问题中，换热表面的几何形状以及几何布置等因素对流动状态以及表面传热系数的大小都有一定的影响。

在处理实际对流传热问题时，经常用特征长度来表示几何因素对换热的影响。比如管内流动换热是以直径为特征长度的；沿平板的流动则以流动方向的尺寸作为特征长度。采用特征长度来处理实际对流换热问题有一定的依据，但也带有经验的性质，故有其使用局限性。

综上所述，影响对流换热的因素有很多，表面传热系数是很多变量的函数，一般函数关系式可表示为：

$$h = f(u, t_w, t_f, \lambda, \rho, c, \eta, \alpha, l, \psi)$$

式中，l 为换热表面的特征长度，通常指对换热影响最大的尺寸，如管内流动时的管内径；ψ 为换热表面的几何因素，如形状、相对位置等。

10.1.3 对流传热的主要研究方法

研究对流传热的主要目的之一就是确定不同传热条件下表面传热系数 h 的表达式，主要方法有以下四种。

（1）解析法

解析法是指对描写某一类对流传热问题的偏微分方程及相应的定解条件运用数学分析手段进行求解，从而获得速度场和温度场分析解的方法。但由于求解困难，目前只能给出一些简单问题的分析解。

（2）实验法

对流传热问题的多样性和复杂性决定了能够求得分析解的问题种类非常有限，因此通过实验获得的表面传热系数的计算式仍是研究各种对流换热工程问题的主要依据。同时，实验也是检查、验证其他方法求解的一种方法。为了减少实验次数、提高实验测定结果的通用性，对流传热的实验研究应该在相似原理指导下进行。

（3）比拟法

比拟法是指利用流体中动量传递和热量传递的共性或类似特性，建立表面传热系数与阻力系数间的相互关系，并从中求得对流传热表面传热系数的方法。这个方法目前已经很少采用。

（4）数值法

对流传热的数值法是近三十年来随着计算机技术进步发展起来的一种新手段。它的实施难度比导热问题的数值求解大得多，因为对流传热的数值求解增加了两个难点，即对流项的离散及动量方程中的压力梯度项的数值处理。

10.2 对流传热问题的数学描述

10.2.1 传热微分方程

如图 10-1 所示，当黏性流体流过壁面时，由于黏性力的作用，黏性流体在贴近壁面的流速会逐渐向壁面方向减小，直到贴壁处流体被滞止而处于无滑移状态，即此时流体的流速为零，在流体力学中这称为贴壁处的无滑移边界条件。贴壁处这一极薄的流体层相对于壁面是不流动的，壁面与流体之间的热量交换只能以导热的方式通过这个流体层。根据傅里叶定律，固体壁面 x 处的局部热流密度为：

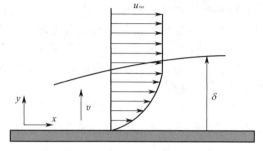

图 10-1 壁面附近速度分布

$$q_x = -\lambda \frac{\partial t}{\partial y}\bigg|_{y=0,x} \tag{10-7}$$

式中，$\dfrac{\partial t}{\partial y}\bigg|_{y=0,x}$ 为壁面 x 处贴壁处壁面法线方向上的流体温度变化率；λ 为流体的导热系数。将牛顿冷却公式(10-3) 与上式联立，可得以下关系式：

$$h_x = -\frac{\lambda}{(t_w - t_\infty)_x} \frac{\partial t}{\partial y}\bigg|_{y=0,x} \tag{10-8}$$

该式建立了表面传热系数与温度场之间的关系。如果热流密度、表面传热系数、温度梯度及温差都取整个壁面的平均值，则上式可写成：

$$h = -\frac{\lambda}{t_w - t_\infty} \frac{\partial t}{\partial y}\bigg|_{y=0} \tag{10-9}$$

上式将对流传热表面传热系数与流体的温度场联系起来。

10.2.2 对流传热微分方程组

对流传热中热量的传递是依靠流体的位移而形成的对流和流体本身的导热，所以对流传热的基本方程组一般包括：连续性微分方程、动量微分方程及能量微分方程等方程，加上单值性条件（包括几何条件、物理条件、初始条件和边界条件）形成求解对流传热的完整的数学描述。本节提出的微分方程组将限于二维问题。同时，为了揭示常见对流传热问题的基本方程，将忽略一些次要因素，作下列简化假设：流体为不可压缩的牛顿型流体（服从牛顿黏性定律的流体），常物性，无内热源，由黏性摩擦产生的耗散热可以忽略不计。连续性微分方程和动量微分方程已在流体力学中建立，本书不再推导，只给出推导结果。下面将重点研究能量微分方程的推导过程。

(1) 连续性微分方程

把流体视为连续介质，并规定不存在内部质量源时，根据质量守恒关系，流入与流出控制体积的质量流量的差值一定等于控制体积内的质量随时间的变化率。由此推导出不可压缩流体的质量守恒定律表达式，即连续性方程：

$$\frac{\partial u}{\partial x}+\frac{\partial v}{\partial y}=0 \tag{10-10}$$

（2）动量微分方程

对于流体中的任意微元控制体积，所有作用在该体积上的外力总和必定等于控制体积中流体的动量变化率。所有外力包括表面力（法向压力和切向黏性力）和体积力（重力、离心力、电磁力等）。按照上述守恒关系可以推出 x 方向和 y 方向的动量微分方程：

$$\rho\left(\frac{\partial u}{\partial \tau}+u\ \frac{\partial u}{\partial x}+v\ \frac{\partial u}{\partial y}\right)=F_x-\frac{\partial p}{\partial x}+\eta\left(\frac{\partial^2 u}{\partial x^2}+\frac{\partial^2 u}{\partial y^2}\right) \tag{10-11}$$

$$\rho\left(\frac{\partial v}{\partial \tau}+u\ \frac{\partial v}{\partial x}+v\ \frac{\partial v}{\partial y}\right)=F_y-\frac{\partial p}{\partial y}+\eta\left(\frac{\partial^2 v}{\partial x^2}+\frac{\partial^2 v}{\partial y^2}\right) \tag{10-12}$$

动量微分方程式表示微元体动量的变化，等于作用在微元体上的外力之和。方程式等号左侧表示动量的变化，也称为惯性力项，等号右侧第一项是体积力项，第二项是压力梯度项，第三项是黏性力项。该式也称为纳维-斯托克斯方程（Navier-Stokes equation，简称 N-S 方程）。

（3）能量微分方程

能量微分方程描述流体对流换热时温度与有关物理量的联系。它的导出是基于能量守恒定律及傅里叶导热定律，因此它是热力学第一定律在对流换热这一特定情况下的具体应用。在满足上述假设的情况下，微元控制体积的能量守恒关系表现为：单位时间内流体因热对流和通过控制体边界面净导入的热量总和，加上单位时间内界面上作用的各种力对流体所做的功，等于控制体积内流体总能量的变

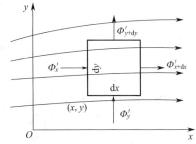

图 10-2 流体微元的能量平衡分析

化率。以图 10-2 所示的笛卡尔坐标系中微元体作为分析对象，它是固定在空间一定位置的一个控制体，其界面上不断地有流体进、出，因而是热力学中的一个开口系统。根据热力学第一定律有：

$$\Phi=\frac{\partial U}{\partial \tau}+(q_m)_{out}\left(h+\frac{1}{2}v^2+gz\right)_{out}-(q_m)_{in}\left(h+\frac{1}{2}v^2+gz\right)_{in}+W_{net} \tag{10-13}$$

式中，q_m 为质量流量；h 为流体比焓；下标 in 及 out 表示进及出；U 为微元体的热力学能；Φ 为通过界面由外界导入微元体的热流量；W_{net} 为流体所做的净功。考虑到流体流过微元体时位能及动能的变化可以忽略不计，流体也不做功，于是有：

$$\Phi=\frac{\partial U}{\partial \tau}+(q_m)_{out}h_{out}-(q_m)_{in}h_{in} \tag{10-14}$$

对于二维问题，在 $d\tau$ 时间内从 x、y 两个方向以导热方式进入微元体的净热量等于：

$$\Phi d\tau=\lambda\left(\frac{\partial^2 t}{\partial x^2}+\frac{\partial^2 t}{\partial y^2}\right)dx\,dy\,d\tau \tag{10-15}$$

在 $d\tau$ 时间内，微元体中流体温度改变了 $\frac{\partial t}{\partial \tau}d\tau$，其热力学能的增量为：

$$\Delta U = \rho c_p \, dx \, dy \, \frac{\partial t}{\partial \tau} d\tau \tag{10-16}$$

流体流进、流出微元体所带入、带出的焓差可分别从 x 及 y 方向加以计算。在 $d\tau$ 时间内，由 x 处的截面进入微元体的焓为：

$$H_x = \rho c_p u t \, dy \, d\tau \tag{10-17}$$

而在相同 $d\tau$ 内由 $x+dx$ 处界面流出微元体的焓为：

$$H_{x+dx} = \rho c_p \left(u + \frac{\partial u}{\partial x} dx \right) \left(t + \frac{\partial t}{\partial x} dx \right) dy \, d\tau \tag{10-18}$$

将两式相减可得 $d\tau$ 时间在 x 方向上由流体净带出微元体的热量，略去高阶无穷小后为：

$$H_{x+dx} - H_x = \rho c_p \left(u \frac{\partial t}{\partial x} + t \frac{\partial u}{\partial x} \right) dx \, dy \, d\tau \tag{10-19}$$

同理，y 方向上的相应表达式为：

$$H_{y+dy} - H_y = \rho c_p \left(v \frac{\partial t}{\partial y} + t \frac{\partial v}{\partial y} \right) dx \, dy \, d\tau \tag{10-20}$$

于是，在单位时间内由流体的流动而带出微元体的净热量为：

$$(q_m)_{out} h_{out} - (q_m)_{in} h_{in} = \rho c_p \left[\left(u \frac{\partial t}{\partial x} + v \frac{\partial t}{\partial y} \right) + \left(t \frac{\partial u}{\partial x} + t \frac{\partial v}{\partial y} \right) \right] dx \, dy \tag{10-21}$$

$$= \rho c_p \left(u \frac{\partial t}{\partial x} + v \frac{\partial t}{\partial y} \right) dx \, dy$$

将式(10-15)、式(10-16)、式(10-21) 代入式(10-14) 并化简，即得到二维、常物性、无内热源的能量微分方程：

$$\rho c_p \left(\frac{\partial t}{\partial \tau} + u \frac{\partial t}{\partial x} + v \frac{\partial t}{\partial y} \right) = \lambda \left(\frac{\partial^2 t}{\partial x^2} + \frac{\partial^2 t}{\partial y^2} \right) \tag{10-22}$$

上式左端第一项表示所研究的控制容积中，流体温度随时间的变化，称为非稳态项，左端第二、三项表示由流体流出与流进该容积净带走的热量，称为对流项，而等号右侧两项则表示由流体的热传导而净导入该控制容积的热量，称为扩散项。

把方程式(10-10)、式(10-11)、式(10-12)、式(10-22) 放在一起，就得到了不可压缩、常物性、无内热源的二维流动对流换热微分方程组。该方程组中含有 u、v、p、t 4 个未知量，所以方程是封闭的。原则上，该方程组适用于所有满足上述假设条件的对流换热，既适用于强迫对流换热，也适用于自然对流换热；既适用于层流换热，也适用于湍流换热。这说明该方程组有无穷多个解。结合具体对流换热过程的单值性条件构成对流换热问题的数学描述。

10.2.3 对流传热的单值性条件

与导热过程类似，对流传热过程的单值性条件包括以下 4 个方面。

(1) 几何条件

几何条件说明对流换热表面的几何形状、尺寸，壁面与流体之间的相对位置，壁面粗糙度等。

(2) 物理条件

物理条件说明流体的物理性质，例如给出热物性参数，是否随温度变化；有无内热源、大小和分布情况等。

一般来说，求解对象的几何条件和物理条件是已知的。

（3）初始条件

初始条件说明对流换热过程进行时时间上的特点。

（4）边界条件

边界条件说明所研究对流换热在边界上过程进行的特点，反映过程与周围环境相互作用的条件。常遇的主要有两类对流换热边界条件。

第一类边界条件：给定物体表面上的温度分布值，即：

$$t_w = f(x, y, z, \tau) \tag{10-23}$$

如果对流换热过程中固体壁面上的温度为定值，即 $t_w =$ 常数，则称为等壁温边界条件。

第二类边界条件：给定物体边界上的热流密度值，即：

$$q_w = -\lambda \frac{\partial t}{\partial n}\bigg|_w \tag{10-24}$$

如果热流密度等于常数，即 $q_w =$ 常数，则称为恒热流边界条件。

10.3 边界层与边界层传热微分方程组

10.3.1 边界层的概念

如图 10-3 所示，均匀速度 u_∞ 的流体从平壁内上方流过，在连续介质假定下，紧贴壁面的流体速度必定等于零，即黏性流体与固体壁面之间不存在相对滑移，也就是在 $y=0$ 时，流体速度为零。从 $y=0$ 处 $u=0$ 开始，流体的速度随着离开壁面距离 y 的增加而急剧增大，经过一个薄层后 u 增大到十分接近远离壁面的主流速度。这个薄层就是流动边界层，也称为速度边界层。通常规定边界层内流体速度达到主流速度 99% 处的距离 y 为流动边界层厚度，记作 δ。由此可以把整个流场分为两个区域，紧贴壁面的薄层区域为边界层区，在边界层区内，速度梯度很大，故即使流体的黏性相当小，黏性切应力的作用也不能忽视。边界层以外的是主流区，也称势流区。在主流区，速度梯度几乎等于零，黏性切应力的影响可以忽略不计，即可把主流区内的流体视为无黏性的理想流体。

前面已指出，流体的流动可分为层流和湍流两大类。流动边界层在壁面上的发展过程也显示出，在边界层内会出现层流和湍流两类状态不同的流动。图 10-3 为流体掠过平板时边界层的发展过程。速度等于 u_∞ 的流体均匀流过平板，在平板的起始段，δ 很薄。随着 x 的增加，由于壁面黏滞力的影响逐渐向流体内部传递，边界层外缘的位置不断向外推移，相应于流动边界层厚度逐渐变厚。在一定距离 x_c 以内，流体始终保持层流状态，称为层流边界层，这个距离叫作临界距离。它的数值由临界雷诺数 $Re = u_\infty x_c / v$ 确定。流动边界层发展到一定程度，外缘开始出现脉动和涡旋，流动从层流逐步向湍流过渡，经过一段距离以后，最终发展成旺盛湍流。此时流体质点在沿 x 方向流动的同时，又做着紊乱的不规则脉动，故称湍流边界层。在湍流段，边界层由紧贴壁面极薄的层流底层、起过渡作用的缓冲层以及湍流核心三部分组成。在层流底层，流体速度梯度极高，流动形态仍以层流为主。对于沿平板的外部流动，发生流态转变的雷诺数与固体表面的粗糙程度以及来流本身的湍流度等因素有关，一般在 $2 \times 10^5 \sim 3 \times 10^6$ 之间。来流扰动强烈、壁面粗糙时较易发生流态转变，甚至在雷诺数低于下限值时就发生流态转变，这时可取 $Re_c=5\times10^5$。

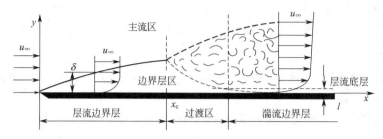

图 10-3　掠过平板时流动边界层的发展

和流动边界层类似，当流体与壁面之间存在温差时，温度的变化也主要发生在紧贴壁面的一个薄层内，称为热边界层或温度边界层。如图 10-4 所示，在热边界层内，紧贴壁面的流体温度等于壁面温度 t_w，随着逐渐远离壁面，流体温度逐渐接近主流温度 t_∞。与流动边界层类似，规定流体过余温度 $t-t_w=0.99(t_\infty-t_w)$ 处到壁面的距离为热边界层厚度，记为 δ_t。根据热边界层的概念，对流传热问题的温度场可区分为具有截然不同特点的两个区域：热边界层区与主流区。热边界层区以内温度变化非常剧烈，导热机理起着重要作用；在主流区，流体中的温度变化率可视为零，故研究对流传热问题时仅需考虑热边界层内的热量传递。

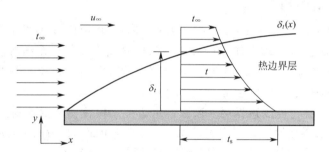

图 10-4　流体沿等温平板流动时的热边界层

流动边界层的厚度反映了流体动量扩散能力的大小。流动边界层越厚，即表面对流体速度的影响区域越远，流体的动量扩散能力就越强。流体的扩散能力可用流体的运动黏度系数定量地表示，即运动黏度系数大的流体，其流动边界层越厚。流体热扩散率定量地表示了流体热扩散能力，热扩散率越大的流体，其热边界层越厚。

流体的流动边界层必定会影响对流传热，因此，传热学中定义普朗特数为热边界层与流动边界层的相对厚度，即：

$$Pr=\frac{\nu}{a}=\frac{c_p\eta}{\lambda} \tag{10-25}$$

式中，ν 为运动黏度，m^2/s；a 为热扩散率，m^2/s；η 为流体的动力黏度，$Pa\cdot s$；c_p 为流体的定压比热容，$J/(kg\cdot K)$；λ 为流体导热系数，$W/(m\cdot K)$。

Pr 是一个量纲为 1 的特征数，其物理意义为流体动量扩散能力与热扩散能力之比，其大小可以判断流动边界层和热边界层的相对厚度。从 Pr 数的定义式中可以看出，当 $\nu/a=1$ 时，热边界层与流动边界层具有相同的厚度，即 $\delta_t=\delta$。对于液态金属，$Pr<0.05$，热边界层的厚度要远小于流动边界层的厚度。对于液态金属以外的一般流体，Pr 数在 $0.6\sim4000$ 之间。气体的 Pr 数较小，在 $0.6\sim0.7$ 之间，所以气体的流动边界

层比热边界层略薄；对高 Pr 数的油类（Pr 数在 $10^2 \sim 10^3$ 数量级范围内），则速度边界层的厚度远大于热边界层厚度。

综上所述，边界层具有以下几个特征。

① 边界层厚度（δ、δ_t）与壁面特征长度 l 相比是很小的量。

② 流场划分为边界层区和主流区。流动边界层内存在较大的速度梯度，是发生动量扩散的主要区域。在流动边界层之外的主流区，流体可近似为理想流体。热边界层内存在较大的温度梯度，是发生热量扩散的主要区域，热边界层之外的温度梯度可以忽略。

③ 根据流动状态，边界层分为层流边界层和湍流边界层。湍流边界层分为层流底层、缓冲层与湍流核心三层。层流底层内的速度梯度和温度梯度远大于湍流核心。

④ 在层流边界层与层流底层内，垂直于壁面方向上的热量传递主要靠导热。

10.3.2　边界层传热微分方程组

虽然对流换热微分方程组是封闭的，原则上可以求解，然而由于 Navier-Stokes 方程的复杂性和非线性，要针对实际问题在整个流场内求解上述方程组却是非常困难的。直至 1904 年德国科学家普朗特提出著名的边界层概念，并用它对 Navier-Stokes 方程进行了实质性的简化，才使黏性流体流动与换热问题的数学分析解得到突破性发展。

根据边界层理论的基本内容，通过对基本方程组中各变量的数量级进行分析，并假定边界层内压力沿 x 方向变化与主流区相同，压力 p 可用主流区理想流体的伯努利方程确定，简化对流换热微分方程组，可以得到边界层换热微分方程组：

$$\frac{\partial u}{\partial x} + \frac{\partial v}{\partial y} = 0 \tag{10-26}$$

$$u\frac{\partial u}{\partial x} + v\frac{\partial u}{\partial y} = u_\infty\frac{\mathrm{d}u_\infty}{\mathrm{d}x} + \nu\frac{\partial^2 u}{\partial y^2} \tag{10-27}$$

$$u\frac{\partial t}{\partial x} + v\frac{\partial t}{\partial y} = a\frac{\partial^2 t}{\partial y^2} \tag{10-28}$$

可见，三个方程包括 u、v 和 t 三个未知量，方程组是封闭的。

对对流传热进行完整的数学描述不仅包括连续性方程、动量微分方程、能量微分方程和对流传热微分方程，还应包括方程组取得唯一解的定解条件，在稳态对流传热条件下，一般只需给出表面条件及势流区的速度条件、温度或热流条件。对于流体纵掠平板对流传热问题，若主流场是均速 u_∞、均温 t_∞，并给定恒壁温，即 $y=0$ 时的 $t=t_\mathrm{w}$，其定解条件可表示为：

$$y=0 \text{ 时}, u=0, v=0, t=t_\mathrm{w}$$
$$y \longrightarrow \infty \text{ 时}, u \rightarrow u_\infty, t \rightarrow t_\infty$$

10.4　流体外掠平板层流传热

10.4.1　对流传热特征数关联式

特征数是由一些物理量组成的无量纲数，具有一定的物理意义。理论分析表明，影响对流换热的各种因素不是单独起作用的，而是以组合的形式，即特征数的方式起作用。因此，对流换热微分方程组的解可以表示成特征数函数的形式，称为特征数关联式。通过对对流换热微分方程进行无量纲化或相似分析可以获得对流换热的特征数。

对于常物性、无内热源、不可压缩牛顿流体平行外掠平板的稳态对流换热，动量微分方程式中的 $\dfrac{\mathrm{d}u_\infty}{\mathrm{d}x}=0$，对流换热微分方程组可以进一步简化为：

$$\frac{\partial u}{\partial x}+\frac{\partial v}{\partial y}=0 \tag{10-29}$$

$$u\frac{\partial u}{\partial x}+v\frac{\partial u}{\partial y}=v\frac{\partial^2 u}{\partial y^2} \tag{10-30}$$

$$u\frac{\partial t}{\partial x}+v\frac{\partial t}{\partial y}=a\frac{\partial^2 t}{\partial y^2} \tag{10-31}$$

为了使求解结果更具代表性，引入下列无量纲变量，使方程组无量纲化：

$$X=\frac{x}{l},\quad Y=\frac{y}{l},\quad U=\frac{u}{u_\infty},\quad V=\frac{v}{u_\infty},\quad \Theta=\frac{t-t_\mathrm{w}}{t_\infty-t_\mathrm{w}}$$

将无量纲变量代入换热微分方程（10-9），可得：

$$h=\frac{\lambda}{t_\mathrm{w}-t_\infty}\frac{t_\mathrm{w}-t_\infty}{l}\frac{\partial \Theta}{\partial Y}\Big|_{Y=0}=\frac{\lambda}{l}\frac{\partial \Theta}{\partial Y}\Big|_{Y=0}$$

上式可改写成：

$$\frac{hl}{\lambda}=\frac{\partial \Theta}{\partial Y}\Big|_{Y=0} \tag{10-32}$$

上式等号左边 3 个量组成一个无量纲特征数，令 $\mathrm{Nu}=\dfrac{hl}{\lambda}$，它以流动方向的板长 l 为特征长度，并含有平均表面传热系数 h，称为平均努塞尔数，上式等号右边是整个平板表面处流体的无量纲温度梯度，即：

$$Nu=\frac{\partial \Theta}{\partial Y}\Big|_{Y=0} \tag{10-33}$$

由上式可见，平均努塞尔数等于壁面处（$Y=0$）在壁面法线方向上的流体平均无量纲温度梯度，其大小反映平均对流换热强弱。

再将无量纲变量代入对流换热微分方程组，可得：

$$\frac{\partial U}{\partial X}+\frac{\partial V}{\partial Y}=0 \tag{10-34}$$

$$U\frac{\partial U}{\partial X}+V\frac{\partial U}{\partial Y}=\frac{1}{Re}\frac{\partial^2 U}{\partial Y^2} \tag{10-35}$$

$$U\frac{\partial \Theta}{\partial X}+V\frac{\partial \Theta}{\partial Y}=\frac{1}{Re\cdot Pr}\frac{\partial^2 \Theta}{\partial Y^2} \tag{10-36}$$

式中，$Re=\dfrac{u_\infty l}{v}$，$Pr=\dfrac{v}{a}$。由无量纲的连续性方程和动量方程可知，流动边界层内无量纲温度分布可以表示为下面无量纲的函数：

$$U=f(X,Y,Re) \tag{10-37}$$
$$V=f(X,Y,Re) \tag{10-38}$$

由无量纲的能量微分方程式(10-36) 可知，热边界层内的无量纲温度分布可以表示为下面的无量纲函数：

$$\Theta=f(X,Y,U,V,Re,Pr) \tag{10-39}$$

结合式(10-37)、式(10-38)、式(10-39) 可得

$$\Theta = f(X, Y, Re, Pr) \tag{10-40}$$

对于整个平板而言，紧贴壁面处流体的平均无量纲温度梯度 $\dfrac{\partial \Theta}{\partial Y}\Big|_{Y=0}$ 与 X、Y 无关，只是 Re 和 Pr 的函数，所以由式可知，Nu 只是 Re 和 Pr 的函数，即：

$$Nu = f(Re, Pr) \tag{10-41}$$

上式中，Nu、Re 和 Pr 都是无量纲特征数，所以上式称为特征数关联式。其中 Nu 中包含待定的表面传热系数 h，称为待定特征数；Re 和 Pr 完全由已知的单值性条件中的物理量组成，称为已定特征数。理论分析表明，所有对流换热问题的解都可以表示成特征数关联式的形式，只不过对于不同形式的对流换热问题，涉及的特征数可能不同，关联式的具体形式也不同。

在使用特征数关联式时，需要特别注意以下三个问题。

① 采用关联式规定的特征尺度。特征尺度是包含在特征数中的几何尺度，如 Re 数、Nu 数等特征数中均包含特征尺度。每一个特征数关联式，都必须明确给出采用的特征尺度。常用的特征尺度有：管内流动时取管内径，外掠单管或管束时取管子外径，外掠平板时取平板长度等。

② 采用关联式规定的定性温度。定性温度是用来确定流体物性参数的温度。每一个特征数关联式，都必须明确给出采用的定性温度。常用的定性温度有：通道内部流动取进出口截面的平均温度，外部流动取主流温度或主流温度与壁面温度的平均值等。

③ 注意关联式的使用条件，包括 Re 数范围、Pr 数范围、几何参数的范围以及使用的温度区间、温差区间等。

10.4.2　外掠平板层流传热分析解

对流体外掠平板的情形利用普朗特边界层理论对方程组进行实质性简化，并假设平板表面温度为常数。在边界层动量方程中引入 $\dfrac{\mathrm{d}p}{\mathrm{d}x}=0$ 的条件，可以得到二维平板稳态层流时截面上的速度场和温度场的分析解。

（1）速度场的求解结果

离前缘 x 处的边界层厚度：

$$\frac{\delta(x)}{x} = 5.0 Re_x^{-\frac{1}{2}} \tag{10-42}$$

式中，$Re_x = \dfrac{u_\infty x}{v}$。该式表明沿平板层流边界层厚度与流动方向距离的平方根呈正比变化，而与主流速度的平方根呈反比变化，即在同等条件下主流速度越高，边界层将越薄。得出速度分布后，可以进一步得到壁面上的局部摩擦系数和沿板长 l 的平均摩擦系数，即范宁（Fanning）局部摩擦系数：

$$c_{\mathrm{f},x} = 0.664 Re_x^{-\frac{1}{2}} \tag{10-43}$$

整个平板的平均摩擦系数可用下式计算：

$$c_{\mathrm{f}} = \frac{1}{l}\int_0^l c_{\mathrm{f},x}\,\mathrm{d}x = 1.328 Re^{-\frac{1}{2}} \tag{10-44}$$

式中，$Re = \dfrac{u_\infty l}{v}$。

（2）温度场的求解结果

对于 $Pr=0.6\sim15$ 的流体，可近似求得流动边界层与热边界层厚度之比：

$$\frac{\delta_t}{\delta} \approx Pr^{-\frac{1}{3}} \tag{10-45}$$

局部表面传热系数：

$$h_x = 0.332\frac{\lambda}{x}Re_x^{\frac{1}{2}}Pr^{\frac{1}{3}} \tag{10-46}$$

上式可以表示成局部努塞尔数的形式

$$Nu_x = \frac{h_x x}{\lambda} = 0.332Re_x^{\frac{1}{2}}Pr^{\frac{1}{3}} \tag{10-47}$$

适用范围为：$0.6<Pr<50$，$Re_x<5\times10^5$，特性温度 $t_m=(t_w+t_\infty)/2$，特征尺寸为 x。

对于等壁温平板，由于计算不同 x 处局部传热系数时所用的温差都是 t_w-t_∞（假定平板加热流体），因此将上式对从 0 到 l 积分，可得整个平板的平均努塞尔系数：

$$Nu = 0.664Re^{\frac{1}{2}}Pr^{\frac{1}{3}} \tag{10-48}$$

对于流体外掠常热流平板的层流换热，分析结果为：

$$Nu_x = 0.453Re_x^{\frac{1}{2}}Pr^{\frac{1}{3}} \tag{10-49}$$

整个板平均努塞尔系数为：

$$Nu = 0.680Re^{\frac{1}{2}}Pr^{\frac{1}{3}} \tag{10-50}$$

【例 10-1】 温度为 30℃的空气以 0.5m/s 的速度平行掠过长 250mm、温度为 50℃的平板，试求出平板末端流动边界层和热边界层的厚度以及空气与单位宽度平板的换热量。

解： 边界层的平均温度为：

$$t_m = \frac{1}{2}(t_w+t_\infty) = \frac{1}{2}\times(50+30) = 40(℃)$$

对于空气，40℃时物性参数 $\nu=16.96\times10^{-6}\text{m}^2/\text{s}$、$\lambda=2.76\times10^{-2}\text{W}/(\text{m}\cdot\text{K})$、$Pr=0.699$。在离平板前沿 250mm 处，雷诺数为：

$$Re = \frac{ul}{\nu} = \frac{0.5\times0.25}{16.96\times10^{-6}} = 7.37\times10^3$$

边界层为层流。由式(10-42)，流动边界层的厚度为：

$$\delta = 5.0x\cdot Re^{-\frac{1}{2}} = 5.0\times0.25\times(7.37\times10^3)^{-\frac{1}{2}} = 14.6(\text{mm})$$

由式(10-45)可求得热边界层的厚度为：

$$\delta_t = \delta Pr^{-\frac{1}{3}} = 14.6\times0.699^{-\frac{1}{3}} = 16.4(\text{mm})$$

整个平板的平均表面传热系数可用式(10-48)计算，即：

$$Nu = 0.664Re^{\frac{1}{2}}Pr^{\frac{1}{3}} = 0.664\times(7.37\times10^3)^{\frac{1}{2}}\times0.699^{\frac{1}{3}} = 50.6$$

$$h = \frac{\lambda}{l}Nu = \frac{2.76\times10^{-2}}{0.25}\times50.6 = 5.6[\text{W}/(\text{m}^2\cdot\text{K})]$$

1m 宽平板与空气的换热量为：

$$\Phi = Ah(t_w-t_\infty) = 1\times0.25\times5.6\times(50-30) = 28(\text{W})$$

10.5 对流传热的实验研究

直至目前，实验研究仍是研究对流传热问题不可缺少的重要手段。由于影响对流传热的因素很多，若是按照常规的实验方法每个变量都要考虑，实验次数是巨大的，这是人力、物力、财力所不允许的。例如，对于表面传热系数的影响因素就有流速 u、换热表面特征长度 l、流体密度 ρ、动力黏度 η、导热系数 λ 以及比定压热容 c_p 六个因素。若是按照常规实验方法每个变量各变化 10 次，其他 5 个参数保持不变，共需要进行一百万次实验。相似原理可以帮助人们克服这种困难。运用相似原理，可以将影响对流换热过程的各种物理量组合成无量纲的综合量——相似特征数。这样做可以使问题的变量数目大大减少，简化了实验研究工作。相似原理不仅可以指导人们如何安排实验、整理实验数据，还告诉人们如何推广应用实验研究结果。所以说，相似原理是指导实验研究的理论。

10.5.1 相似原理

两现象相似是指对于同类的物理现象，在相应的时刻及相应的地点上与现象有关的物理量一一对应成比例。这里需要特别说明以下三点。

① 只有同类现象才能谈论相似问题。同类现象是指现象的内容相同，并且描述现象的微分方程也相同的物理现象。例如，同一对流换热问题分别为层流和湍流时，现象都是对流传热，其微分方程形式也一致，因此层流对流换热和湍流对流换热就是同类现象。再如，强制对流换热和自然对流换热虽然同属于对流换热，但其微分方程式不同，所以强制对流换热和自然对流换热不是同类现象。

② 与现象所有有关的物理量必须一一对应。一个物理现象中可能有多个物理量，例如对流换热除了时间与空间外还涉及速度、温度、流体的物理性质等。两个对流换热现象相似要求这些量各自对应成比例，即每个物理量各自相似。

③ 对非稳态问题，要求在相应的时刻各物理量的空间分布相似；对于稳态问题则只需考虑空间分布场。

相似原理指出，两个现象相似，它们的同名相似特征数必相等。例如，从描述常物性流体外掠平板对流传热的边界层对流传热微分方程和单值性条件入手，经无量纲化后得到相似特征数 Re、Pr 和 Nu。所以常物性流体外掠平板对流传热现象相似时，它们对应的相似特征数 Re、Pr 和 Nu 分别相等。

相似原理还指出，由描述某物理现象的微分方程组和单值性条件中的各物理量组成的特征数之间存在着函数关系。如常物性流体外掠平板对流传热中，$Nu = f(Re, Pr)$。

相似原理还指出了判断物理现象相似的条件：凡同类现象，单值性条件相似且同名已定相似特征数相等，则它们彼此相似。如在判断常物性流体外掠平板对流传热现象时，只要 Re 数和 Pr 数分别相等，对流传热现象就相似，Nu 数必定相等。

10.5.2 特征数实验关联式的常用形式

对流传热问题的分析中，特征数实验关联式常被表示成幂函数的形式，如：

$$Nu = CRe^n \tag{10-51}$$
$$Nu = CRe^n Pr^m \tag{10-52}$$

式中，C、n、m 等常数均要由实验数据确定。

这种实验关联式的形式可以在双对数坐标系中绘制成一条直线。对式（10-51）两侧分别取对数就可以得到以下直线方程的表达式：

$$\lg Nu = \lg C + n \lg Re \qquad (10\text{-}53)$$

其中，n 就是双对数坐标图上直线的斜率，如图 10-5 所示。$\lg C$ 是当 $\lg Re = 0$ 时直线在纵坐标轴上的截距。

对于式（10-52）所示的特征方程需要确定 C、n、m 三个常数，在实验数据整理上，可以分两步求出。首先，可以根据同一 Re 数下不同

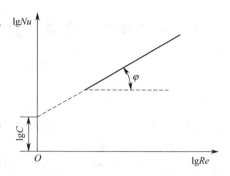

图 10-5　$Nu = CRe^n$ 双对数图图示

种类流体的实验数据从图 10-6 上先确定 m 值。由式（10-52）得：

$$\lg Nu = \lg C' + m \lg Pr \qquad (10\text{-}54)$$

式中，$C' = CRe^n$。指数 m 由图上直线的斜率确定。然后用不同 Re 数的实验数据确定 C 和 n。

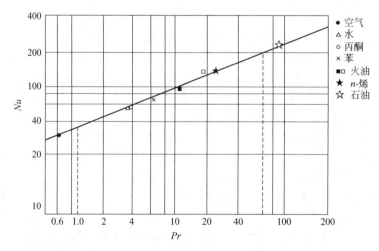

图 10-6　Pr 数对管内湍流强制对流传热的影响

由于影响对流传热实验的因素很多，相互之间均有关联，会相互影响，因此关联式要达到很高的精度是极其困难的。对于有大量实验点的关联式的整理，采用最小二乘法确定关联式中各常数值是可靠的方法。实验点与关联式符合程度的常用表示方式有：大部分实验点与关联式偏差的正负百分数，例如 90% 的实验点偏差在 ±10% 以内，全部实验点与关联式偏差绝对值的平均百分数以及最大偏差的百分数等。

式（10-51）和式（10-52）是传热学中应用最广的实验数据整理形式。对于空气或烟气这类流体，其 Pr 数几乎是常数，它们对应的强制对流传热特征数方程可以采用简单的形式（10-51）。在实验数据所包含的 Re 数、Pr 数范围内，直接用多元线性回归方法求待定系数 C、n 和 m。当 Re 数的实验范围较宽时，其指数 n 常随 Re 数范围的变动而变化，这时可采用分段常数的处理方法。对于 Re 数试验范围很宽的情形，丘吉尔（Churchill）等提出了采用比较复杂的函数形式将所有的实验结果都包括在同一个关联式中，这就避免了分段处理的麻烦。

10.6 单相流体强迫对流传热特征数关联式

对于工程上常见的绝大多数单相流体的对流换热问题，经过科技工作者多年的理论分析与实验研究，都已经获得了计算表面传热系数的特征数关联式。本节将介绍几种典型受迫对流换热问题流动与换热的特点，以及适用的特征数方程的具体内容。

10.6.1 管内强迫对流传热

单相流体管内强迫对流换热是工业和日常生活中常见的换热现象，如各类液体、气体管道内的对流换热及各类换热器排管内的对流换热等。

10.6.1.1 管内强迫流动对流换热的特点及影响因素

（1）流态

流体的流动状态对对流换热有显著影响。从流体力学可知，单相流体管内强迫对流的流动状态不仅取决于流体的物性、管道的几何尺寸、管壁内的表面粗糙度，还与流体进入管道前的稳定程度有关。对于一般光滑管道，当 $Re < 2300$ 时，流态为层流，当 $2300 \leqslant Re \leqslant 10^4$ 时，流态由层流到湍流的过渡区，当 $Re > 10^4$ 时，流态为旺盛湍流。

（2）进口段与充分发展段

① 流动进口段与充分发展段　不可压缩流体从大空间进入一根圆管时的流动，如图 10-7 所示，设入口截面具有均匀的速度分布。由于管的横截面是有限的，流体在管内的强迫流动在管壁限制以及流体内部黏性力的作用下，因此从入口处开始便形成流动边界层，并且沿管长 x 方向从零开始不断发展到汇合于管道中心线处，即边界层增厚到与半径相等时，边界层闭合在一起。将流动边界层从管道入口处到汇合于管道中心线处的这一段管长称为流动进口段。在这段管长范围内，管横截面上的速度分布随 x 变化。当流动边界层汇合于管道中心线后，管截面上的速度分布不再随距离 x 变化，称为流动充分发展段。

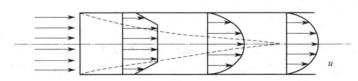

(a) 管内流动速度边界层发展

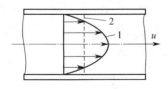

(b) 充分发展的层流速度分布

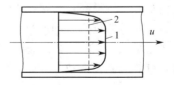

(c) 充分发展的湍流速度分布

图 10-7　管内流动速度边界层入口段和充分发展段

1—速度分布；2—平均流速

在来流流速均匀的情况下，若边界层流体的流动在入口段已发生层流、湍流转变，则充分发展段为湍流流动，整个管道中流体流动也为湍流；若边界层流体流动在入口段一直为层流，则充分发展段的流动为层流，整个管内流体的流动为层流状态。对于等温层流，流动充分发展段具有以下特征。

a. 沿轴向的速度分布不变，即 $\dfrac{\partial u}{\partial x}=0$，其他方向的速度为 0。

b. 圆管横截面上的速度分布为抛物线形分布，可表达为：

$$\frac{u(r)}{u_m}=2\left(1-\frac{r^2}{R^2}\right) \tag{10-55}$$

式中，u_m 为截面平均流速；r 为径向坐标；R 为管内半径。

c. 沿流动方向的压力梯度不变，即 $\dfrac{\mathrm{d}p}{\mathrm{d}x}=$ 常数。

② 热进口段与充分发展段　管内流体受迫流动时，若流体温度与管壁温度不同，那么从管进口段开始将形成热边界层，并随管长 x 方向不断增厚，直到边界层厚度 δ_t 等于管半径 R，边界层闭合在一起，如图 10-8 所示。这一区段称为热进口段，在该段内管中心部分的流体不参与换热，它的温度等于进口处流体的温度；流体温度的变化全部集中在近壁处的热边界层内。热进口段之后为热充分发展段。在热充分发展段流体全部参与换热，尽管管截面上的流体温度分布仍随轴向坐标 x 变化，但截面上的无量纲温度分布 $\dfrac{t_w-t}{t_w-t_f}$ 已不再随 x 变化，只是 r 的函数，即：

$$\frac{\partial}{\partial x}\left(\frac{t_w-t}{t_w-t_f}\right)=0 \tag{10-56}$$

式中，t 为 x 截面上任一点的温度；t_f 为 x 截面流体的平均温度；t_w 为 x 处的管壁温度。那么根据上式就可以很容易得到管壁处（$r=R$）的无量纲温度梯度不随 x 变化，即：

$$\frac{\partial}{\partial r}\left(\frac{t_w-t}{t_w-t_f}\right)_{r=R}=\frac{-(\partial t/\partial r)_{r=R}}{t_w-t_f}=\text{常数} \tag{10-57}$$

再结合常物性流体换热微分方程式（10-8），可得：

$$h_x=\frac{-\lambda}{(t_w-t_f)_x}\left(\frac{\partial t}{\partial r}\right)_{r=R}=\text{常数} \tag{10-58}$$

上式表明，常物性流体在管内受迫层流或湍流换热时，热充分发展段的表面传热系数将保持不变。这一结论对常壁温和常热流两种热边界均是如此，如图 10-8 所示。

入口段的热边界层较薄，局部表面传热系数高于充分发展段，且沿着主流方向逐渐降低，如图 10-8(a) 所示。如果边界层中出现湍流，则湍流的扰动与混合作用又会使局部表面传热系数有所提高，再逐渐趋于一个定值，如图 10-8(b) 所示。因此在计算管内对流换热时要考虑进口段的影响，尤其是短管的对流换热。通常在特征数关联式右边乘以管长修正系数 c_l 来考虑进口段的影响。对于通常工业设备中常见的尖角入口，推荐以下的入口效应修正系数：

$$c_l=1+\left(\frac{d}{l}\right)^{0.7} \tag{10-59}$$

实验研究表明，层流时流动进口段长度由下式确定：

$$\frac{l}{d}\approx 0.05Re \tag{10-60}$$

热进口段的长度可用下式计算：

$$\frac{l}{d} \approx 0.05 RePr \tag{10-61}$$

可见，层流时 $Pr<1$ 的流体的热入口段长度比流动入口段短，而 $Pr>1$ 的流体正好相反。

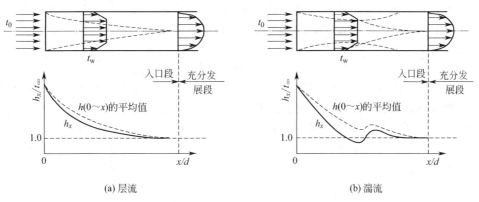

(a) 层流

(b) 湍流

图 10-8　管内对流传热局部表面传热系数 h_x 的沿程变化

③ 对流换热过程中管壁及管内流体的平均对流传热温差　管内流体的截面平均温度是沿流动方向变化的，以流体被加热为例，在常热流密度和常壁面温度两种边界条件下，流体与壁面的温度变化大致如图 10-9 所示。流体入口温度为 t'_m，流体出口温度为 t''_m，相应的进口温差为 $\Delta t'=t'_w-t'_m$，相应的出口温差为 $\Delta t''=t''_w-t''_m$。如果已经获得了管内对流换热的平均表面传热系数 h，则对于内径为 d、长为 L 的圆管，单位时间内流体与管壁之间的换热量为：

$$Q=\dot{m}c_p(t''_m-t'_m)=h\pi dL\Delta t_m \tag{10-62}$$

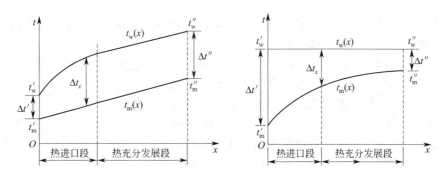

图 10-9　常热流和等壁面温边界条件下壁面温度与流体截面平均温度沿 x 方向的变化

Δt_m 为管内对流换热的对数平均温差，即：

$$\Delta t_m=\frac{\Delta t'-\Delta t''}{\ln\dfrac{\Delta t'}{\Delta t''}} \tag{10-63}$$

如果进口温差和出口温差相差不大，$0.5<\dfrac{\Delta t'}{\Delta t''}<2$ 时，也可采用算数平均温差，即：

$$\Delta t_m=\frac{\Delta t'+\Delta t''}{2} \tag{10-64}$$

④ 物性场不均匀的影响　几乎流体的所有物性参数都是温度的函数。如果流体中

存在大的温差，那么光管内贴壁处的流体与管中心的流体在物性上就可能出现很大的差异。实际上来说，截面上的温度场不均匀，引起黏度场不均匀，从而导致速度分布发生畸变。图 10-10 绘出了换热时速度分布畸变的现象。对于流体在管内充分发展的等温层流流动，速度为抛物线，如图 10-10 中曲线 1 所示。由于气体的黏度随温度的升高而加大，液体的黏度随温度的升高而减小，所以当气体被加热或液体被冷却时，越靠近壁面黏度越大，越不容易流动，速度分布曲线如图 10-10 中曲线 2 所示。当气体被冷却或者液体被加热时，情况正好与此相反，速度分布曲线如图 10-10 中曲线 3 所示。

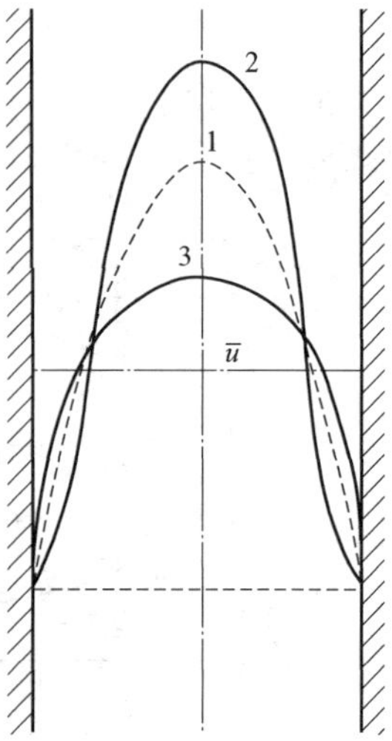

考虑到物性场不均匀的影响，通常的做法是在特征数关联式的右边乘以一个修正系数 c_t，其计算式为：

气体被加热时：

$$c_t = \left(\frac{T_f}{T_w}\right)^{0.5} \tag{10-65}$$

气体被冷却时：

$$c_t = 1.0 \tag{10-66}$$

液体被加热时：

$$c_t = \left(\frac{\eta_f}{\eta_w}\right)^{0.11} \tag{10-67}$$

液体被冷却时：

$$c_t = \left(\frac{\eta_f}{\eta_w}\right)^{0.25} \tag{10-68}$$

图 10-10 管内速度分布随换热情况的影响
1—等温流动；
2—液体冷却或气体加热；
3—液体加热或气体冷却

式中，T 为热力学温度，K；η 为动力黏度，Pa·s；下标 f、w 分别表示以流体平均温度及壁面温度来计算流体的动力黏度。

⑤ 管道弯曲的影响　流体流过弯曲管道时，由于离心力的作用，流体压力在弯管内外侧呈现外高内低的分布情形。在这一压差作用下，流体在弯管内外侧之间形成垂直于主流的二次环流，如图 10-11 所示。而这种二次环流在直管道内是不会产生的。因此流体在弯管道内的这种流动特点会使得弯管内的强迫对流传热规律不同于直管道。通常会在直管道强迫对流传热特征数关联式右边乘以一个弯管修正系数 c_r，其计算公式推荐如下。

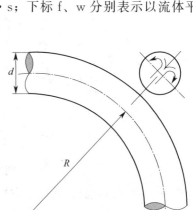

图 10-11　螺旋管中的流动

对于气体：

$$c_r = 1 + 1.77\frac{d}{R} \tag{10-69}$$

对于液体：

$$c_r = 1 + 10.3\left(\frac{d}{R}\right)^3 \tag{10-70}$$

对于管内层流换热，管道弯曲影响较小，可以忽略。

10.6.1.2 管内强迫对流传热特征数关联式

(1) 层流换热

管槽内层流充分发展对流传热的理论分析工作做得比较充分,已经有许多结果供选用,表 10-1 给出了几种不同截面形状的管道的结果。

表 10-1 不同截面形状的管内层流充分发展换热的 Nu 数

截面形状	$Nu = hd_e/\lambda$		$fRe(Re = u_m d_e/v)$
	均匀热流	均匀壁温	
正三角形	3.11	2.47	53
正方形	3.61	2.98	57
正六边形	4.00	3.34	60.22
圆形	4.36	3.66	64
长方形			
$b/a = 2$	4.12	3.39	62
$b/a = 3$	4.79	3.96	69
$b/a = 4$	5.43	4.44	73
$b/a = 8$	6.49	5.60	82
$b/a = \infty$	8.23	7.54	96

由表 10-1 可以得出:

(a) 对于截面形状相同的通道,均匀热流条件下的 Nu 数总是高于均匀壁温下的 Nu 数,可见层流条件下热边界条件的影响不能忽略。

(b) 对于表中所列的等截面直通道情形,常物性流体管内层流充分发展时的 Nu 数只与热边界条件和管截面形状有关,而与轴向坐标 x 无关,并为一常数。

表中雷诺数 $Re = u_m d_e/v$ 中的速度 u_m 为管内流体平均流速。对于非圆形截面管道,采用当量直径 d_e 作为特征长度,并用下式计算:

$$d_e = \frac{4A_c}{P} \tag{10-71}$$

式中, A_c 为管道流通截面面积; P 为管道流通截面润湿周边的长度。

对于进口段可以忽略的长管,可以直接利用表中的数据进行计算。如果管子较短,则层流对流换热的计算需要考虑管长的影响,推荐采用下列齐德-泰特(Sieder-Tate)公式来计算长 l 的管道的平均 Nu 数:

$$Nu_f = 1.86 \left(Re_f Pr_f \frac{d}{l} \right)^{\frac{1}{3}} \left(\frac{\eta_f}{\eta_w} \right)^{0.14} \tag{10-72}$$

此式的适用条件为:

$$0.48 < Pr_f < 16700$$

$$0.0044 < \frac{\eta_f}{\eta_w} < 9.75$$

$$\left(Re_f Pr_f \frac{d}{l} \right)^{1/3} \left(\frac{\eta_f}{\eta_w} \right)^{0.14} \geqslant 2$$

式中下标 f 表示定性温度为流体的平均温度 t_f,但 η_w 需按壁面温度 t_w 确定。

(2) 湍流换热

对于流体与管壁温度温差不大(气体不超过 50℃,水不超过 30℃;油类不超过 10℃)的情况可采用迪图斯-贝尔特(Dittus-Boelter)关联式计算传热系数:

$$Nu_f = 0.023Re_f^{0.8}Pr_f^n \tag{10-73}$$

加热流体时，$n=0.4$；冷却流体时，$n=0.3$。

此式的适用条件为：

$$0.7 \leqslant Pr_f \leqslant 160, \quad Re_f \geqslant 10^4, \quad l/d \geqslant 60$$

上式适用于一般的光滑管道，对常热流和等壁温边界条件都适用，是形式较简单的计算管内湍流换热的特征数关联式。但该式计算准确度较差，用于一般的工程计算。

格尼林斯基（Gnielinski）提出了一个更精确的计算管内充分发展的湍流换热半经验关联式：

$$Nu_f = \frac{(f/8)(Re_f-1000)Pr}{1+12.7(f/8)^{1/2}(Pr_f^{2/3}-1)}\left[1+\left(\frac{d}{l}\right)^{2/3}\right]c_t \tag{10-74}$$

式中，f 为管内湍流流动的达西（Darcy）阻力系数，按弗洛年可（Filonenko）公式计算：

$$f = (1.82\lg Re - 1.64)^{-2} \tag{10-75}$$

式中修正系数 c_t 如下：

对液体：

$$c_t = \left(\frac{Pr_f}{Pr_w}\right)^{0.11}, \quad 0.05 \leqslant \frac{Pr_f}{Pr_w} \leqslant 20 \tag{10-76}$$

对气体：

$$c_t = \left(\frac{T_f}{T_w}\right)^{0.45}, \quad 0.5 \leqslant \frac{T_f}{T_w} \leqslant 1.5 \tag{10-77}$$

适用条件为：

$$2300 \leqslant Re_f \leqslant 10^6, \quad 0.6 \leqslant Pr_f \leqslant 10^5$$

【例 10-2】 初温为 30℃的水，以 0.857kg/s 的流量流经一套管式换热器的环形空间。该环形空间的内管外壁温维持在 100℃，换热器外壳绝热，内管外径为 40mm，外观内径为 60mm。求把水加热到 50℃时的套管长度以及在管子出口截面处的局部热流密度。

解 假设：管内强迫流动换热的定性温度为进出、口截面平均温度的算术平均值，即

边界层的平均温度为：

$$t_f = \frac{1}{2} \times (30+50) = 40(℃)$$

对于水，40℃时物性参数 $\mu = 653.3 \times 10^{-6}$ kg/(m·s)、$c_p = 4174$ J/(kg·K)、$\lambda = 0.635$ W/(m·K)、$Pr = 4.31$。

套管壁厚

$$d_c = 60 - 40 = 20(mm)$$

由此得：

$$Re = \frac{4\dot{m}d_c}{\pi(D^2-d^2)\mu} = \frac{4 \times 0.857 \times 0.02}{3.14 \times (0.06^2-0.04^2) \times 653.3 \times 10^{-6}} = 16710 > 10^4$$

流动处于旺盛湍流区。

由式（10-73）

$$Nu=0.023Re_\mathrm{f}^{0.8}Pr_\mathrm{f}^{0.4}=0.023\times16702^{0.8}\times4.31^{0.4}=98.6$$

$$h=\frac{\lambda}{d_\mathrm{c}}Nu=\frac{0.635}{0.02}\times98.6=3130.5[\mathrm{W/(m^2\cdot K)}]$$

由热平衡式 $\dot{m}c_p(t''-t')=h\pi dl(t_\mathrm{w}-t_\mathrm{f})$，可得：

$$l=\frac{\dot{m}c_p(t''-t')}{h\pi dl(t_\mathrm{w}-t_\mathrm{f})}=\frac{0.857\times4174\times(50-30)}{3130.5\times3.14\times0.04\times(100-40)}=3.0(\mathrm{m})$$

管子出口截面处的局部热流密度为

$$q=h\Delta t=3130.5\times(100-50)=156.5(\mathrm{kW/m^2})$$

10.6.2 外部强迫对流传热

除了管内流动换热外，工程上还常见流体外掠平板、横掠单管与管束的对流换热。

(1) 横掠单管

流体横掠单管流动时，其流动方向与单管轴线相垂直。这时边界层内会出现与沿平板流动不同的一些特点，除具有边界层特征外，还发生绕流脱体引起回流、漩涡和涡束，如图 10-12 所示。当流体流过圆管所在位置时，流动截面缩小，流速增加，压力降低，压力势能转变为动能。在后半部分由于流动截面的增加，流速降低，压力增加，流体克服压力的增加向前流动，动能转变为压力势能。边界层内流体靠本身的动量克服压力增长而向前流动，速度分布区域平缓，最终在壁面某处速度梯度变为 0。随后近壁处流体产生与原流动方向相反的回流，这个转折点称为绕流脱体的起点（分离点）。从绕流脱体的起点开始，边界层内缘脱离壁面，故称流动脱体。脱体起点的位置取决于 Re 数。$Re<10$ 时不出现脱体；$10<Re\leqslant1.2\times10^5$ 时边界层为层流，发生脱体的位置将出现在 $\varphi=80°\sim85°$ 处；而 $Re\geqslant1.2\times10^5$ 时，边界层在脱体前已转变为湍流，由于湍流时边界层内流体的动能比层流时大，故脱体的发生推后到 $\varphi=140°$ 处。

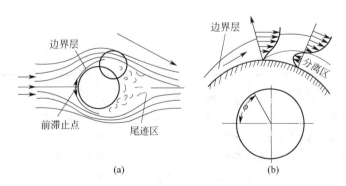

图 10-12　流体横掠单管时的流动状况

流体横掠单管流动边界层的成长和流动脱体致使沿管表面局部表面传热系数的变化极为复杂。图 10-13 给出了常热流边界条件下，空气外绕单管时局部 Nu 数随圆心角 φ 的变化规律。由图可见，从前滞止点开始，在 $\varphi=0°\sim80°$ 范围内，由于层流边界层不断增厚，局部 Nu 数随着圆心角 φ 的增加而递降，以后由于绕流脱体扰动强化了换热而回升。在高 Re 数时，Nu 数第一次回升是层流转变为湍流；第二次回升是湍流边界层分离脱体。

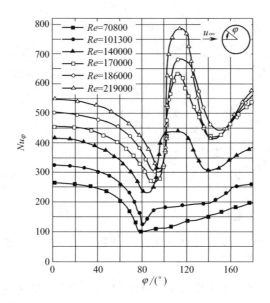

图 10-13 外绕圆管换热的局部 Nu 数随圆心角 φ 和雷诺数 Re 的变化关系

对于空气横掠圆管的平均表面传热系数通常采用下面的分段幂次关联式表示：

$$Nu = CRe^n Pr^{1/3} \tag{10-78}$$

式中，常数 C 及 n 可以从表 10-2 中查到；定性温度为来流温度和管壁温的平均温度 $(t_\infty + t_w)/2$，特征长度为管外径，Re 数中的特征速度为来流速度 u_∞。该式对空气的实验温度验证范围为 $t_\infty = 15.5 \sim 980\text{℃}$，$t_w = 21 \sim 1046\text{℃}$。上式系根据对空气的实验结果而推广到液体的。

表 10-2 横掠圆管换热关联式(10-78) 中 C 与 n 的值

Re	C	n
0.4~4	0.989	0.330
4~40	0.911	0.385
40~4000	0.683	0.466
4000~40000	0.193	0.618
40000~400000	0.0266	0.805

若来流方向与圆管轴线夹角 $\varphi < 90°$，流体斜向冲刷单管在管外表面流程变长，相当于流体绕流椭圆管，从而形状阻力减小，边界层分离点后移，回流区缩小，减小了回流的强化传热作用。此外，由于涡旋区的缩小，减小了圆管曲率对圆管后半部换热的强化作用。这两方面使得流体斜向冲刷单管时的平均表面传热系数低于其垂直冲刷单管时的情形。因此，根据上述关联式计算的平均表面传热系数应乘以一个小于 1 的冲击角修正系数 c_φ。c_φ 可根据冲击角 φ 的大小从表 10-3 中选取。从表 10-3 中可以看出 φ 越小，c_φ 也越小。

表 10-3 流体斜向冲刷单管对流传热的冲击角修正系数 c_φ

$\varphi/(°)$	15	30	45	60	70	80	90	
c_φ	0.41	0.70	0.83	0.94	0.97	0.99	1.00	

【例 10-3】 测定流速的热线风速仪是利用不同流速对圆柱体的冷却能力不同，从而导致电热丝温度及电阻值不同的原理造成的。用电桥测定电热丝的阻值可推得其温度。今有直径为 0.1mm 的电热丝垂直于气流方向放置，来流温度为 20℃，电热丝温度为 40℃，加热功率为 17.8W/m。试确定此时的流速。略去其他的热损失。

解 按牛顿冷却公式，整个换热管的平均表面传热系数为：

$$h = \frac{q_l}{\pi d (t_w - t_f)} = \frac{17.8}{3.14 \times 0.1 \times 10^{-3} \times (40-20)} = 2833 [\text{W}/(\text{m}^2 \cdot \text{K})]$$

定性温度为：

$$t_m = \frac{1}{2}(t_w + t_f) = \frac{1}{2} \times (40+20) = 30(℃)$$

相应的物性参数为 $\nu = 16 \times 10^{-6} \text{m}^2/\text{s}$、$\lambda = 0.0267 \text{W}/(\text{m} \cdot \text{K})$、$Pr = 0.701$，由此得：

$$Nu = \frac{hd}{\lambda} = \frac{2833 \times 0.1 \times 10^{-3}}{0.0267} = 10.61$$

利用表 10-2 中第三种情形计算，$Nu = 0.683 Re^{0.466} Pr^{1/3}$，则可得：

$$Re = \left(\frac{Nu}{0.683 Pr^{1/3}}\right)^{1/0.466} = \left(\frac{10.61}{0.683 \times 0.701^{1/3}}\right)^{1/0.466} = 464.3$$

Re 在 40～4000 之间，符合第三种情形的适用范围，故参数选取正确。

最后可得：

$$u = \frac{\nu}{d} Re = \frac{16 \times 10^{-6}}{0.1 \times 10^{-3}} \times 464.3 = 74.3(\text{m/s})$$

（2）横掠管束

流体横掠管束换热现象在各类换热设备中最为常见，如管壳式换热器，电站锅炉的过热器、再热器，管箱式省煤器，空气预热器等。当流体横掠管束时，除 Re、Pr 之外，管子外径、管间距和管束排列形式都会对流体和管外壁之间的对流换热产生影响。管束常用的排列方式有顺排和叉排两种，如图 10-14 所示。流体绕流顺排和叉排管束的

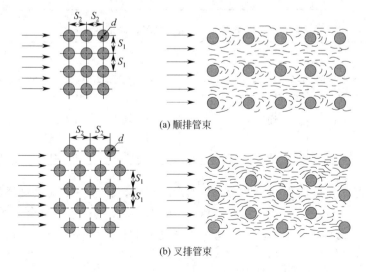

(a) 顺排管束

(b) 叉排管束

图 10-14　管束排列方式

情形是不同的。叉排时流体在管间交替收缩和扩张的弯曲通道中流动，比顺排在管间走廊通道的流动扰动强烈，因此一般来说叉排时的换热比顺排强。但是顺排管束的阻力损失小于叉排，且易于清洗，所以叉排、顺排的选择要全面平衡。由于管束中后排管的对流换热受到前排管尾流的影响，所以后排管的平均表面传热系数要大于前排，这种影响一般要延伸到 10 排以上。

对于流体外掠管束的对流换热，茹卡乌斯卡斯（Zhukauskas）给出了一套在很宽的 Pr 数变化范围内使用的管束平均表面传热系数关联式，要求管束的排数大于 16。如果不到 16 排，则要乘一个排数修正因子。这些公式列出于表 10-4 和表 10-5 中，式中定性温度为管束进、出口流体平均温度；Pr_w 按管束的平均壁温确定；Re 数中的流速取管束中最小截面处的平均流速，即管间最大流速 u_{max}；特征长度为管子外径。这些关联式适用于 $Pr=0.6\sim500$ 时。对于排数小于 16 的管束，其平均表面传热系数应按表 10-4、表 10-5 计算所得之值再乘以小于 1 的修正值 ε_n，列于表 10-6 中。

表 10-4　流体横掠顺排管束平均表面传热系数计算关联式（≥16 排）

关　联　式	适用 Re 数范围	
$Nu_f=0.9Re_f^{0.4}Pr_f^{0.36}(Pr_f/Pr_w)^{0.25}$	$1\sim10^2$	(10-79a)
$Nu_f=0.52Re_f^{0.5}Pr_f^{0.36}(Pr_f/Pr_w)^{0.25}$	$10^2\sim10^3$	(10-79b)
$Nu_f=0.27Re_f^{0.63}Pr_f^{0.36}(Pr_f/Pr_w)^{0.25}$	$10^3\sim2\times10^5$	(10-79c)
$Nu_f=0.033Re_f^{0.8}Pr_f^{0.36}(Pr_f/Pr_w)^{0.25}$	$2\times10^5\sim2\times10^6$	(10-79d)

表 10-5　流体横掠叉排管束平均表面传热系数计算关联式（≥16 排）

关　联　式	适用 Re 数范围	
$Nu_f=1.04Re_f^{0.4}Pr_f^{0.36}(Pr_f/Pr_w)^{0.25}$	$1\sim5\times10^2$	(10-80a)
$Nu_f=0.71Re_f^{0.5}Pr_f^{0.36}(Pr_f/Pr_w)^{0.25}$	$5\times10^2\sim10^3$	(10-80b)
$Nu_f=0.35\left(\dfrac{s_1}{s_2}\right)^{0.2}Re_f^{0.6}Pr_f^{0.36}(Pr_f/Pr_w)^{0.25},\dfrac{s_1}{s_2}\leqslant2$	$10^3\sim2\times10^5$	(10-80c)
$Nu_f=0.40Re_f^{0.6}Pr_f^{0.36}(Pr_f/Pr_w)^{0.25},\dfrac{s_1}{s_2}>2$	$10^3\sim2\times10^5$	(10-80d)
$Nu_f=0.031\left(\dfrac{s_1}{s_2}\right)^{0.2}Re_f^{0.8}Pr_f^{0.36}(Pr_f/Pr_w)^{0.25}$	$2\times10^5\sim2\times10^6$	(10-80e)

表 10-6　茹卡乌斯卡斯公式的管排修正系数 ε_n

总排数	1	2	3	4	5	6	7	8	9	10	11	12	13	14	15
顺排 $Re>10^3$	0.700	0.800	0.865	0.910	0.928	0.942	0.954	0.965	0.972	0.978	0.983	0.987	0.990	0.992	0.994
叉排 $10^2<Re<10^3$	0.832	0.874	0.914	0.939	0.955	0.963	0.970	0.976	0.980	0.984	0.987	0.990	0.993	0.996	0.999
$Re>10^3$	0.619	0.758	0.840	0.897	0.923	0.942	0.954	0.965	0.971	0.977	0.982	0.986	0.990	0.994	0.997

【例 10-4】 某锅炉厂生产的 220t/h 的高压锅炉，低温段空气预热器的设计参数为：叉排布置，$S_1=76mm$，$S_2=44mm$，管子为 $\phi40mm\times1.5mm$，平均温度为 150℃ 的空气横向冲刷管束，流动方向的总排数为 44。在管排中心线截面上的空气流速（最小截面上的流速）为 5.03m/s。试确定管束与空气间的平均表面传热系数。管壁平均温度为 185℃。

解 来流温度为150℃，管壁平均温度为185℃，则定性温度为：

$$t_f = \frac{(150+185)}{2} = 167.5(℃)$$

查得相应的物性参数为 $\rho = 0.802 \text{kg/m}^3$、$c_p = 1.019 \text{kJ/(kg·K)}$、$\nu = 30.99 \times 10^{-6} \text{m}^2/\text{s}$、$\lambda = 3.69 \times 10^{-2} \text{W/(m·K)}$、$Pr = 0.6816$。

按管束平均壁温185℃，查得 $Pr_w = 0.68025$。

空气通过叉排管束时的雷诺数：

$$Re_x = \frac{ud}{\nu} = \frac{5.03 \times 0.04}{30.99 \times 10^{-6}} = 7783.2$$

$$S_1/S_2 = 76/44 = 1.73 < 2$$

故选择表10-5中式（10-80c）进行计算，即：

$$Nu_f = 0.35 \left(\frac{S_1}{S_2}\right)^{0.2} Re_f^{0.6} Pr_f^{0.36} (Pr_f/Pr_w)^{0.25}$$

$$= 0.35 \times \left(\frac{76 \times 10^{-3}}{44 \times 10^{-3}}\right)^{0.2} \times 7783.2^{0.6} \times 0.6816^{0.36} \times \left(\frac{0.6816}{0.68025}\right)^{0.25}$$

$$= 73.54$$

所以

$$h = \frac{\lambda Nu_f}{d} = \frac{3.69 \times 10^{-2} \times 73.54}{0.04} = 67.84 [\text{W/(m}^2\text{·K)}]$$

10.7 大空间自然对流传热

自然对流是指流体由自身密度变化形成的浮升力而引起的流动。由自然对流引起的运动流体与壁面间的热量传递称为自然对流传热。自然对流传热有大空间和有限空间内自然对流传热两类。前者在加热或冷却表面的四周并不存在其他足以阻碍流体流动的物体，边界层的发展不受限制和干扰，流动可充分展开。如果流体空间相对狭小，边界层无法自由展开，则称为有限空间内的自然对流传热。本节重点介绍大空间自然对流传热特点及特征数关联式。

10.7.1 大空间自然对流传热特点

以一块温度分布均匀的竖平板周围空气的自然对流为例，分析大空间自然对流传热过程的流动与传热特点，如图10-15所示。竖平板表面温度 t_w 高于周围空气的主流温度 t_∞，壁面附近的流体被加热，密度减小，形成浮升力而沿壁面上升，在上升过程中流体继续被加热，流动的流体层厚度逐渐增加。在壁面附近也形成温度边界层和速度边界层，不过薄层内的速度分布是两头小、中间大，即在贴壁处和远离壁面处流速都为零。由实验可以观察到，在竖壁的下端，流动呈层流状态，而沿竖壁向上，流动逐渐转变成湍流。不同的流动状态对传热具有决定性的影响。在层流状态，传热的热阻主要取决于薄层的厚度，沿流动方向 x，随着层流边界层厚度的增加，局部表面传热系数 h_x 逐渐减小。如果竖壁足够高，边界层内的流动就可以逐渐转变为湍流。研究表明，当边界层内的流动状态为旺盛湍流时，局部表面传热系数不再沿高度变化，几乎是个常数。

选用自然对流传热实验关联式计算对流传热系数时，采用格拉晓夫（Gr）数作为流体流动状态判断的依据，其定义为：

$$Gr = \frac{g\alpha_V(t_w - t_\infty)l^3}{\nu^2} \qquad (10\text{-}81)$$

它表示作用在流体上的浮升力和黏性力的相对大小，其在自然对流传热问题中的作用与雷诺数在强制对流中的作用相当。Gr 数增大表明浮升力作用相对增大。从微分方程组的其他方程还可以得到 Re、Pr 和 Nu 数等准则。其中，$Re=f(Gr)$，其不是一个独立的准则。于是，原则上自然对流传热准则方程式应为：

$$Nu = f(Gr, Pr) \qquad (10\text{-}82)$$

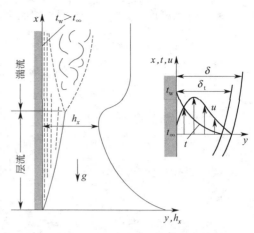

图 10-15　竖直壁面自然对流换热示意图

如果对自然对流的能量方程作类似于上面的推导，可以得出另外一个无量纲数，称为瑞利（Ra）数：

$$Ra = GrPr = \frac{g\alpha_V(t_w - t_\infty)l^3}{a\nu} \qquad (10\text{-}83)$$

10.7.2　大空间自然对流传热的实验关联式

理论分析和实验研究的结果表明，自然对流传热的特征数关联式可以写成下面的幂函数形式：

$$Nu = C(GrPr)^n = CRa^n \qquad (10\text{-}84)$$

该式的定性温度为边界层的算数平均温度 $t_m = (t_w + t_\infty)/2$。

常见的自然对流传热有等壁温和常热流密度两种边界条件，下面将分别介绍这两种边界条件下的特征数关联式。

（1）等壁温边界条件

对于等壁温边界条件的自然对流传热，可直接利用式（10-84）进行计算。式（10-84）中的常数 C 与系数 n 由实验确定。换热面形状、位置，热边界条件以及层流或湍流不同的流态都会影响 C 与 n 的值。表 10-7 列出了几种典型的对流换热的 C 和 n 的数值。

表 10-7　式（10-84）中的常数 C 和 n

加热表面形状与位置	流动情况	特征长度	系数 C 及指数 n		$GrPr$ 适用范围
			C	n	
垂直平壁及圆柱		壁面高度	0.59	1/4	$10^4 \sim 10^9$
			0.10	1/3	$10^9 \sim 10^{13}$
横圆柱		圆柱外径	0.85	0.188	$10^2 \sim 10^4$
			0.48	1/4	$10^4 \sim 10^7$
			0.125	1/3	$10^7 \sim 10^{12}$

续表

加热表面 形状与位置	流动情况	特征长度	系数 C 及指数 n		$GrPr$ 适用范围
			C	n	
水平热壁上面或 水平冷壁下面	或	平壁面积与 周长之比 A/U 圆盘取 $0.9d$	0.54	1/4	$10^4 \sim 10^7$
			0.15	1/3	$10^7 \sim 10^{11}$
水平热壁下面或 水平冷壁上面	 或 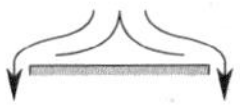	平壁面积与 周长之比 A/U 圆盘取 $0.9d$	0.27	1/4	$10^5 \sim 10^{11}$

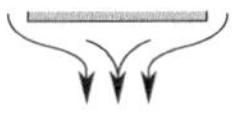

对于竖圆柱表面自然对流传热，当满足下式时：

$$\frac{d}{H} \geqslant \frac{35}{Gr^{\frac{1}{4}}} \tag{10-85}$$

可以按竖直平壁处理；否则，直径 d 将影响边界层的厚度，进而影响传热强度。这时，无论层流还是湍流，式中的常数 C 都取为 0.686，n 值与竖直壁面相同。

（2）常热流密度边界条件

对于常热流密度边界条件下的自然对流传热，如处于自由流动散热状态的电子器件，包括芯片的边界条件基本上都是均匀热流密度的加热条件。这时壁面温度 t_w 是未知数，而且沿着壁面高度方向传热温差是逐渐变化的。故 Gr 数中的温差也是未知的，而热流密度 q 一般是已知的。为避免 Gr 数中包含未知量，整理实验数据时通常采用修正格拉晓夫数：

$$Gr^* = GrNu = \frac{g\alpha_V q l^4}{\lambda \nu^2} \tag{10-86}$$

均匀加热条件下平均表面传热系数的计算式为：

$$Nu = B(Gr^* Pr)^m \tag{10-87}$$

这些准则式的定性温度取平均温度 t_m，对矩形特征长度取短边长。由于以上成果是在保持二维条件下取得的，对于长边接近短边长度的矩形，其长边端部影响不可忽略，准则式提供的 Nu 数将偏小。式（10-87）中常数 B 及 m 的值见表 10-8。

表 10-8 式（10-87）中的常数 B 和 m

加热表面 形状与位置	流动图示	系数 B 和指数 m		Gr^* 数适用范围
		B	m	
水平板热面朝上 或冷面朝下	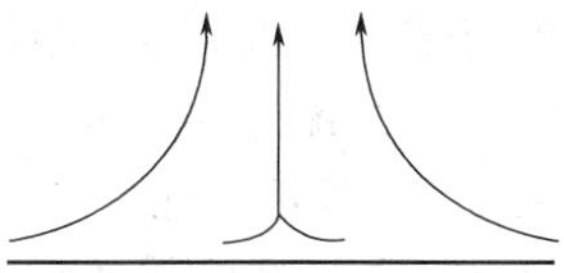	1.076	1/6	$5.47 \times 10^5 \sim 1.12 \times 10^8$

加热表面形状与位置	流动图示	系数 B 和指数 m		Gr^* 数适用范围
		B	m	
水平板热面朝下或冷面朝上		0.747	1/6	$5.47 \times 10^5 \sim 1.12 \times 10^8$

【例 10-5】 热电厂中有一水平放置的蒸汽管道，保温层外径 $d = 400\text{mm}$，壁温 $t_w = 50℃$，周围空气的温度 $t_\infty = 20℃$。试计算蒸汽管道外壁面的对流散热损失。

解 定性温度为：

$$t_m = \frac{(t_w + t_\infty)}{2} = \frac{(50 + 20)}{2} = 35(℃)$$

查得空气的物性参数 $\nu = 16.58 \times 10^{-6} \text{m}^2/\text{s}$、$\lambda = 2.72 \times 10^{-2} \text{W}/(\text{m} \cdot \text{K})$、$Pr = 0.7$。

$$\alpha = \frac{1}{T_m} = \frac{1}{273 + 35} = 3.25 \times 10^{-3} (\text{K}^{-1})$$

$$GrPr = \frac{g\alpha(t_w - t_\infty)d^3}{\nu^2} Pr = \frac{9.8 \times 3.25 \times 10^{-3} \times (50 - 20) \times 0.4^3}{(16.58 \times 10^{-6})^2} \times 0.7 = 1.56 \times 10^8$$

查表 10-7 得 $C = 0.125$、$n = 1/3$，于是由式(10-84) 得：

$$Nu = 0.125(GrPr)^{1/3} = 0.125 \times (1.56 \times 10^8)^{1/3} = 67.3$$

$$h = \frac{\lambda}{d} Nu = \frac{2.72 \times 10^{-2}}{0.4} \times 67.3 = 4.58 [\text{W}/(\text{m}^2 \cdot \text{K})]$$

单位管长的对流散热损失为：

$$\Phi_l = \pi d h (t_w - t_\infty) = 3.14 \times 0.4 \times 4.58 \times (50 - 20) = 172.57(\text{W/m})$$

10.8 凝结与沸腾传热

汽液相变传热过程都伴随有流体的运动，所以均属对流传热的范畴，但是它们的传热规律与之前介绍的单相对流传热有很大的区别。这类传热过程的特点是相变流体要放出或吸收大量的潜热，因此凝结与沸腾都属于传热速率极高的传热方式。相变对流传热被广泛地应用于各种工程领域：电站汽轮机装置中的凝汽器，锅炉炉膛中的水冷壁、冰箱与空调器中的冷凝器与蒸发器，化工装置中的再沸腾器等。近年来相变传热技术也出现在高技术领域，如电子领域中的热管自冷散热系统、航天领域中的热控制即低温超导的应用。为使相变传热过程安全、高效，就必须了解它的机理和规律。

10.8.1 凝结传热

当蒸气与低于相应压力对应的饱和温度的冷壁面接触时，蒸气便会发生表面凝结并向表面放出凝结潜热，这种现象称为凝结传热。表面凝结有两种主要凝结形态：膜状凝结和珠状凝结。如果凝结液体能很好地润湿固体壁面，它就会在壁面上形成一层连续的液膜，那么这种凝结形式称为膜状凝结，如图 10-16(a) 所示。此时蒸气不能直接与壁面接触，而是在液膜的表面凝结，凝结的汽化潜热必须通过液膜传递给壁面。当凝结液体不能润湿壁面，而是在壁面上形成大大小小的液珠散布在表面上，这种凝结方式称为珠状凝结，如图 10-16(b) 所示。此时，大部分壁面都可以与蒸气直接接触，凝结的汽化潜热可以直接传递给壁面。因此，珠状凝结传热与相同条件下的膜状凝结传热相比，表面传热系数可以大几倍甚至高出一个数量级。

蒸气在冷壁面上形成的凝结状态取决于凝结液体的表面张力和它对表面附着力的相对大小。若前者较大，则形成珠状凝结，反之形成膜状凝结。目前大多数工业设备中的凝结传热都是膜状凝结，因此采用膜状凝结的计算式作为设计的依据。本书中也只介绍膜状凝结的特点和主要影响因素。

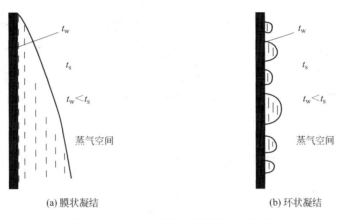

(a) 膜状凝结　　　　　　　　　　(b) 环状凝结

图 10-16　竖壁上的膜状凝结和珠状凝结

(1) 竖壁层流膜状凝结理论解

1916 年，努塞尔对层流膜状凝结传热进行了理论分析，得出了著名的努塞尔理论解。他根据层流膜状凝结传热的特点，作出以下假设：①气、液体均为常物性；②蒸气是静止的，气液界面上无对液膜的黏滞应力；③液膜极薄，流速很低，忽略液膜的惯性力；④气液界面上无温差，界面上液膜温度等于饱和温度；⑤膜内温度分布呈线性，即认为液膜内的热量转移只有导热，而无对流作用；⑥忽略液膜的过冷度；⑦蒸气密度远小于液体密度，相对于液体密度，蒸气密度可忽略不计；⑧液膜表面平整无波动。

根据上述假设，首先从边界方程组出发，以竖直平板表面上层流膜状凝结传热问题为例得出凝结传热的控制方程。把坐标 x 取为重力方向，坐标图见图 10-17(a)。在液膜内取微元控制体，可得液膜内的层流边界层微分方程：

$$\frac{\partial u}{\partial x}+\frac{\partial v}{\partial y}=0 \tag{10-88}$$

$$\rho_1\left(u\,\frac{\partial u}{\partial x}+v\,\frac{\partial u}{\partial y}\right)=-\frac{\mathrm{d}p}{\mathrm{d}x}+\rho_1 g+\eta_1\,\frac{\partial^2 u}{\partial y^2} \tag{10-89}$$

$$u\,\frac{\partial t}{\partial x}+v\,\frac{\partial t}{\partial y}=a_1\,\frac{\partial^2 t}{\partial y^2} \tag{10-90}$$

式中，下标 1 表示液膜的物性参数。

根据努塞尔所作的假设可以对微分方程进行简化。其中压力梯度 $-\mathrm{d}p/\mathrm{d}x$ 按液膜外蒸气的压力梯度计算，由于忽略蒸气密度，可得 $-\mathrm{d}p/\mathrm{d}x=0$；由于忽略液膜的惯性力，动量方程中的惯性力项 $\rho_1\left(u\,\frac{\partial u}{\partial x}+v\,\frac{\partial u}{\partial y}\right)=0$；由于假设液膜内的温度呈线性分布，

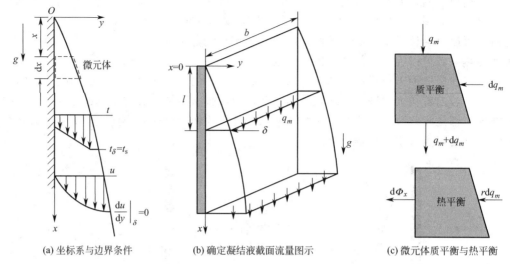

(a) 坐标系与边界条件　　(b) 确定凝结液截面流量图示　　(c) 微元体质平衡与热平衡

图 10-17　努塞尔膜状凝结换热分析示意

热量转移只有导热，没有对流，则能量方程中的对流项 $u\dfrac{\partial t}{\partial x}+v\dfrac{\partial t}{\partial y}=0$。这样获得液膜内的简化微分方程为：

$$\rho_1 g+\eta_1\frac{\partial^2 u}{\partial y^2}=0 \tag{10-91}$$

$$\frac{\partial^2 t}{\partial y^2}=0 \tag{10-92}$$

其边界条件为：

$$y=0,\ u=0,\ t=t_{\mathrm{w}}$$

$$y=\delta,\ \frac{\partial u}{\partial y}=0,\ t=t_{\mathrm{s}}$$

式(10-91)、式(10-92)是努塞尔对层流液膜内速度场和温度场的数学描述，由此很容易求出液膜的速度分布与温度分布，根据图 10-17 所示的微元段液膜的质量守恒和热平衡，可以求出液膜的厚度 δ。

$$\delta=\left[\frac{4\eta_1\lambda_1(t_{\mathrm{s}}-t_{\mathrm{w}})x}{g\rho_1^2 r}\right]^{\frac{1}{4}} \tag{10-93}$$

按照努塞尔的假设，单位时间内微元段液膜的凝结传热量就是通过微元段液膜的导热热流量，即

$$\mathrm{d}q=h_x(t_{\mathrm{s}}-t_{\mathrm{w}})\mathrm{d}x=\lambda_l\frac{t_{\mathrm{s}}-t_{\mathrm{w}}}{\delta}\mathrm{d}x$$

由此可得：

$$h_x=\frac{\lambda_l}{\delta}=\left[\frac{g\rho_l^2 r\lambda_l^3}{4\eta_l(t_{\mathrm{s}}-t_{\mathrm{w}})x}\right]^{\frac{1}{4}} \tag{10-94}$$

由上式可见，层流膜状凝结时局部表面传热系数 h_x 沿壁面呈 $x^{-1/4}$ 规律。若在高为 l 的整个竖壁上，牛顿冷却公式中的温差 $\Delta t=t_{\mathrm{s}}-t_{\mathrm{w}}$ 为常数，那么沿竖壁积分即可得出高为 l 的整个壁面的平均表面传热系数：

$$h_l = \frac{1}{l} \int_0^l h_x \, \mathrm{d}x = 0.943 \left[\frac{g\rho_l^2 r \lambda_l^3}{\eta_l l (t_s - t_w)} \right]^{\frac{1}{4}} \qquad (10\text{-}95)$$

式(10-95)即为竖壁层流膜状凝结的努塞尔理论解。对于与水平轴的倾斜角为 φ ($\varphi > 0$) 的倾斜壁，只需将式(10-95)中的 g 改为 $g\sin\varphi$ 即可应用。

实验表明，由于液膜表面的波动增强了液膜的传热，实际平均表面传热系数比理论值高 20% 左右，经过实验修正的凝结换热表面传热系数为：

$$h_l = 1.13 \left[\frac{g\rho_l^2 r \lambda_l^3}{\eta_l l (t_s - t_w)} \right]^{\frac{1}{4}} \qquad (10\text{-}96)$$

膜状凝结液膜的流动状态也有层流和湍流之分，为此定义液膜的膜层雷诺数。以竖壁的膜状凝结传热为例，对于距离顶端为 $x = l$、宽度为 b 的竖壁膜状凝结，润湿周边 $P = b$，液膜流动的截面积 $A = b\delta$，所以液膜的当量直径 $d_e = 4A/P = 4\delta$。于是在离开液膜起始处为 $x = l$ 的膜层雷诺数 Re 为：

$$Re = \frac{d_e \rho u_l}{\eta_l} = \frac{4\delta \rho u_l}{\eta_l} = \frac{4 q_{ml}}{\eta_l} \qquad (10\text{-}97)$$

式中，u_l 为壁底部 $x = l$ 处液膜层的平均流速；d_e 为该截面处液膜层的当量直径，q_{ml} 表示 $x = l$ 处宽为 1m 的截面上凝结液体的质量流量，kg/(m·s)。根据热平衡，这些凝结液所释放出来的潜热一定等于冷表面吸收的热量，即：

$$h(t_s - t_w) = r q_{ml}$$

于是凝结液膜雷诺数 Re 可以写作：

$$Re = \frac{4hl(t_s - t_w)}{\eta r} \qquad (10\text{-}98)$$

实验表明，膜层雷诺数 $Re < 1600$ 时，液膜内为层流状态，当膜层雷诺数 $Re > 1600$ 时，液膜内为湍流状态。

该式表明，凝结液膜雷诺数不同于单相对流传热时的雷诺数，它是凝结表面传热系数和换热温差的函数。这个特点导致计算时必须要做迭代或者验证。对于水平管只要用 πd 代替上式中的 l，即为其膜层的 Re 数。

由于多半冷凝换热设备都采用卧式冷凝器，即在水平管的外表面进行膜状凝结，因此可以将努塞尔理论分析推广到水平圆管及球表面上的层流膜状凝结，其平均表面传热系数的计算式分别为：

$$h_H = 0.729 \left[\frac{g\rho_l^2 r \lambda_l^3}{\eta_l d (t_s - t_w)} \right]^{\frac{1}{4}} \qquad (10\text{-}99)$$

$$h_S = 0.826 \left[\frac{g\rho_l^2 r \lambda_l^3}{\eta_l d (t_s - t_w)} \right]^{\frac{1}{4}} \qquad (10\text{-}100)$$

式中，下标 H 和 S 分别表示水平管和球；d 为水平管或球的直径。式(10-95)、式(10-99)、式(10-100)中，除相变热按蒸气饱和温度确定 t_s 外，其他物性均取膜层平均温度 $t_m = (t_s + t_w)/2$ 为定性温度。

从式(10-96)和式(10-99)可以看出，横管和竖壁平均表面传热系数的计算公式的不同之处在于：特征长度横管用管子直径 d，而竖壁用长度 l；两式的系数也不同。那么在其他条件相同时，横管平均表面传热系数 h_H 与竖壁平均表面传热系数 h_l 的比值为

$$\frac{h_{\mathrm{H}}}{h_l} = 0.77 \left(\frac{l}{d}\right)^{\frac{1}{4}} \qquad (10\text{-}101)$$

在 $l/d = 50$ 时，横管的平均表面传热系数是竖管的 2 倍，所以冷凝器通常都采用横管的布置方案。

（2）膜状凝结的影响因素

实际工程中的膜状凝结情况较为复杂，影响因素也较多。

① 不可凝气体　若冷凝蒸气中含有不可凝气体，如空气或者其他的气体成分，即使含量极微，也将对凝结传热产生极大的负面影响。一方面随着蒸气的凝结，不凝结气体聚集在液膜附近。蒸气在抵达液膜表面进行凝结前，必须以扩散方式穿过聚集在界面附近的不凝结气体层，这就必然减少了蒸气的凝结量。另一方面，蒸气分压力的下降，使相应的饱和温度下降，减小了凝结传热的动力 Δt，也使凝结过程削弱。

② 蒸气流速　努塞尔分析解针对完全静止的蒸气，忽略了蒸气流速的影响。实际上，蒸气是具有一定流速的，蒸气流速会对液膜表面产生明显的黏滞应力。其影响又随蒸气流向与重力场同向或异向、流速大小以及是否撕破液膜等而不同，因此蒸气对凝结液膜表面的黏性切应力不能再忽略。一般来说，当蒸气流动方向与液膜向下的流动同方向时，使液膜变薄，表面传热系数增大；反方向时，则会阻滞液膜的流动使其增厚，表面传热系数将变小。

③ 蒸气过热度　努塞尔分析解是在假设蒸气为饱和蒸气的情况下得出的。对于过热蒸气，需将上述公式中的汽化潜热改为过热蒸气与饱和液体的焓差。

④ 液膜过冷度　努塞尔理论分析忽略了液膜过冷度的影响，并假定液膜中温度呈线性分布。如果考虑这两个因素的影响，推荐使用修正的 r' 代替计算公式中的 r。

$$r' = r + 0.68 c_p (t_\mathrm{s} - t_\mathrm{w}) \qquad (10\text{-}102)$$

⑤ 管子排数　对于在垂直方向有 n 根水平圆管的情况，只需用 nd 代替式（10-99）中的 d 进行近似估算。实际上这是过分保守的估计，因为没有考虑凝结液在落下时产生的飞溅以及液膜的冲击扰动。而飞溅和扰动的程度取决于管束的几何布置、流体物性等，情况比较复杂，设计时最好参考适合设计条件的实验资料。

10.8.2　沸腾传热

沸腾是指在液体内部以产生气泡的形式进行的汽化过程。当液体与温度高于其相应压力下饱和温度的壁面接触时可能发生沸腾传热。沸腾可以分为大容器沸腾（池沸腾）和管内沸腾。大容器沸腾指液体处于受热面一侧的较大空间中，依靠气泡的扰动和温差而流动。管内沸腾是液体以一定流速流经加热管时所发生的沸腾现象，需外加压差作用才能维持。此外，按液体温度分为过冷沸腾和饱和沸腾。过冷沸腾时液体的主体温度低于相应压力下饱和温度，因此气泡在脱离壁面前或脱离壁面后在液体中重新凝结。液体的主体温度等于相应压力下饱和温度时的沸腾传热称为饱和沸腾，此时从加热面产生的气泡在离开加热面上升的过程中不会再重新凝结。本节主要介绍大容器内的饱和沸腾。

（1）大容器饱和沸腾曲线

流体的主体都达到相应压力下的饱和温度的大容器沸腾称为大容器的饱和沸腾。壁面温度高出流体饱和温度的部分称为壁面的沸腾温差（过热度），随着过热度的增加，大容器饱和沸腾热流密度的变化曲线称为饱和沸腾曲线。图 10-18 为一个大气压下水的大容器饱和沸腾曲线，该曲线是以加热面上的过热度 Δt 和热流密度 q 为横、纵坐标的图线，一般随着加热面温度 t_w 与相应压力下的饱和温度 t_s 温差 $\Delta t = t_w - t_s$ 的增加，沸腾曲线上将会依次出现以下几种典型的状态。

① 自然对流区　当过热度较小时（图中 A 点以前的区域），壁面上只有少量气泡产生，看不到明显的气泡脱离壁面的沸腾现象，流体的运动和传热基本上遵循自然对流的规律。

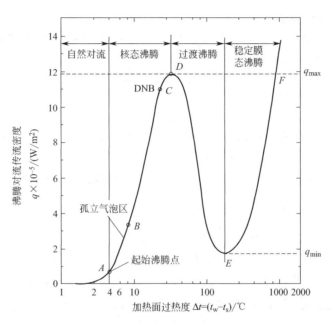

图 10-18　标准大气压下水的大容器饱和沸腾曲线

② 核态沸腾区　随着过热度的增加，壁面上产生的气泡迅速增多，并逐渐增大，直至在浮力作用下离开壁面，进入液体，这一阶段的沸腾现象称为核态沸腾。核态沸腾的始点称为起始沸腾点（A 点），起始沸腾点之后，随着过热度的增加，壁面上个别点产生气泡，开始产生的气泡互不相连，称为孤立气泡区（图中 AB 段）。随着过热度进一步增加，气泡互相影响，并会合成气块或气柱。在核态沸腾区，随着过热度的增加，热流密度迅速增加。核态沸腾是工程应用中最重要、最常见的沸腾形态，有温压小、传热强的特点，所以一般工业应用都设计在这个范围。核态沸腾区的终点相应于热流密度的峰值点（图中 D 点），称作临界热流密度。

③ 过渡沸腾区　D 点以后，随着过热度进一步增加，壁面产生的气泡过多而连成一片形成气膜，覆盖在壁面表面，使传热条件恶化，导致热流密度随着过热度的增加而减小，直到降低到一极小值 q_{min}（图中 E 点）。这段沸腾是很不稳定的传热过程，称为过渡沸腾。

④ 稳定膜态沸腾区　E 点之后，随着过热度的增加，壁面上已形成稳定的蒸气膜层，汽化在气液界面上进行，热量以导热、对流和辐射三种方式从壁面通过气膜传到气液界面外，且随着过热度的增加，辐射传热的比重增加，使热流密度随着过热度的增加而增大。这个阶段为稳定膜态沸腾。

值得指出的是，大多数沸腾加热设备是以改变加热面热流密度作为调节工况的基本手段的，如电加热器、以辐射为主的燃烧器或冷却水加热的核反应堆，必须要特别注意发生烧毁等事故。这是由于一旦热流密度超过峰值，设备的实际运行工况将沿过 q_{max}

点的虚线跳至稳定膜态沸腾线，过热度将迅速升高到 1000℃ 以上，导致设备烧毁等，所以必须严格监视并控制热流密度，确保在安全工作范围之内。因此对于以控制热流密度方式运行的沸腾换热设备，决不能让实际热流密度超过临界热流密度点，为了安全必须留有一定的裕度。实际运行中会用一个在最大热流密度点前比 q_{max} 略小、上升缓慢的核态沸腾的转折点 DNB 作为警戒安全的监视点。

（2）大容器沸腾传热的实验关联式

① 米海耶夫关联式　对于水的大容器核态沸腾，推荐使用米海耶夫公式计算换热表面传热系数：

$$h = 0.1224 \Delta t^{2.33} p^{0.5} \tag{10-103}$$

因为 $q = h \Delta t$，上式可写成：

$$h = 0.5335 q^{0.7} p^{0.15} \tag{10-104}$$

以上两式中，h 为沸腾换热表面传热系数，W/(m² · K)；Δt 为过热度，℃；p 为沸腾绝对压力，Pa；q 为热流密度，W/m²。

② 罗森诺关联式　对于核态沸腾换热，罗森诺通过大量实验得出了下面适用性较广的关联式：

$$\frac{c_{pl} \Delta t}{r Pr_l^s} = C_{wl} \left[\frac{q}{\eta_l r} \sqrt{\frac{\sigma}{g(\rho_l - \rho_v)}} \right]^{0.33} \tag{10-105}$$

式中，c_{pl} 为饱和液体的比定压热容，J/(kg · K)；r 为汽化潜热，J/kg；g 为重力加速度，m/s²；Pr_l 为饱和液体的普朗特数，$Pr_l = c_{pl} \eta_l / \lambda_l$；$q$ 为沸腾热流密度，W/m²；Δt 为壁面过热度，℃；η_l 为饱和液体的动力黏度，Pa · s；ρ_l、ρ_v 为相应饱和液体和饱和蒸气的密度，kg/m³；σ 为液体-蒸气界面的表面张力，N/m；s 为经验指数，对于水 $s = 1.0$，对于其他液体 $s = 1.7$。C_{wl} 为取决于加热表面—液体组合情况的经验常数，由实验确定。表 10-9 列出了某些表面与液体组合的 C_{wl} 值。

表 10-9　部分液体-固体表面组合的经验系数 C_{wl}

液体-固体表面组合情况	C_{wl}	液体-固体表面组合情况	C_{wl}
水-铜		磨光并抛光的不锈钢	0.0060
烧焦的铜	0.0068	化学腐蚀的不锈钢	0.0130
抛光的铜	0.0130	机械抛光的不锈钢	0.0130
水-黄铜	0.0060	苯-铬	0.010
水-铂	0.0130	乙醇	0.0027
水-不锈钢			

③ 大容器沸腾临界热流密度　朱泊推荐使用下面经验公式计算大容器沸腾临界热流密度：

$$q_{max} = \frac{\pi}{24} r \rho_v^{\frac{1}{2}} \left[g \sigma (\rho_l - \rho_v) \right]^{\frac{1}{4}} \tag{10-106}$$

思　考　题

10-1　何谓对流传热？用简明的语言解释速度边界层和热边界层的概念。

10-2　影响对流传热的主要因素有哪些？

10-3　边界层的主要特点以及引入边界层概念的意义是什么？

10-4　对流换热微分方程组由几个方程组成，各自导出的理论依据是什么？

10-5 何为两个物理现象相似？

10-6 对流传热常用特征数及其物理意义是什么？

10-7 试说明管槽内对流传热的入口效应。

10-8 对管内强制对流传热，为何采用短管和弯管可以强化流体的换热？

10-9 管内强制对流温度修正系数，为什么液体用黏度来修正，而气体用温度来修正？

10-10 什么叫大空间自然对流传热与有限空间自然对流传热？

10-11 什么是膜状凝结和珠状凝结？膜状凝结热量传递过程的主要阻力在什么地方？

10-12 不凝结气体对凝结换热有什么影响？

10-13 画出水在一个标准大气压下的大容器饱和沸腾曲线。

10-14 什么是临界热流密度？它对工程实践有什么意义？

习 题

10-1 水和空气均以 1m/s 的速度分别平行流过平板，边界层的平均温度均为 50℃，试求距平板前沿 100mm 处流动边界层及热边界层的厚度。

10-2 大气压力下 22℃的空气以 10m/s 的速度掠过表面温度为 110℃的平板。求：(1) 距离平板前缘 50mm 和 150mm 两处的局部表面传热系数和 0～50mm、0～150mm 两段的平均表面传热系数；(2) 50～150mm 这一段距离内的平均表面传热系数。

10-3 变压器油在内径为 30mm 的管子内冷却，管子长 2m，流量为 0.313kg/s。变压器油的平均热物性可取为 $\rho = 885 kg/m^3$，$\nu = 3.8 \times 10^{-5} m^2/s$，$Pr = 490$。试判断流动状态及换热是否已进入充分发展区。

10-4 水在换热器管内被加热，管内径为 14mm，管长为 2.5m，管壁温度保持为 110℃，水的进口温度为 50℃，流速为 1.3m/s，试求水通过换热器后的温度。

10-5 $1.01325 \times 10^5 Pa$ 下的空气在内径为 76mm 的直管内流动，入口温度为 65℃，入口体积流量为 0.022m³/s，管壁的平均温度为 180℃。问管子要多长才能使空气加热到 115℃。

10-6 一亚音速风洞试验段的最大风速可达 40m/s。为了使外掠平板的流动达到 5×10^5 的 Re_x 数，问平板需多长，设来流温度为 30℃，平板壁温为 70℃。如果平板温度系用低压水蒸气在夹层中凝结来维持，当平板垂直于流动方向的宽度为 20cm 时，试确定水蒸气的凝结量。风洞中的压力可取为 $1.013 \times 10^5 Pa$。

10-7 空气横向掠过单管，管外径 $d = 12mm$，管外来流速度 $u = 14m/s$，空气温度 $t_f = 30℃$，壁温 $t_w = 22℃$，求空气侧的表面传热系数。

10-8 测定流速的热线风速仪是利用流速不同对圆柱体的冷却能力不同，从而导致电热丝温度计电阻值不同的原理制成的。用电桥测定电热丝的阻值可推得其温度。今有直径为 0.1mm 的电热丝垂直于气流方向放置，来流温度为 20℃，电热丝温度为 40℃，加热功率为 17.8W/m，试确定此时的流速，略去其他热损失。

10-9 在一锅炉中，烟气横掠 4 排管组成的顺排管束。已知管外径 $d = 60mm$，$s_1/d = 2$，$s_2/d = 2$，烟气的平均温度 $t_f = 600℃$，$t_w = 120℃$。烟气通道最窄处平均流速 $u = 8m/s$。试求管束平均表面传热系数。

10-10 一块宽 0.1m、高 0.18m 的薄平板竖直地置于温度为 20℃的大房间中。平板通电加热，功率为100W。平板表面喷涂了反射率很高的涂层，试确定在此条件下平板的最高壁面温度。

10-11 饱和水蒸气在高度 $l=1.5\text{m}$ 的竖管外表面上作层流膜状凝结。水蒸气压力 $p=2.5\times10^5\text{Pa}$，管子表面温度为123℃。试利用努塞尔分析解计算离开管顶0.1m、0.2m、0.4m、0.6m及1.0m处的液膜厚度和局部表面传热系数。

10-12 压力为 $1.013\times10^5\text{Pa}$ 的饱和水蒸气在 $20\text{cm}\times20\text{cm}$ 的方形竖壁外凝结，管壁温保持98℃。试计算每小时的换热量及凝结蒸汽量（假设膜为层流）。

10-13 立式氨冷凝器由外径为50mm的钢管制成。钢管外表面温度为25℃，冷凝温度为30℃，要求每根管子的氨凝结量为0.009kg/s，试确定每根管子的长度。

10-14 一铜制平底锅底部的受热面直径为30cm，要求其在 $1.013\times10^5\text{Pa}$ 大气压力下沸腾时每小时能产生2.3kg的饱和水蒸气，试确定锅底干净时其与水接触面的温度。

[11] 辐射换热

热辐射是热量传递的基本方式之一，以热辐射方式进行的热量交换称为辐射换热。本章将对热辐射的基本概念、基本定律以及辐射换热的计算方法进行介绍。

11.1 热辐射的基本概念

11.1.1 热辐射和电磁波谱

热辐射是一种重要的热量传递方式。与导热和对流传热相比，热辐射及辐射传热无论在机理还是在具体的规律上都有根本的区别。首先，热辐射是一切物体的固有属性，只要温度高于绝对零度（0K），物体就不断地向外发出热辐射，同时也不断地吸收周围物体投射到它表面上的热辐射。辐射传热是指物体之间相互辐射和吸收的总效果。即使两个物体温度相同，辐射传热也仍在不断进行，只是每一物体辐射出去的能量等于其吸收的能量，即处于动态热平衡状态，辐射传热量为零。其次，物体之间的辐射传热不需要任何形式的中间介质且在真空中传递的效率最高。另外，在辐射传热过程中，不仅有能量的交换，还有能量形式的转化，即物体在辐射时，不断将自己的热能转变为电磁波向外辐射，当电磁波辐射到其他物体表面时即被吸收而转变为热能。

热辐射的本质是电磁波，电磁波以光速在空间传播，电磁波的速度、波长和频率存在如下关系：

$$c = f\lambda \tag{11-1}$$

式中，c 为电磁波的传播速度，m/s，在真空中 $c = 3 \times 10^8 \, \text{m/s}$；$f$ 为频率，s^{-1}；λ 为波长，μm。

整个波谱范围内的电磁波如图 11-1 所示。传热学感兴趣的波谱范围是 $0.1 \sim 100 \, \mu\text{m}$

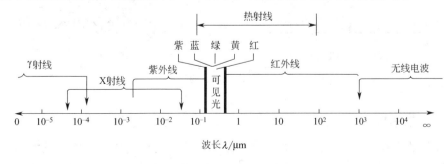

图 11-1 电磁波的波谱

的波段，称为热辐射波段。其中 $0.38\sim0.76\mu m$ 的为可见光波段，$0.76\mu m$ 以上的为红外波段。在常见的工业范围内，人们遇到最多的是红外辐射。

11.1.2 吸收比、反射比和透射比

热辐射和其他电磁波一样，射落到物体表面上时会发生反射、吸收和透射现象。单位时间内投射到单位面积物体表面上的全波长范围内的辐射能称为投入辐射，记为 G，单位 W/m^2。当辐射能量为 G 的热辐射落到物体表面上时，一部分能量 G_α 被物体吸收，一部分能量 G_ρ 被物体表面反射，而另一部分能量 G_τ 经折射而透过物体，如图 11-2 所示。

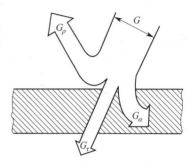

图 11-2 物体对热辐射的吸收、反射和透射

根据能量守恒定律，有：

$$G=G_\alpha+G_\rho+G_\tau \tag{11-2}$$

或

$$\frac{G_\alpha}{G}+\frac{G_\rho}{G}+\frac{G_\tau}{G}=1 \tag{11-3}$$

式中，$\dfrac{G_\alpha}{G}$、$\dfrac{G_\rho}{G}$、$\dfrac{G_\tau}{G}$ 分别称为物体对投入辐射的吸收比、反射比、透射比，记为 α、ρ、τ。于是有：

$$\alpha+\rho+\tau=1 \tag{11-4}$$

实际上，当辐射能进入固体或液体表面后，在很短的距离内就被吸收完了。对于金属导体，这一距离只有 $1\mu m$ 的数量级；对于大多数的非导电体材料，这一距离亦小于 $1mm$，即可以认为固体和液体对外界投射辐射的吸收和反射都是在表面上进行的，热辐射不能穿透固体和液体，$\tau=0$。故对于固体和液体，式(11-4) 可以简化为：

$$\alpha+\rho=1 \tag{11-5}$$

物体表面粗糙度不同，物体表面对外界投射辐射的反射呈现出不同的特征。当物体表面较光滑，其粗糙不平的尺度小于投入辐射的波长时，形成镜面反射，入射角等于反射角，如图 11-3(a) 所示，该表面称为镜面，该物体称为镜体。当物体表面粗糙不平的尺度大于投入辐射的波长时，形成漫反射，如图 11-3(b) 所示，该表面称为漫反射表面。一般工程材料的表面都形成漫反射。

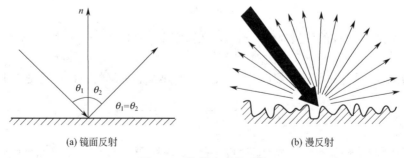

(a) 镜面反射　　　　　　(b) 漫反射

图 11-3 物体表面的反射

11.1.3 黑体辐射

当物体的吸收比 $\alpha=1$ 时，该物体称为绝对黑体，简称黑体。黑体将投射到它表面的辐射能全部吸收。黑体是一种理想物体，在自然界中是不存在的。尽管黑体是一种理

想模型，但可以用以下方法近似实现：选用吸收比较大的材料制造一个等温空腔，并在空腔壁面上开一个小孔。当腔体总面积和小孔面积之比足够大时，从小孔进入空腔内的投射辐射，在空腔内经过多次反射和吸收，每经过一次吸收，辐射能就按照内壁吸收率的份额被减弱一次，最终辐射能从小孔逸出的份额很少，可以认为全部被空腔所吸收。图 11-4 为人工黑体模型。黑体在热辐射研究中具有极其重要的地位。由于黑体辐射性质简单，其热辐射和辐射传热的规律都非常容易确定。在处理实际物体的辐射问题时，将实际物体的辐射和黑体辐射相比较，从中找出其与黑体辐射的偏离，然后确定必要的修正系数。

图 11-4　黑体模型

反射比 $\rho=1$ 时的物体称为绝对白体（简称白体），透射比 $\tau=1$ 的物体称为绝对透明体（简称透明体）。白体、透明体和黑体一样，都是假想的理想物体，自然界中并不存在。

11.1.4　辐射强度

物体表面发射的辐射能不仅随波长变化，而且也随空间方向变化，即辐射能在半球空间不同方向立体角的能量分布不同。

和平面角的定义相类似，以三维空间的立体角表示某一方向空间所占的大小。对于半径为 r 的球面上，面积 A_s 与 r^2 之比，称为立体角，其大小为：

$$\Omega=\frac{A_s}{r^2} \tag{11-6}$$

立体角的单位为球面度，用 sr 表示。

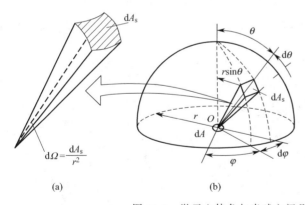 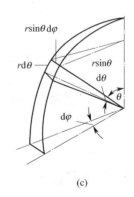

(a)　　　　　　　　(b)　　　　　　　　(c)

图 11-5　微元立体角与半球空间几何参数的关系

在球坐标系中，由经度微元角 $\mathrm{d}\varphi$ 和纬度微元角 $\mathrm{d}\theta$ 所形成的微元立体角 $\mathrm{d}\Omega$ 在半径为 r 的球面上所截的微元面积 $\mathrm{d}A_s$ 为：

$$\mathrm{d}A_s=(r\mathrm{d}\theta)r\sin\theta\mathrm{d}\varphi=r^2\sin\theta\mathrm{d}\theta\mathrm{d}\varphi \tag{11-7}$$

$\mathrm{d}A_s$ 对球心所张的微元立体角为：

$$\mathrm{d}\Omega=\frac{\mathrm{d}A_s}{r^2}=\sin\theta\mathrm{d}\theta\mathrm{d}\varphi \tag{11-8}$$

图 11-6 为图 11-5 简画成平面图的形式。球心 O 处的微元面积 $\mathrm{d}A$ 为辐射面，球面

上微元面积 dA_s 为接收辐射面，dA_s 对 dA 的方向为 θ，dA_s 所张的立体角为 $d\Omega$。则 dA_s 的可见辐射面积为 $dA\cos\theta$。如果 dA 向微元立体角 $d\Omega$ 发出的辐射能为 $d\Phi$，则定义 I 为 dA 所发出的辐射能在 θ 方向的定向辐射强度，单位为 $W/(m^2 \cdot sr)$。

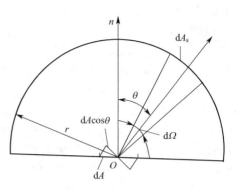

$$I(\theta) = \frac{d\Phi}{dA\cos\theta d\Omega} \tag{11-9}$$

由式(11-9)可知，定向辐射强度表示在单位时间内，从单位可见辐射面积向某一方向 θ 的单位立体角内所发出的辐射能。

图 11-6　可见辐射面积示意图

11.1.5　辐射力

单位时间内，单位面积的物体表面向半球空间发射的全部波长的辐射能的总和称为该物体表面的辐射力，符号为 E，单位为 W/m^2。

单位时间内，单位面积的物体表面向半球空间发射的波长为 λ 的辐射能称为该物体表面的光谱辐射力或单色辐射力，符号为 E_λ，单位为 $W/(m^2 \cdot m)$ 或 $W/(m^2 \cdot \mu m)$。

由辐射力和光谱辐射力的定义可知：

$$E = \int_0^\infty E_\lambda d\lambda \tag{11-10}$$

单位时间内，单位面积物体表面向某个方向发射的单位立体角内的辐射能称为该物体表面在该方向上的定向辐射力，符号为 E_θ，单位为 $W/(m^2 \cdot sr)$。

由辐射力和定向辐射力的定义，两者的关系为：

$$E = \int_{\Omega=2\pi} E_\theta d\Omega \tag{11-11}$$

定向辐射力与辐射强度之间的关系为：

$$E_\theta = I(\theta)\cos\theta \tag{11-12}$$

于是，辐射力与辐射强度之间的关系为

$$E = \int_{\Omega=2\pi} I(\theta)\cos\theta d\Omega \tag{11-13}$$

11.2　黑体辐射

黑体辐射的基本规律可以归结为四个定律：普朗克定律、维恩位移定律、斯蒂芬-玻尔兹曼定律和兰贝特定律。为了明确起见，用下标 b 表示黑体的辐射特性。

11.2.1　普朗克定律

1900 年普朗克（M. Planck）根据量子理论，揭示了黑体光谱辐射力 $E_{b\lambda}$ 按照波长 λ 和热力学温度 T 的分布规律，即普朗克定律：

$$E_{b\lambda} = \frac{c_1\lambda^{-5}}{e^{c_2/(\lambda T)}-1} \tag{11-14}$$

式中，λ 为波长，m；T 为热力学温度，K；c_1 为普朗克第一常数，$c_1 = 3.742 \times 10^{-16}\,\mathrm{W \cdot m^2}$；$c_2$ 为普朗克第二常数，$c_2 = 1.439 \times 10^{-2}\,\mathrm{m \cdot K}$。

普朗克定律所揭示的关系 $E_{b\lambda} = f(\lambda, T)$ 如图 11-7 所示。由图可以看出黑体辐射的如下特点：

① 同一温度下，黑体的光谱辐射力随波长连续变化。在 $\lambda = 0$ 和 $\lambda = \infty$ 时，$E_{b\lambda}$ 都等于 0；其间有一最大的 $E_{b\lambda}$ 值（峰值），相应的波长记为 $\lambda_{\max}$；

② 温度越高，同一波长下的光谱辐射力越大；

③ 随着温度的升高，光谱辐射力分布曲线的峰值向左（向较短波长）移动。对应于最大光谱辐射力的波长 $\lambda_{\max}$ 与温度 T 之间存在如下的关系：

$$\lambda_{\max} T = 2897.6\,(\mu m \cdot K) \tag{11-15}$$

式(11-15) 称为维恩（Wein）位移定律，是维恩在 1891 年用热力学理论推导出的。

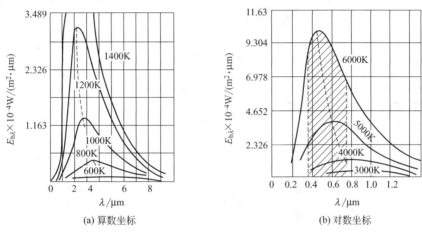

(a) 算数坐标　　　　(b) 对数坐标

图 11-7　普朗克定律揭示的关系

11.2.2　斯蒂芬-玻尔兹曼定律

在辐射换热计算中，确定黑体的辐射力是至关重要的。对普朗克定律在全波长上积分可得：

$$E_b = \int_0^\infty E_{b\lambda}\, d\lambda = \int_0^\infty \frac{c_1 \lambda^{-5}}{e^{c_2/(\lambda T)} - 1}\, d\lambda = \sigma_b T^4 \tag{11-16}$$

式中，$\sigma_b = 5.67 \times 10^{-8}\,\mathrm{W/(m^2 \cdot K^4)}$，为黑体辐射常数，又称斯蒂芬-玻尔兹曼（J. Stefan-D. Boltzman）常数。该式说明黑体的辐射力与其温度四次方成正比，故又称四次方定律。这条定律是斯蒂芬于 1879 年通过实验得到的，玻尔兹曼于 1884 年从热力学角度证明了该定律。

工程上常常需要确定某一给定波长范围（称为波带）内的辐射能量。当温度已知时，黑体的这部分辐射能的值可用图 11-8 中的阴影面积表示。于是，在 $\lambda_1 \sim \lambda_2$ 波段内，黑体的辐射为：

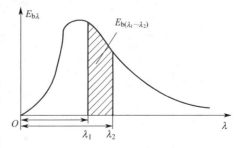

图 11-8　黑体在 $\lambda_1 \sim \lambda_2$ 范围内的辐射力

$$E_{b(\lambda_1 \sim \lambda_2)} = \int_{\lambda_1}^{\lambda_2} E_{b\lambda} \, d\lambda = \int_0^{\lambda_2} E_{b\lambda} \, d\lambda - \int_0^{\lambda_1} E_{b\lambda} \, d\lambda \tag{11-17}$$

习惯上将这种波带的辐射能表示为同温度下黑体辐射力 E_b 的百分数，用 $F_{b(\lambda_1 \sim \lambda_2)}$ 表示：

$$F_{b(\lambda_1 \sim \lambda_2)} = \frac{E_{b(\lambda_1 \sim \lambda_2)}}{E_b} = \frac{\int_0^{\lambda_2} E_{b\lambda} \, d\lambda}{E_b} - \frac{\int_0^{\lambda_1} E_{b\lambda} \, d\lambda}{E_b} = F_{b(0 \sim \lambda_2)} - F_{b(0 \sim \lambda_1)} \tag{11-18}$$

根据普朗克定律表达式：

$$F_{b(0 \sim \lambda)} = \frac{\int_0^\lambda E_{b\lambda} \, d\lambda}{\sigma_b T^4} = \frac{\int_0^\lambda \frac{c_1 \lambda^{-5}}{e^{c_2/(\lambda T)} - 1} \, d\lambda}{\sigma_b T^4} = \frac{1}{\sigma \sigma_b} \int_0^{\lambda T} \frac{c_1 (\lambda T)^{-5}}{e^{c_2/(\lambda T)} - 1} \, d(\lambda T) = f(\lambda T) \tag{11-19}$$

式中，$F_{b(0 \sim \lambda)}$ 称为黑体辐射函数，表示温度为 T 的黑体在波段 $0 \sim \lambda$ 内所发射的辐射能占同温度下黑体辐射力的百分数。表 11-1 给出了黑体辐射函数上的具体数值。根据黑体辐射函数，可以方便地计算出给定温度下黑体在 $\lambda_1 \sim \lambda_2$ 内的辐射能量，即：

$$E_{b(\lambda_1 \sim \lambda_2)} = [F_{b(0 \sim \lambda_2)} - F_{b(0 \sim \lambda_1)}] E_b \tag{11-20}$$

表 11-1 黑体辐射函数

$\lambda T/(\mu m \cdot K)$	$F_{b(0 \sim \lambda)}$	$\lambda T/(\mu m \cdot K)$	$F_{b(0 \sim \lambda)}$	$\lambda T/(\mu m \cdot K)$	$F_{b(0 \sim \lambda)}$	$\lambda T/(\mu m \cdot K)$	$F_{b(0 \sim \lambda)}$
1000	0.00032	5200	0.65794	10800	0.92872	19200	0.98387
1100	0.00091	5300	0.66935	11000	0.93184	19400	0.98431
1200	0.00213	5400	0.68033	11200	0.93479	19600	0.98474
1300	0.00432	5500	0.69087	11400	0.93758	19800	0.98515
1400	0.00779	5600	0.70101	11600	0.94021	20000	0.98555
1500	0.01285	5700	0.71076	11800	0.94270	21000	0.98735
1600	0.01972	5800	0.72012	12000	0.94505	22000	0.98886
1700	0.02853	5900	0.72913	12200	0.94728	23000	0.99014
1800	0.03934	6000	0.73778	12400	0.94939	24000	0.99123
1900	0.05210	6100	0.74610	12600	0.95139	25000	0.99217
2000	0.06672	6200	0.75410	12800	0.95329	26000	0.99297
2100	0.08305	6300	0.76180	13000	0.95509	27000	0.99367
2200	0.10088	6400	0.76920	13200	0.95680	28000	0.99429
2300	0.12002	6500	0.77631	13400	0.95843	29000	0.99482
2400	0.14025	6600	0.78316	13600	0.95998	30000	0.99529
2500	0.16135	6700	0.78975	13800	0.96145	31000	0.99571
2600	0.18311	6800	0.79609	14000	0.96285	32000	0.99607
2700	0.20535	6900	0.80219	14200	0.96418	33000	0.99640
2800	0.22788	7000	0.80807	14400	0.96546	34000	0.99669
2900	0.25055	7100	0.81373	14600	0.96667	35000	0.99695
3000	0.27322	7200	0.81918	14800	0.96783	36000	0.99719
3100	0.29576	7300	0.82443	15000	0.96893	37000	0.99740
3200	0.31809	7400	0.82949	15200	0.96999	38000	0.99759
3300	0.34009	7500	0.83436	15400	0.97100	39000	0.99776
3400	0.36172	7600	0.83906	15600	0.97196	40000	0.99792
3500	0.38290	7700	0.84359	15800	0.97288	41000	0.99806
3600	0.40359	7800	0.84796	16000	0.97377	42000	0.99819
3700	0.42375	7900	0.85218	16200	0.97461	43000	0.99831
3800	0.44336	8000	0.85625	16400	0.97542	44000	0.99842
3900	0.46240	8200	0.86396	16600	0.97620	45000	0.99851
4000	0.48085	8400	0.87115	16800	0.97694	46000	0.99861
4100	0.49872	8600	0.87786	17000	0.97765	47000	0.99869
4200	0.51599	8800	0.88413	17200	0.97834	48000	0.99877
4300	0.53267	9000	0.88999	17400	0.97899	49000	0.99884
4400	0.54877	9200	0.89547	17600	0.97962	50000	0.99890
4500	0.56429	9400	0.90060	17800	0.98023	60000	0.99940
4600	0.57925	9600	0.90541	18000	0.98081	70000	0.99960
4700	0.59366	9800	0.90992	18200	0.98137	80000	0.99970
4800	0.60753	10000	0.91415	18400	0.98191	90000	0.99980
4900	0.62088	10200	0.91813	18600	0.98243	100000	0.99990
5000	0.63372	10400	0.92188	18800	0.98293		
5100	0.64606	10600	0.92540	19000	0.98340		

11.2.3　兰贝特定律

理论上可以证明，黑体的辐射强度与方向无关，即半球空间各方向上的辐射强度都相等。这就是黑体辐射的兰贝特定律。

辐射强度在空间各个方向上都相等的物体也称为漫发射体。对于漫发射体有

$$I(\theta) = I = 常数 \tag{11-21}$$

根据定向辐射力与辐射强度的关系式(11-12) 有

$$E_\theta = I\cos\theta = E_n\cos\theta \tag{11-22}$$

E_n 为表面法线方向上的定向辐射力。上式说明服从兰贝特定律的辐射从单位表面发出的辐射能落到空间不同方向的单位立体角内的能量不相等，其数值正比于该方向与表面法线方向之间夹角 θ 的余弦，所以兰贝特定律又称为余弦定律。

对于漫辐射表面，根据式(11-11)，辐射力为：

$$E = \int_0^{2\pi} I\cos\theta \mathrm{d}\Omega \tag{11-23}$$

将式(11-8) 代入上式，积分后得：

$$E = I\int_{\theta=0}^{\frac{\pi}{2}}\int_{\varphi=0}^{2\pi} \cos\theta\sin\theta \mathrm{d}\theta \mathrm{d}\varphi = \pi I \tag{11-24}$$

所以，对于漫辐射表面，辐射力是半球空间任意方向辐射强度的 π 倍。

【例 11-1】　一个封闭的大空腔上开有直径为 10mm 的小孔，空腔内表面温度为 1250℃，求从小孔逸出的辐射能及最大光谱辐射力所对应的波长 $\lambda_{\max}$。

解：小孔可视为黑体，从中逸出的辐射能等于和空腔内表面温度相等的同面积黑体所发射的辐射能。

小孔逸出的辐射能：

$$\Phi = A\sigma_b T^4 = \frac{\pi}{4}\times 0.01^2 \times 5.67\times 10^{-8}\times(1250+273)^4 = 23.96(\mathrm{W})$$

由维恩位移定律：

$$\lambda_{\max} = \frac{2897.6}{1250+273} = 1.903(\mu m)$$

【例 11-2】　试计算太阳辐射中可见光所占的比例。

解：太阳辐射可认为是表面温度 $T=5762\mathrm{K}$ 的黑体辐射，可见光的波长范围是 $0.38\sim0.76\mu m$。于是：

$$\lambda_1 T = 2190(\mu m\cdot K)$$
$$\lambda_2 T = 4380(\mu m\cdot K)$$

由黑体辐射函数表查得：

$$F_{b(0\sim\lambda_1)} = 9.94\%$$
$$F_{b(0\sim\lambda_2)} = 54.59\%$$
$$F_{b(\lambda_1\sim\lambda_2)} = F_{b(0\sim\lambda_2)} - F_{b(0\sim\lambda_1)} = 44.65\%$$

11.3　实际物体辐射

实际物体的辐射比黑体复杂得多，下面将介绍实际物体的辐射特性、吸收特性以及两者之间的关系。

11.3.1　实际物体的辐射特性

实际物体的辐射不同于黑体，实际物体的辐射力 E 总是小于同温度下黑体的辐射力，两者的比值称为实际物体的发射率，又称黑度，记为 ε。

$$\varepsilon = \frac{E}{E_b} \tag{11-25}$$

相应，实际物体的辐射力可以表示为：

$$E = \varepsilon E_b = \varepsilon \sigma T^4 \tag{11-26}$$

习惯上，式(11-26) 也称为四次方定律，其是实际物体辐射换热计算的基础。其中物体的发射率一般通过实验测定，它仅取决于物体自身，而与周围环境条件无关。

实际物体的光谱辐射力 E_λ 与同温度、同波长黑体的光谱辐射力 $E_{b\lambda}$ 的比值，称为实际物体的光谱发射率或单色黑度，记为 ε_λ。

$$\varepsilon_\lambda = \frac{E_\lambda}{E_{b\lambda}} \tag{11-27}$$

实际物体 ε_λ 沿波长的分布是不均匀的，如图 11-9 所示。

实际物体也不是漫辐射表面，即辐射强度在空间各个方向的分布不遵循兰贝特定律，是方向角 θ 的函数。为了说明实际物体辐射强度的方向性，引入定向发射率：实际物体在方向 θ 上的定向辐射力 E_θ 与同温度下黑体在该方向上的定向辐射力 $E_{b\theta}$ 之比称为该物体在方向 θ 上的定向发射率（又称定向黑度），记为 ε_θ：

$$\varepsilon_\theta = \frac{E_\theta}{E_{b\theta}} = \frac{I_\theta}{I_b} \tag{11-28}$$

图 11-10、图 11-11 显示出一些有代表性的导电体和非导电体定向发射率随方向角 θ 的变化。实验测定表明，半球空间的平均发射率 ε 与其表面法向发射率 ε_n 的比值变化并不大，对于表面粗糙的物体为 0.98，对于表面光滑的物体为 0.95，对于表面高度磨光的金属物体为 1.2。因此除高度磨光的金属表面外，可以近似地认为大多数工程材料是漫射体（$\varepsilon / \varepsilon_n = 1$），服从兰贝特定律。

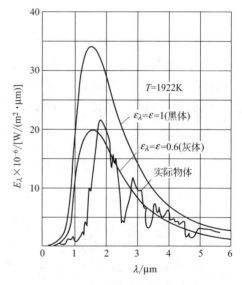

图 11-9　同温度下某实际物体的
光谱辐射力示意图

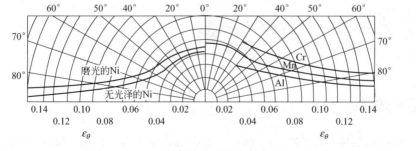

图 11-10　金属材料表面定向发射率的极坐标图（$t = 150℃$）

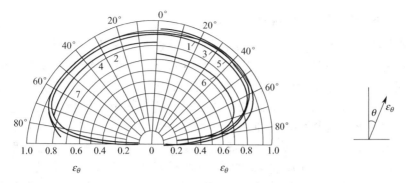

图 11-11　非导电材料表面定向发射率的极坐标图（$t=0\sim93.3\text{℃}$）

【例 11-3】 图 11-12 所示为 1600K 下的一个漫射表面的光谱半球向发射率。确定全波长半球向发射率和全波长发射功率。

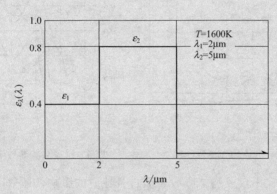

图 11-12　例 11-3 附图

解　假定表面为漫发射体。

采用分段积分：

$$\varepsilon=\frac{\int_0^\infty \varepsilon_\lambda E_{b\lambda}\,\mathrm{d}\lambda}{E_b}=\frac{\varepsilon_1\int_0^2 E_{b\lambda}\,\mathrm{d}\lambda}{E_b}+\frac{\varepsilon_2\int_2^5 E_{b\lambda}\,\mathrm{d}\lambda}{E_b}$$

或

$$\varepsilon=\varepsilon_1 F_{b(0\sim2\mu m)}+\varepsilon_1\left[F_{b(0\sim5\mu m)}-F_{b(0\sim2\mu m)}\right]$$
$$\lambda_1 T=2\times1600=3200(\mu m\cdot K)$$
$$\lambda_2 T=5\times1600=8000(\mu m\cdot K)$$

由黑体辐射函数表查得：

$$F_{b(0\sim2\mu m)}=0.31809$$
$$F_{b(0\sim5\mu m)}=0.85625$$
$$\varepsilon=0.4\times0.31809+0.8\times(0.85625-0.31809)=0.558$$

由式（11-26），全波长发射功率为：

$$E=\varepsilon E_b=\varepsilon\sigma T^4=207.35(\mathrm{kW/m^2})$$

11.3.2 实际物体的吸收特性

实际物体的光谱吸收比 α_λ 也与黑体不同，是波长的函数。图 11-13 和图 11-14 分别给出一些金属和非金属材料在室温下的光谱吸收比随波长的变化情况。有些材料，如磨光的铜和铝，光谱吸收比随波长变化不大；但有些材料，如阳极氧化的铝、粉墙面、白瓷砖等，光谱吸收比随波长变化很大。这种辐射特性随波长变化的性质称为辐射特性对波长的选择性。比如玻璃对波长小于 $2.2\mu m$ 的辐射吸收比很小，因此白天太阳辐射中的可见光就可进入暖房。到了夜晚，暖房中物体常温辐射的能量几乎全部位于波长大于 $3\mu m$ 的红外辐射内，而玻璃对于波长大于 $3\mu m$ 的红外辐射的吸收比很大，从而阻止了夜里暖房内物体的辐射热损失。这就是由玻璃的选择性吸收作用造成的温室效应。

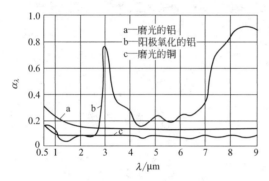
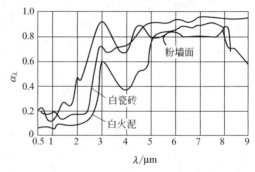

图 11-13　某些金属导电体的光谱吸收比　　图 11-14　某些非导电体的光谱吸收比

实际物体的吸收比不仅受物体吸收表面自身性质的影响，还取决于投入辐射表面的性质，这给工程辐射换热的计算带来了很大困难。实际上，工程上的热辐射所涉及的波长范围，多数工程材料都可以当作灰体处理，这样的简化分析，引起的误差可以忽略。对于灰体，其光谱吸收比与波长无关。显然，对于灰体：

$$\alpha = \alpha_\lambda = 常数 \tag{11-29}$$

和黑体一样，灰体也是一个理想化的物体，就吸收和辐射的规律而言，灰体和黑体非常相似，但灰体在数量上比黑体更接近于实际表面的辐射行为，灰体的吸收比体现了它和黑体在吸收数量上的差异。

11.3.3 基尔霍夫定律

基尔霍夫定律揭示了物体吸收比与发射率之间的关系，可表达为：热平衡条件下，任意物体对黑体投入辐射的吸收比等于同温度下该物体的发射率，即：

$$\alpha = \frac{E}{E_b} = \varepsilon \tag{11-30}$$

对于漫射灰体表面（简称漫灰表面）而言，不论投入辐射是否来自黑体，也不论是否处于热平衡，其吸收比恒等于同温度下的发射率。由于大多数工程材料可当作灰体处理，所以这个结论给物体辐射换热条件下的吸收比的确定带来了实质性的简化。

由基尔霍夫定律可知，物体的吸收能力愈强，其辐射能力亦愈强，反之亦然。换句话说，善于吸收的物体必善于辐射，所以同温度下黑体的辐射力最大。

11.4 角系数

11.4.1 角系数的定义

两个物体表面之间的辐射换热量除了与其本身的性质有关外，还与它们的相对位置有很大的关系。这种关系可以用角系数来描述。对于两个任意放置的表面，表面 1 所发出的辐射能中落在表面 2 上的份额称为表面 1 对表面 2 的角系数，记作 $X_{1,2}$。同理也可以定义表面 2 对表面 1 的角系数。角系数是一个纯几何因子，与两个表面的温度及发射率无关。

对于两个任意放置且有限大小的黑体表面 A_1、A_2，dA_1、dA_2 分别为表面 1、2 上的微元面积，r 为两微元面积之间的距离，两微元面积表面的方向角为 θ_1、θ_2。如图 11-15 所示，根据辐射强度的定义，单位时间从 dA_1 发射到 dA_2 上的辐射能为：

$$d\Phi_{1\to2}=I_{b1}dA_1\cos\theta_1\frac{dA_2\cos\theta_2}{r^2}=E_{b1}\frac{\cos\theta_1\cos\theta_2}{\pi r^2}dA_1dA_2 \tag{11-31}$$

将上式对这两个表面进行积分，可得从表面 1 发射到表面 2 的辐射能：

$$\Phi_{1\to2}=\int_{A_1}\int_{A_2}E_{b1}\frac{\cos\theta_1\cos\theta_2}{\pi r^2}dA_1dA_2$$
$$=E_{b1}\int_{A_1}\int_{A_2}\frac{\cos\theta_1\cos\theta_2}{\pi r^2}dA_1dA_2 \tag{11-32}$$

则表面 1 对表面 2 的角系数为：

$$X_{1,2}=\frac{\Phi_{1\to2}}{E_{b1}A_1}=\frac{1}{A_1}\int_{A_1}\int_{A_2}\frac{\cos\theta_1\cos\theta_2}{\pi r^2}dA_1dA_2 \tag{11-33}$$

同样，表面 2 对表面 1 的角系数为：

$$X_{2,1}=\frac{\Phi_{2\to1}}{E_{b2}A_2}=\frac{1}{A_2}\int_{A_1}\int_{A_2}\frac{\cos\theta_1\cos\theta_2}{\pi r^2}dA_1dA_2 \tag{11-34}$$

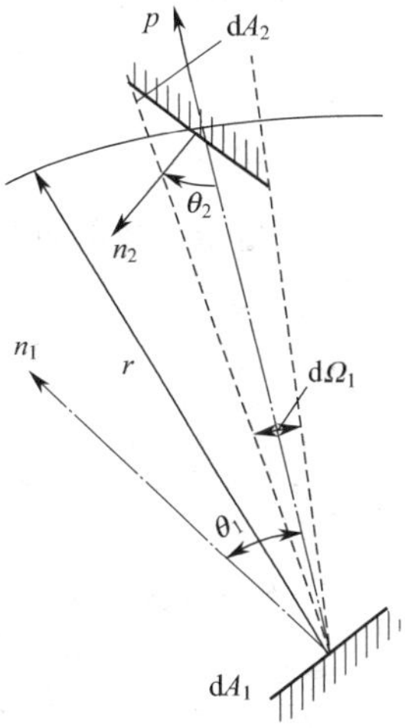

图 11-15 两微元表面之间的辐射

11.4.2 角系数的性质

(1) 角系数的相对性（互换性）

当两个黑体之间进行辐射换热时，表面 1 辐射到表面 2 与表面 2 辐射到表面 1 之间的辐射能分别为：

$$\Phi_{1\to2}=E_{b1}A_1X_{1,2},\ \Phi_{2\to1}=E_{b2}A_2X_{2,1}$$

由于黑体可以完全吸收辐射能，所以两个黑体表面的净换热量为：

$$\Phi_{1,2}=\Phi_{1\to2}-\Phi_{2\to1}=E_{b1}A_1X_{1,2}-E_{b2}A_2X_{2,1} \tag{11-35}$$

如果这两个表面达到热平衡（温度相等），则其净换热量为 0，并且 $E_{b1}=E_{b2}$，可得：

$$A_1X_{1,2}=A_2X_{2,1} \tag{11-36}$$

这就是角系数的相对性。需要指出的是，尽管上式的推导过程中应用了热平衡条件下的黑体辐射假定，但是由于角系数是一个纯几何量，所以上式与表面是否是黑体、温度高低等因素无关。如果已知一个角系数，根据角系数的相对性关系，可以方便地求得另一个角系数。

（2）角系数的完整性

对于由 n 个表面组成的封闭系统，根据能量守恒定律，任何一表面发射的辐射能必全部落到组成封闭系统的几个表面（包括该表面）上。因此，任一表面对各表面的角系数之间存在着下列关系：

$$X_{i,1} + X_{i,2} + \cdots + X_{i,j} + \cdots + X_{i,n} = \sum_{j=1}^{n} X_{i,j} = 1 \tag{11-37}$$

这就是角系数的完整性。非凹表面自己发出的辐射不能到达自身表面，因此有 $X_{i,i} = 0$；而凹表面发出的辐射能有一部分会被自身所接受，$X_{i,i} > 0$。

（3）角系数的可加性（分解性）

根据能量守恒定律，由图 11-16(a) 可知，表面 1（面积为 A_1）发出的辐射能中到达表面 2 和 3（面积 $A_{2+3} = A_2 + A_3$）上的能量，等于表面 1 发出的辐射能中分别到达表面 2 和表面 3 上的能量之和，因此：

$$A_1 X_{1,(2+3)} = A_1 X_{1,2} + A_1 X_{1,3} \tag{11-38}$$

或

$$X_{1,(2+3)} = X_{1,2} + X_{1,3} \tag{11-39}$$

这就是角系数的可加性。同理，由图 11-16(b) 可得：

$$A_{1+2} X_{(1+2),3} = A_1 X_{1,3} + A_2 X_{2,3} \tag{11-40}$$

角系数的上述特性可以用来求解许多情况下两表面间的角系数。

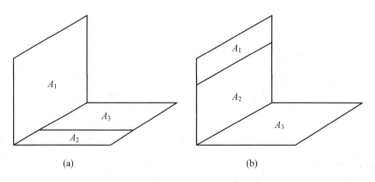

(a)   (b)

图 11-16　角系数的可加性

11.4.3　角系数的计算方法

角系数是计算物体间辐射换热所需的基本参数。确定物体间角系数的方法主要有直接积分法与代数分析法两种，本节将重点放在代数分析法上。

（1）直接积分法

直接积分法是根据角系数积分表达式(11-33)、式(11-34)，通过积分运算求得角系数的方法。对于几何形状和相对位置复杂一些的系统，积分运算将会非常烦琐和困难。为了工程计算方便，已将常见几何系统的角系数计算结果用线图的形式给出，如图 11-17、

图 11-18、图 11-19 所示。

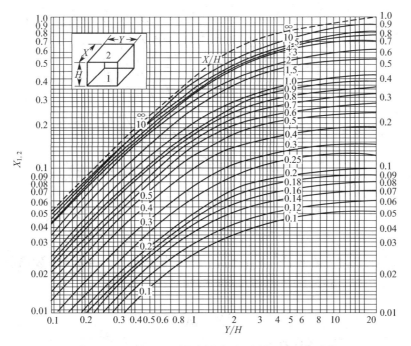

图 11-17　平行且尺寸相同的长方形表面间的角系数

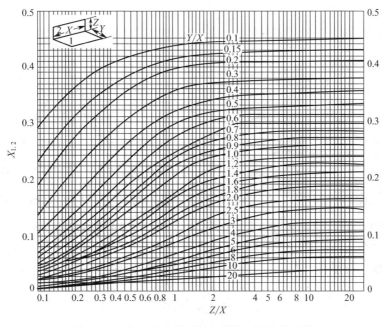

图 11-18　相互垂直的两长方形表面间的角系数

（2）代数分析法

代数分析法是利用角系数的定义和性质，通过代数运算确定角系数的方法。下面利用代数分析法给出几种特殊但是重要的角系数。

① 两块接近的无限大平行平板　可以认为每一个平板的辐射能全部落在另一个平

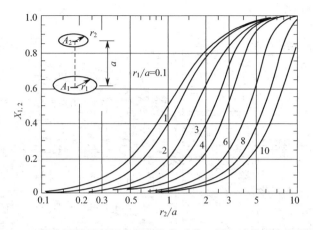

图 11-19 两个同轴平行圆表面间的角系数（圆心连线垂直于圆面）

板的表面，$X_{1,2}=X_{2,1}=1$。

② 一块非凹表面 1 被另一个表面 2 所包围（图 11-20） 表面 1 所发出的辐射全部落在表面 2 上，所以 $X_{1,2}=1$。根据角系数的相对性可得：

$$X_{2,1}=\frac{A_1}{A_2} \tag{11-41}$$

对于凹表面 2，自己可以照见自己，可以利用角系数的完整性得到：

$$X_{2,2}=1-X_{2,1}=1-\frac{A_1}{A_2} \tag{11-42}$$

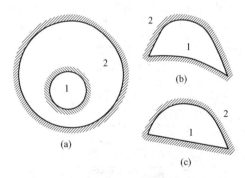

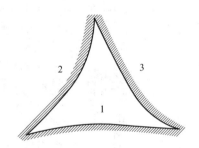

图 11-20 一块非凹表面被另一个表面包围   图 11-21 三个非凹表面构成的封闭系统

③ 三个无限长非凹表面组成的腔体（图 11-21） 其在垂直于纸面的方向上足够长，因此从系统两端逃逸的辐射能为零。设三个表面的面积分别为 A_1、A_2 和 A_3。根据角系数的相对性，可得三个方程：

$$A_1 X_{1,2}=A_2 X_{2,1}$$
$$A_2 X_{2,3}=A_3 X_{3,2}$$
$$A_1 X_{1,3}=A_3 X_{3,1}$$

再由角系数的完整性，可得：

$$X_{1,1}+X_{1,2}+X_{1,3}=1$$
$$X_{2,1}+X_{2,2}+X_{2,3}=1$$
$$X_{3,1}+X_{3,2}+X_{3,3}=1$$

三个表面都是非凹表面，其自身角系数为零，即：

$$X_{1,1} = X_{2,2} = X_{3,3} = 0$$

由上述方程组解得：

$$X_{1,2} = \frac{A_1 + A_2 - A_3}{2A_1}, \quad X_{1,3} = \frac{A_1 + A_3 - A_2}{2A_1}$$

$$X_{2,1} = \frac{A_1 + A_2 - A_3}{2A_2}, \quad X_{2,3} = \frac{A_2 + A_3 - A_1}{2A_2} \tag{11-43}$$

$$X_{3,1} = \frac{A_1 + A_3 - A_2}{2A_3}, \quad X_{3,2} = \frac{A_2 + A_3 - A_1}{2A_3}$$

④ 两个垂直于纸面方向无限长，且相互看得见的非凹表面　由于只有封闭系统才能使用角系数的完整性，因此，作两个无限长假想面 ac 与 bd，使之与两个非凹表面构成一个封闭系统（图11-22）。由此可得：

$$X_{1,2} = 1 - X_{ab,ac} - X_{ab,bd} \tag{11-44}$$

而 ab 与假想面 ac、cb 是一个由三个非凹表面组成的封闭系统，由式(11-43) 可得：

$$X_{ab,ac} = \frac{ab + ac - bc}{2ab} \tag{11-45}$$

同理

$$X_{ab,bd} = \frac{ab + bd - ad}{2ab} \tag{11-46}$$

将式(11-45)、式(11-46) 代入式(11-44)，得：

$$X_{1,2} = \frac{(ad + bc) - (ac + bd)}{2ab} \tag{11-47}$$

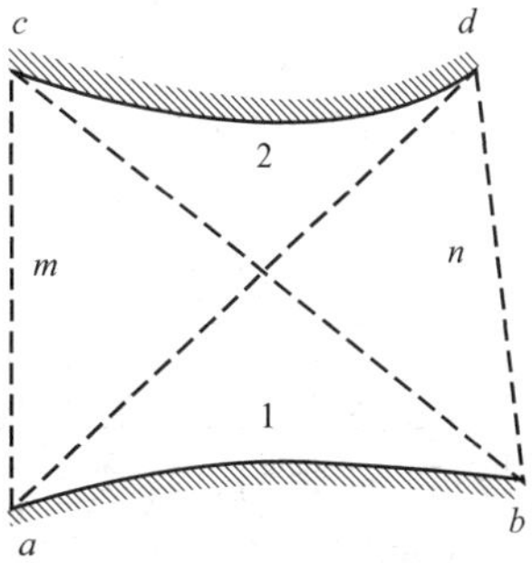

由图11-22、式(11-47) 又可写成：

$$X_{1,2} = \frac{交叉线之和 - 不交叉线之和}{2 \times 表面1的截面长度} \tag{11-48}$$

图 11-22　两个无限长非凹表面及交叉线法

上述方法称为交叉线方法，用于求解无限长延伸表面间的角系数。

【例11-4】 试确定图 11-23 中的角系数 $X_{1,2}$。

解　由角系数的可加性得：

$$X_{(1+A),(2+B)} = X_{(1+A),B} + X_{(1+A),2}$$

查图11-18得：

$$X_{(1+A),(2+B)} = 0.2, \quad X_{(1+A),B} = 0.14$$

故

$$X_{(1+A),2} = 0.2 - 0.14 = 0.06$$

$$X_{A,(2+B)} = \frac{A_1}{A_{(1+A)}} X_{1,2} + \frac{A_A}{A_{(1+A)}} X_{A,2}$$

$$X_{A,(2+B)} = X_{A,B} + X_{A,2}$$

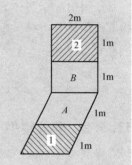

图 11-23　【例11-4】附图

查图11-18得：

$$X_{A,(2+B)} = 0.29, \quad X_{A,B} = 0.23$$

故

$$X_{A,2} = 0.29 - 0.23 = 0.06$$

$$0.06 = \frac{2}{4} \times X_{1,2} + \frac{2}{4} \times 0.06$$

解得

$$X_{1,2} = 0.06$$

11.5 两表面封闭系统的辐射传热

11.5.1 两黑体表面间的辐射传热

对于图 11-24(a) 所示的两个黑体表面 1、2，根据角系数的定义，表面 1 发出并直接落到表面 2 上的辐射能为：

$$\Phi_{1 \to 2} = A_1 E_{b1} X_{1,2}$$

表面 2 发出并直接落到表面 1 上的辐射能为：

$$\Phi_{2 \to 1} = A_2 E_{b2} X_{2,1}$$

因为两表面都是黑体表面，落在它们上面的辐射能会被全部吸收，所以表面 1、2 之间的辐射换热量为：

$$\Phi_{1,2} = A_1 E_{b1} X_{1,2} - A_2 E_{b2} X_{2,1} \tag{11-49}$$

根据角系数的相对性，$A_1 X_{1,2} = A_2 X_{2,1}$，上式又可写为：

$$\Phi_{1,2} = A_1 X_{1,2}(E_{b1} - E_{b2}) = A_2 X_{2,1}(E_{b1} - E_{b2}) \tag{11-50}$$

上式还可以写成：

$$\Phi_{1,2} = \frac{(E_{b1} - E_{b2})}{\dfrac{1}{A_1 X_{1,2}}} = \frac{(E_{b1} - E_{b2})}{\dfrac{1}{A_2 X_{2,1}}} \tag{11-51}$$

上式在形式上与欧姆定律相似，其分子相当于电位差，分母相当于电阻，称为空间辐射热阻，可用图 11-24(b) 所示的辐射网络来表示。

需要注意的是，如果两黑体表面组成封闭空腔，则式 (11-49) 所代表的两黑体表面间辐射传热量同时也是表面 1 净失去的热量和表面 2 净得到的热量。如果两黑体表面不组成封闭空腔，则式(11-49) 仅为两黑体表面间的传热量，并不一定是表面 1 净失去的热量或表面 2 净得到的热量。因为这时两表面还要和周围其他表面进行辐射换热。

如果由 n 个黑体表面构成封闭空腔，那么每个表面的净辐射换热量是该表面与封闭空腔所有表面之间辐射换热量的代数和，即：

$$\Phi_i = \sum_{j=1}^{n} \Phi_{i,j} = \sum_{j=1}^{n} A_i X_{i,j}(E_{bi} - E_{bj}) \tag{11-52}$$

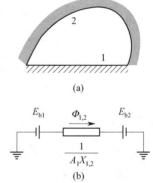

图 11-24　两个黑体表面间的辐射换热等效网络

11.5.2 有效辐射

漫灰表面之间的辐射换热要比黑体表面的复杂，因为在辐射换热时，漫灰表面可能发生辐射能的多次吸收与反射现象，为了简化计算引入有效辐射的概念。

如前所述，单位时间内投入到单位表面积上的总辐射能称为该表面的投入辐射，这里记为 G。单位时间内离开单位表面积的总辐射能为该表面的有效辐射，记为 J。图 11-25 所示为固体表面自身发射与吸收外界辐射的情形。单位时间内表面 i 向外投射的总辐射能除了自身发射辐射 E 外，还包括物体对投射辐射 G 的反射 ρG，因此有效辐射指的是发射辐射与反射辐射之和，即：

$$J = E + \rho G = \varepsilon E_b + (1-\alpha)G \qquad (11\text{-}53)$$

根据表面的辐射平衡，单位面积的辐射换热量应该等于有效辐射与投入辐射之差，即：

$$\frac{\Phi}{A} = J - G \qquad (11\text{-}54)$$

单位面积的辐射换热量同时也等于自身辐射力与吸收的投入辐射能之差，即：

$$\frac{\Phi}{A} = \varepsilon E_b - \alpha G \qquad (11\text{-}55)$$

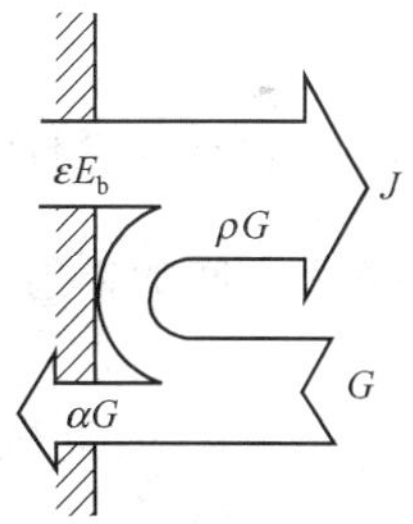

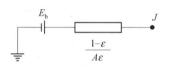

图 11-25 有效辐射

将式(11-53) 代入式(11-54) 和式(11-55)，并考虑到漫灰表面 $\alpha = \varepsilon$，可得：

$$\Phi = \frac{\varepsilon A}{1-\varepsilon}(E_b - J) = \frac{(E_b - J)}{\dfrac{1-\varepsilon}{\varepsilon A}} \qquad (11\text{-}56)$$

上式同样具有和欧姆定律相似的形式，其分子相当于电位差，分母相当于电阻，称为表面辐射热阻，可用图 11-26 所示的辐射网络来表示。对于黑体表面，$\varepsilon = 1$，表面辐射热阻为零，$J = E_b$。

图 11-26 表面辐射
热阻网络单元

再来看灰体表面 i 与表面 j 之间的辐射换热，假设 $J_i > J_j$，则两表面的换热量为：

$$\Phi_{1,2} = J_i A_i X_{i,j} - J_j A_j X_{j,i} = (J_i - J_j)A_i X_{i,j} = (J_i - J_j)A_j X_{j,i} \qquad (11\text{-}57)$$

上式可变形为：

$$\Phi_{1,2} = \frac{J_i - J_j}{\dfrac{1}{A_i X_{i,j}}} = \frac{J_i - J_j}{\dfrac{1}{A_j X_{j,i}}} \qquad (11\text{-}58)$$

11.5.3 两灰体表面组成的封闭系统的辐射换热

两个灰体表面组成的封闭系统的辐射换热是灰体辐射最简单的例子。如图 11-27(a) 所示，假设 $T_1 > T_2$。因为只有两个辐射表面，表面 1 净损失的热量 Φ_1 必定等于表面 2 净获得的热量 Φ_2，也必然等于两表面之间的换热量 $\Phi_{1,2}$，即 $\Phi_1 = \Phi_2 = \Phi_{1,2}$。表面 1 净损失的热量为：

$$\Phi_1 = \frac{E_{b1} - J_1}{\dfrac{1-\varepsilon_1}{\varepsilon_1 A_1}} \qquad (11\text{-}59)$$

表面 2 净获得的热量为：

$$\Phi_2 = \frac{J_2 - E_{b2}}{\dfrac{1-\varepsilon_2}{\varepsilon_2 A_2}} \qquad (11\text{-}60)$$

两表面之间的换热量为：

$$\Phi_{1,2} = \frac{J_1 - J_2}{\dfrac{1}{A_1 X_{1,2}}} \qquad (11\text{-}61)$$

联立式(11-59)、式(11-60)、式(11-61) 可得：

$$\Phi_{1,2} = \frac{E_{b1} - E_{b2}}{\dfrac{1-\varepsilon_1}{\varepsilon_1 A_1} + \dfrac{1}{A_1 X_{1,2}} + \dfrac{1-\varepsilon_2}{\varepsilon_2 A_2}} \tag{11-62}$$

上式是构成封闭空腔的两个漫灰表面之间辐射换热的一般计算公式。可见，两个漫灰表面之间的辐射换热热阻由三个串联的辐射热阻组成：两个表面辐射热阻 $\dfrac{1-\varepsilon_1}{\varepsilon_1 A_1}$ 和 $\dfrac{1-\varepsilon_2}{\varepsilon_2 A_2}$，一个空间辐射热阻 $\dfrac{1}{A_1 X_{1,2}}$，可用图 11-27(b) 所示的辐射网络来表示。

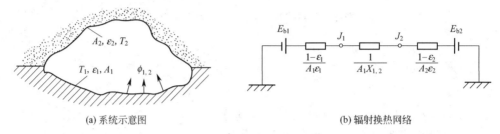

(a) 系统示意图   (b) 辐射换热网络

图 11-27　两个漫灰表面组成的空腔

对于一些特殊的封闭空腔，可以根据表面的特点对式(11-62) 做进一步的简化。

如图 11-28(a) 所示的两近平行平板，特征为：$A_1 = A_2 = A$，$X_{1,2} = X_{2,1} = 1$，因此式(11-62) 可简化为：

$$\Phi_{1,2} = \frac{\sigma(T_1^4 - T_2^4)A}{\dfrac{1}{\varepsilon_1} + \dfrac{1}{\varepsilon_2} - 1} \tag{11-63}$$

图 11-28(b) 所示的辐射传热系统，表面 2 本身已组成封闭空腔，其内的非凹表面 1 必和表面 2 组成封闭空腔（又如同心长圆筒壁与同心球壁），且 $X_{1,2} = 1$，因此式(11-62) 可简化为：

$$\Phi_{1,2} = \frac{\sigma(T_1^4 - T_2^4)A_1}{\dfrac{1}{\varepsilon_1} + \dfrac{1-\varepsilon_2}{\varepsilon_2}\dfrac{A_1}{A_2}} \tag{11-64}$$

图 11-28(c) 所示大腔体 2 内包小凸面物 1，表面 1 较表面 2 很小，即 $A_1/A_2 \approx 0$，$X_{1,2} = 1$，比如高大厂房的内表面和其内部的热力设备或热力管道的外表面就具有这种特点，式(11-64) 进一步简化为：

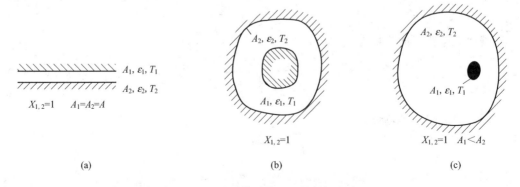

(a)   (b)   (c)

图 11-28　几种特殊情况下的封闭空腔

$$\Phi_{1,2}=\varepsilon_1\sigma(T_1^4-T_2^4)A_1 \tag{11-65}$$

【例 11-5】 一长 0.5 m、宽 0.4 m、高 0.3 m 的小炉窑，窑顶和四周壁面温度为 300℃，发射率为 0.8；窑底温度为 150℃，发射率为 0.6。试计算窑顶和四周壁面对底面的辐射传热量。

解　炉窑有 6 个面，窑顶和四周壁面的温度和发射率相同，可视为表面 1，底面视为表面 2。由已知条件得：

$$A_1=0.4\times0.5+0.4\times0.3\times2+0.5\times0.3\times2=0.74(m^2)\qquad \varepsilon_1=0.8$$

$$A_2=0.4\times0.5=0.2(m)^2\qquad \varepsilon_2=0.6$$

由题意，$X_{2,1}=1$，则：

$$X_{1,2}=X_{2,1}\frac{A_2}{A_1}=1\times\frac{0.2}{0.74}=0.27$$

于是，窑顶和四周壁面对底面的辐射传热量为：

$$\Phi_{1,2}=\frac{E_{b1}-E_{b2}}{\frac{1-\varepsilon_1}{\varepsilon_1 A_1}+\frac{1}{A_1 X_{1,2}}+\frac{1-\varepsilon_2}{\varepsilon_2 A_2}}=\frac{5.67\times10^{-8}\times\left[(300+273)^4-(150+273)^4\right]}{\frac{1-0.8}{0.8\times0.74}+\frac{1}{0.74\times0.27}+\frac{1-0.6}{0.6\times0.2}}=495.3(W)$$

11.5.4　遮热板

在现代隔热保温技术中，遮热板应用较广泛。当两个物体进行辐射传热时，如在它们之间插入一块薄板（本身导热热阻可以忽略，但此时被它隔开的两物体相互看不见），则可使这两个物体间的辐射传热量减少，这时薄板称为遮热板，如图 11-29 所示。未加遮热板时，两个物体间的辐射热阻为两个表面辐射热阻和一个空间辐射热阻。加了遮热板后，将增加两个表面辐射热阻和一个空间辐射热阻。因此总的辐射传热热阻增加，物体间的辐射传热量减少，这就是遮热板的工作原理。现以在两个平行大平板之间插入遮热板为例，说明遮热板对辐射传热的影响。平行大平板间插入薄金属板前后的辐射网络

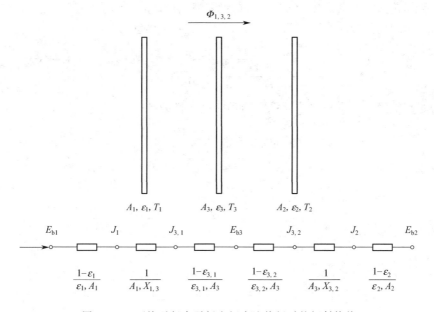

图 11-29　两块平行大平板之间有遮热板时的辐射换热

见图 11-29。在这里，遮热板两侧的发射率 $\varepsilon_{3,1}$ 和 $\varepsilon_{3,2}$ 可能并不相同。由于平板无限大，可以近似得到：

$$X_{1,3} = X_{3,1} = X_{3,2} = X_{2,3} = 1 \text{ 且 } A_1 = A_2 = A_3 = 1$$

无遮热板时表面 1 和表面 2 的辐射换热计算公式为式(11-63)。当加入一块遮热板时：

$$\Phi_{1,3,2} = \Phi_{1,3} = \Phi_{3,2} = \cfrac{E_{b1} - E_{b2}}{\cfrac{1-\varepsilon_1}{\varepsilon_1 A_1} + \cfrac{1}{A_1 X_{1,3}} + \cfrac{1-\varepsilon_{3,1}}{\varepsilon_{3,1} A_3} + \cfrac{1-\varepsilon_{3,2}}{\varepsilon_{3,2} A_3} + \cfrac{1}{A_3 X_{3,2}} + \cfrac{1-\varepsilon_2}{\varepsilon_2 A_2}}$$

$$= \cfrac{A\sigma(T_1^4 - T_2^4)}{\cfrac{1}{\varepsilon_1} + \cfrac{1}{\varepsilon_{3,1}} - 1 + \cfrac{1}{\varepsilon_{3,2}} + \cfrac{1}{\varepsilon_2} - 1} \tag{11-66}$$

由上式可见，当 $\varepsilon_{3,1}$ 和 $\varepsilon_{3,2}$ 很小时，遮热板将大大增加表面 1 与表面 2 之间的热阻，从而大大减小两个表面间的辐射换热。因此要提高遮热板的隔热效果，遮热板的发射率应该尽可能小。

上述方法可以很容易地推广到插入多个遮热板时的辐射换热问题。对于所有发射率都相同的情况，当有 N 个遮热板时：

$$(\Phi_{1,2})_N = \frac{1}{N+1}(\Phi_{1,2})_0 \tag{11-67}$$

式中，$(\Phi_{1,2})_0$ 是没有遮热板时的情况。

遮热板削弱辐射传热的原理在工程上得到了广泛应用，如采用遮热罩减少汽轮机内、外套管间的辐射传热，使用镀金属薄膜的多层遮热罩提高储存低温液体容器的绝热效果，将热电偶置于遮热罩中提高其测温精度等。

【例 11-6】 两平行大平板间的辐射换热，平板的黑度各为 0.5 和 0.8，如果中间加一块铝箔遮热板，其黑度为 0.05。试计算辐射换热量减少的百分率。

解： 未加遮热板时，两平板单位面积间的辐射换热量为：

$$\Phi_1 = \frac{E_{b1} - E_{b2}}{\cfrac{1}{\varepsilon_1} + \cfrac{1}{\varepsilon_2} - 1} = \frac{E_{b1} - E_{b2}}{\cfrac{1}{0.5} + \cfrac{1}{0.8} - 1} = 0.4444(E_{b1} - E_{b2})$$

加遮热板时，两平板单位面积间的辐射换热量为：

$$\Phi_2 = \cfrac{E_{b1} - E_{b2}}{\cfrac{1-\varepsilon_1}{\varepsilon_1} + \cfrac{1}{X_{1,3}} + \cfrac{1-\varepsilon_3}{\varepsilon_3} + \cfrac{1-\varepsilon_3}{\varepsilon_3} + \cfrac{1}{X_{2,3}} + \cfrac{1-\varepsilon_2}{\varepsilon_2}}$$

$$= \cfrac{E_{b1} - E_{b2}}{\cfrac{1-0.5}{0.5} + 1 + \cfrac{1-0.05}{0.05} + \cfrac{1-0.05}{0.05} + 1 + \cfrac{1-0.8}{0.8}}$$

$$= 0.0242(E_{b1} - E_{b2})$$

辐射换热量减少的百分率：

$$\frac{\Phi_1 - \Phi_2}{\Phi_1} = \frac{0.4444 - 0.0242}{0.4444} \times 100\% = 94.5\%$$

11.6 多个灰体表面组成的封闭系统的辐射换热

三个和三个以上灰体表面组成封闭系统时的辐射传热要复杂得多，但仍可用网络法求解。下面以由三个灰体表面组成的封闭系统为例进行介绍。

对于由三个灰体表面组成的封闭体系，如果它们的温度、表面发射率以及空间相对位置均确定的话，可以画出如图 11-30 所示的网络图。由辐射网络图，参照电学上的基尔霍夫定律（稳态时流入节点的热流量之和等于零），写出各节点 J_i 的方程。

$$J_1 \text{ 节点：} \frac{E_{b1}-J_1}{\dfrac{1-\varepsilon_1}{\varepsilon_1 A_1}}+\frac{J_2-J_1}{\dfrac{1}{A_1 X_{1,2}}}+\frac{J_3-J_1}{\dfrac{1}{A_1 X_{1,3}}}=0 \tag{11-68}$$

$$J_2 \text{ 节点：} \frac{E_{b2}-J_2}{\dfrac{1-\varepsilon_2}{\varepsilon_2 A_2}}+\frac{J_1-J_2}{\dfrac{1}{A_1 X_{1,2}}}+\frac{J_3-J_2}{\dfrac{1}{A_2 X_{2,3}}}=0 \tag{11-69}$$

$$J_3 \text{ 节点：} \frac{E_{b3}-J_3}{\dfrac{1-\varepsilon_3}{\varepsilon_3 A_3}}+\frac{J_1-J_3}{\dfrac{1}{A_1 X_{1,3}}}+\frac{J_2-J_3}{\dfrac{1}{A_2 X_{2,3}}}=0 \tag{11-70}$$

联立求解式(11-68)、式(11-69)、式(11-70) 三个方程，即可求出三个未知量 J_1、J_2、J_3，从而求出通过各表面的净热流和任意两表面间的传热量。

应该注意的是，和电路学中参考电流相似，图 11-30 中预先假设的六个热流方向不影响 J_1、J_2、J_3 的数值。但如算出 $\Phi_{1,2}$ 为负，则说明表面 1 实际净获得热流，即表面的净表面热流方向和图示方向相反，表面 1、2 间传热的实际方向为表面 2 净传递热量给表面 1。

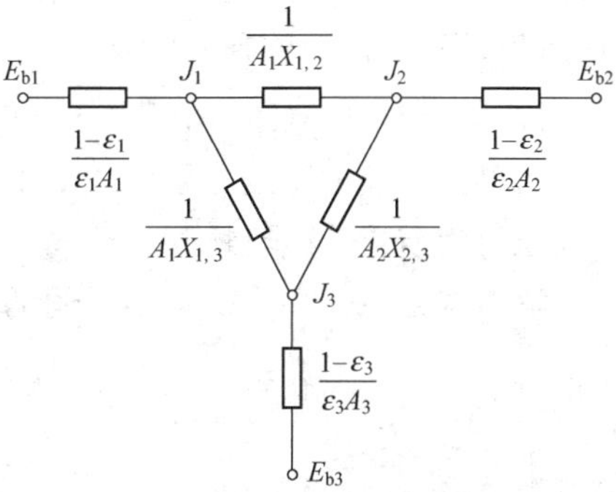

对于由三个表面组成的封闭系统，以下两种特殊情况可以简化计算。

图 11-30　三个表面组成封闭空腔的传热

（1）有一个表面为黑体

设图 11-30 中表面 3 为黑体。此时其表面热阻 $\dfrac{1-\varepsilon_3}{\varepsilon_3 A_3}=0$。从而有 $J_3=E_{b3}$，网络图简化成如图 11-31 所示。这时上述代数方程组简化为二元方程组。

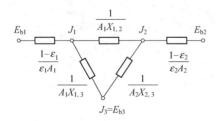

图 11-31　具有黑体表面的三个
表面辐射传热网络图

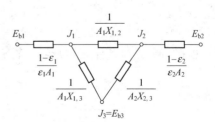

图 11-32　具有重辐射表面的三个
表面辐射传热网络图

（2）有一个表面为重辐射表面

有一个表面是绝热表面。绝热表面的净辐射换热量为零，其有效辐射等于同温度黑体的辐射力。但绝热表面的表面热阻不为零，其温度值也不是已知量，而取决于其他表面的辐射状况。在辐射换热中，这种温度待定而净辐射换热量为零的表面也称为重辐射表面。在辐射换热网络中，重辐射表面相当于一个中间节点，和其他表面没有净能量交换。图 11-30 中表面 3 为重辐射表面，则此时的辐射传热网络如图 11-32 所示。表面 1 的净辐射传热量 Φ_1 在数值上等于表面 2 的净辐射传热量 Φ_2，系统的网络图是一个简单的串、并联网络，则：

$$\Phi_1 = -\Phi_2 = \frac{E_{b1}-E_{b2}}{\frac{1-\varepsilon_1}{\varepsilon_1 A_1} + \frac{1}{\left(\frac{1}{A_1 X_{1,2}}\right)^{-1} + \left(\frac{1}{A_1 X_{1,3}} + \frac{1}{A_2 X_{2,3}}\right)^{-1}} + \frac{1-\varepsilon_2}{\varepsilon_2 A_2}} \tag{11-71}$$

求得 Φ_1 和 Φ_2 后就可根据式(11-56)求出 J_1、J_2，再利用 J_1 和 J_2 以及空间辐射热阻，对 J_3 列出如下方程：

$$\frac{J_1-J_3}{\frac{1}{A_1 X_{1,3}}} = \frac{J_3-J_2}{\frac{1}{A_2 X_{2,3}}} \tag{11-72}$$

对该表面有 $J_3 = E_{b3} = \sigma T_3^4$，从而可确定 T_3。

由上述分析可以认为，该表面把落在其表面上的辐射能又完全重新辐射出去，因而被称为重辐射面。虽然重辐射面与换热表面之间无净辐射热量交换，但它的重辐射作用影响其他换热表面间的辐射传热。

【例 11-7】 两块 $0.5m \times 1.0m$ 的平行板，相距 $0.5m$，放置在温度为 $10℃$ 的很大的房间里，两板的温度分别为 $1000K$ 和 $500K$，发射率分别为 $\varepsilon_1 = 0.2$、$\varepsilon_2 = 0.5$。平板仅相对的面存在辐射换热，背面不参与换热，试求两板的净换热量。

解 这是一个多个灰体表面间的辐射换热问题，由于房间的面积很大，其壁面面积也很大，其表面热阻 $\frac{1-\varepsilon_3}{\varepsilon_3 A_3}$ 可忽略不计，因而 $J_3 = E_{b3}$，所以本题的等效网络图如下所示。

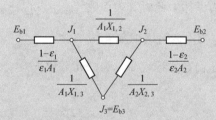

根据给定几何条件 $X/H=1$，$Y/H=2$，查图 11-17 得：

$$X_{1,2} = 0.285 = X_{2,1}$$
$$X_{1,3} = 1 - X_{1,2} = 1 - 0.285 = 0.715 = X_{2,3}$$

网络各热阻为：

$$\frac{1-\varepsilon_1}{\varepsilon_1 A_1} = \frac{1-0.2}{0.2 \times 0.5 \times 1} = 8.0(m^{-2})$$

$$\frac{1-\varepsilon_2}{\varepsilon_2 A_2}=\frac{1-0.5}{0.5\times0.5\times1}=2.0\,(\mathrm{m^{-2}})$$

$$\frac{1}{A_1 X_{1,2}}=\frac{1}{0.5\times0.285}=7.018\,(\mathrm{m^{-2}})$$

$$\frac{1}{A_1 X_{1,3}}=\frac{1}{0.5\times0.715}=2.797\,(\mathrm{m^{-2}})=\frac{1}{A_2 X_{2,3}}$$

$$E_{b1}=\sigma T_1^4=5.67\times10^{-8}\times1000^4=56700\,(\mathrm{W/m^2})$$

$$E_{b2}=\sigma T_2^4=5.67\times10^{-8}\times500^4=3543.75\,(\mathrm{W/m^2})$$

$$J_3=E_{b3}=\sigma T_3^4=5.67\times10^{-8}\times283^4=363.69\,(\mathrm{W/m^2})$$

J_1 和 J_2 节点方程：

$$\frac{E_{b1}-J_1}{\dfrac{1-\varepsilon_1}{\varepsilon_1 A_1}}+\frac{J_2-J_1}{\dfrac{1}{A_1 X_{1,2}}}+\frac{J_3-J_1}{\dfrac{1}{A_1 X_{1,3}}}=0$$

$$\frac{E_{b2}-J_2}{\dfrac{1-\varepsilon_2}{\varepsilon_2 A_2}}+\frac{J_1-J_2}{\dfrac{1}{A_2 X_{2,1}}}+\frac{J_3-J_2}{\dfrac{1}{A_2 X_{2,3}}}=0$$

求得：

$$J_1=12383.7\,(\mathrm{W/m^2}),\ J_2=3666.4\,(\mathrm{W/m^2})$$

所以板 1 的辐射换热量：

$$\Phi_1=\frac{E_{b1}-J_1}{\dfrac{1-\varepsilon_1}{\varepsilon_1 A_1}}=\frac{56700-12383.7}{8.0}=5540\,(\mathrm{W})$$

$$\Phi_2=\frac{E_{b2}-J_2}{\dfrac{1-\varepsilon_2}{\varepsilon_2 A_2}}=\frac{3543.75-3666.4}{2.0}=-61.33\,(\mathrm{W})$$

由能量守恒关系，墙壁的辐射换热量

$$\Phi_3=-(\Phi_1+\Phi_2)=-(5540-61.33)=-5478.67\,(\mathrm{W})$$

思　考　题

11-1　辐射换热区别于导热和对流的主要特点是什么？

11-2　什么是辐射平衡？什么是黑体？什么是灰体？

11-3　发射率 ε 是物体表面的物性参数，那么一般情况下吸收比 α 是否也是表面的物性参数？为什么？

11-4　有人说，物体辐射力越大其吸收比也越大，换句话说，善于发射的物体必善于吸收。这样说对吗？

11-5　什么是辐射力？什么是光谱辐射力？两者之间的关系是什么？

11-6 已知在短波范围内，木板的光谱吸收比小于铝板的光谱吸收比，在长波范围内则相反。试解释为什么木板和铝板同时长时间受阳光照射后，铝板温度比木板高。

11-7 角系数具有哪几项性质？

11-8 实际表面系统与黑体系统相比，辐射传热计算增加了哪些复杂性？

11-9 什么是一个表面的自身辐射、投入辐射及有效辐射？有效辐射的引入对于灰体表面系统辐射传热的计算有什么作用？

11-10 什么是表面辐射热阻？什么是空间辐射热阻？

11-11 重辐射表面与表面积很大的表面在辐射网络图上都表现为没有表面辐射热阻，这是否意味着两者具有相同的物理本质，为什么？

11-12 研究处于环境中的两个灰体表面间或一个灰体表面和一个黑体表面间的辐射传热时，如果这两个表面不能组成封闭空腔，应该如何处理？如果两个黑体表面不能组成封闭空腔是否也要进行同样的处理？

习 题

11-1 试计算 300K 和 4000K 时，黑体最大光谱辐射力所对应的波长。

11-2 辐射探测器的小孔面积 $A_d=2\times10^{-6}m^2$，它与表面积 $A_s=10^{-4}m^2$ 的表面之间的距离 $r=2m$。探测器的法线与表面 A_s 的法线夹角 $\theta=30°$。表面为不透射的漫射灰体，发射率为 0.7，温度为 700K（图 11-33）。如果表面的投射辐射密度为 1000W/m²，试确定探测器所拦截的来自表面的辐射流的速率。

11-3 两块平行平板，温度分别为 595℃和 37℃，发射率分别为 0.8、0.5。求两个平板的辐射力、有效辐射、投入辐射、反射辐射及两平板间的辐射传热量。

11-4 一个黑体表面温度为 3800K，试确定该黑体表面所发出辐射能中可见光所占的比例。

11-5 一选择性吸收表面的光谱吸收比随波长变化的特性曲线如图 11-34 所示，试确定投入辐射为 $G=1000W/m^2$ 时，该表面单位面积上所吸收的太阳能量及对太阳辐射的总吸收比。

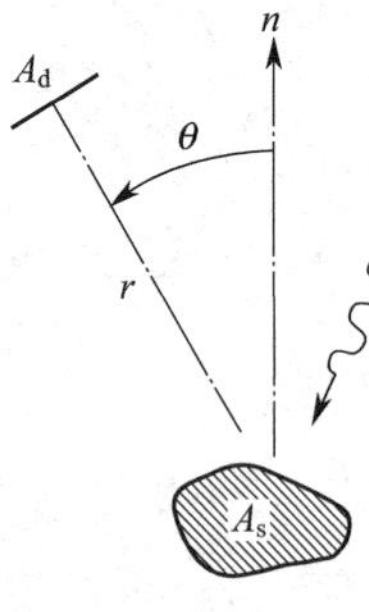

图 11-33 习题 11-2 附图

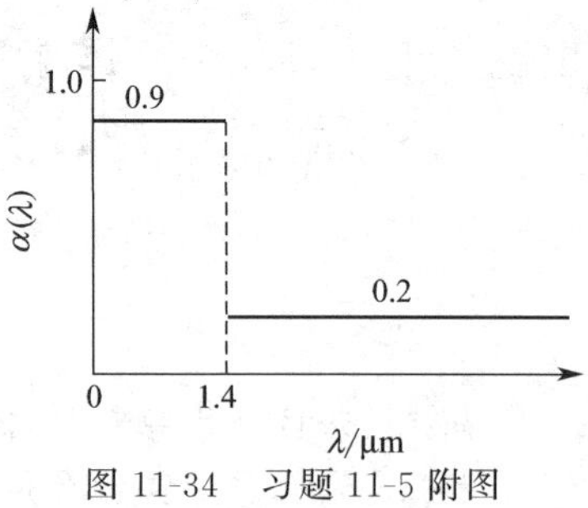

图 11-34 习题 11-5 附图

11-6 已知一表面的光谱吸收比与波长的关系如图 11-35(a) 所示，在某一时刻，测得表面温度为 1500K，投入辐射 G_λ 按波长分布如图 11-35(b) 所示，(1) 计算单位表面所吸收的辐射能；(2) 计算该表面的发射率及辐射力；(3) 确定在此条件下物体表面温度随时间的变化（即温度随时间增加还是减少），该物体无内热源，没有其他形式的热量传递。

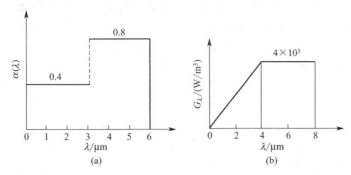

图 11-35　习题 11-6 附图

11-7　求图 11-36 中的各角系数 $X_{1,2}$。

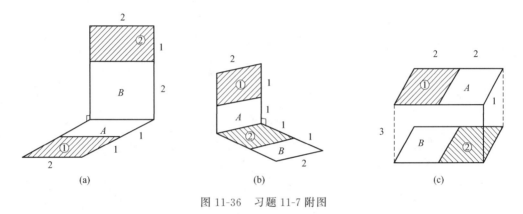

图 11-36　习题 11-7 附图

11-8　两个正方形表面分别为 1m×1m，竖立放置在大房间的中央，相距 0.5m，它们的温度和发射率分别为 $T_1＝450K$、$\varepsilon_1＝0.8$，$T_2＝320K$、$\varepsilon_2＝0.4$。大房间的表面温度为 15℃。若正方形的背面按绝热考虑，试计算高温面的辐射热损失和大房间的辐射得热。

11-9　两块平行放置的平板的表面发射率均为 0.75，温度分别为 $t_1＝527℃$、$t_2＝227℃$，板间距离远小于板的宽度和高度。试计算：

（1）板 1 的自身辐射；

（2）板 1 的投入辐射；

（3）板 1 的反射辐射；

（4）板 1 的有效辐射；

（5）板 2 的有效辐射；

（6）板 1、2 间的辐射传热量。

11-10　两块无限大平板的表面温度分别为 t_1、t_2，发射率分别为 ε_1、ε_2。它们之间有一遮热板，发射率为 ε_3，画出稳态时它们之间的辐射传热网络图。

11-11　某房间采用地暖，辐射天花板及房间尺寸如图 11-37 所示，一房间深度为 4m，天花板表面温度为 17℃，发射率为 0.9，地面温度为 60℃，发射率为 0.95，墙壁温度为 35℃，发射率为 0.89，求天花板得热量和地板散热量。

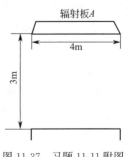

图 11-37　习题 11-11 附图

11-12 温度为 20℃ 的房间内有两相距 2m 的平行放置的圆盘相对，表面的温度分别是 $T_1 = 773K$ 和 $T_2 = 473K$，发射率分别为 $\varepsilon_1 = 0.3$ 和 $\varepsilon_2 = 0.6$，另外两个表面的换热不计，求每一个圆盘的净辐射换热量。

11-13 两个同心圆筒壁的温度分别为 $-187℃$ 及 $27℃$，直径分别为 25cm 及 30cm，表面发射率均为 0.9。试问单位长度圆筒体上的辐射传热量。为了减弱辐射传热，在其间同心地置入一遮热罩，直径为 27.5cm，两表面的发射率均为 0.03。

（1）试画出此时的辐射传热网络图并计算此时套筒壁间的辐射传热量；

（2）如果置入套筒两表面的发射率不等，外表面为 0.01，内表面为 0.03，试计算此时的套筒壁面辐射传热量。

12 传热过程与换热器

前面已指出，传热过程是指热量从固体壁面一侧流体传递到另一侧流体的过程，它广泛存在于各种类型的换热设备中。本章将讨论平壁、圆筒壁和肋壁等典型的传热过程。

换热器是实现冷、热流体间热交换的设备，本章将对换热器类型、基本结构与特点、换热器的传热计算进行介绍。

12.1 传热过程

传热过程是指热量从壁面一侧流体通过壁面传到另一侧流体的过程。传热过程中所传递的热量由以下传热方程确定：

$$\Phi = \kappa A (t_{f1} - t_{f2}) = \kappa A \Delta t \tag{12-1}$$

式中，κ 是总传热系数，而 $\Delta t = t_{f1} - t_{f2}$，是两种流体的传热温差（或称为传热温压），是计算的关键。

12.1.1 通过平壁的传热过程

如图 12-1 所示，冷、热流体的温度分别为 t_{f1} 和 t_{f2}，表面传热系数分别为 h_1 和 h_2，平壁的厚度为 δ，导热系数 λ，则对于稳态、无内热源条件下的传热过程，通过平壁的热流量为：

$$\Phi = \frac{t_{f1} - t_{f2}}{\dfrac{1}{Ah_1} + \dfrac{\delta}{A\lambda} + \dfrac{1}{Ah_2}} = \frac{t_{f1} - t_{f2}}{R_{h1} + R_\lambda + R_{h2}} = \frac{t_{f1} - t_{f2}}{R_k} \tag{12-2}$$

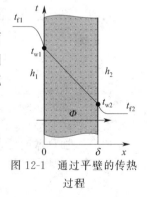

图 12-1　通过平壁的传热
过程

或写成：

$$\Phi = kA(t_{f1} - t_{f2}) \tag{12-3}$$

式中总传热系数：

$$\kappa = \frac{1}{\dfrac{1}{h_1} + \dfrac{\delta}{\lambda} + \dfrac{1}{h_2}} \tag{12-4}$$

对于通过无内热源的多层平壁的稳态传热过程，若各层材料的导热系数分别为 λ_1、λ_2、$\cdots$、λ_n，且为常数，各层厚度分别为 δ_1、δ_2、$\cdots$、δ_n，各层之间接触良好，无接触热阻，则通过多层平壁的传热量为：

$$\Phi = \frac{t_{f1} - t_{f2}}{\frac{1}{Ah_1} + \sum_{i=1}^{n} \frac{\delta_i}{A\lambda_i} + \frac{1}{Ah_2}} = \frac{t_{f1} - t_{f2}}{R_{h1} + \sum_{i=1}^{n} R_{\lambda i} + R_{h2}} = kA(t_{f1} - t_{f2}) \qquad (12\text{-}5)$$

其中总传热系数为：

$$\kappa = \frac{1}{\frac{1}{h_1} + \sum_{i=1}^{n} \frac{\delta_i}{\lambda_i} + \frac{1}{h_2}} \qquad (12\text{-}6)$$

【例 12-1】 有一个气体加热器，传热面积为 $11.5 m^2$，传热面壁厚为 $1 mm$，导热系数为 $45 W/(m \cdot K)$，被加热气体的换热系数为 $83 W/(m^2 \cdot K)$，热介质为热水，换热系数为 $5300 W/(m^2 \cdot K)$；热水与气体的温差为 $42℃$，试计算该气体加热器的传热总热阻、传热系数以及传热量。

解 已知传热面积 $A = 11.5 m^2$，$\delta = 0.001 m$，$\lambda = 45 W/(m \cdot K)$，$\Delta t = 42℃$，$h_1 = 83 W/(m^2 \cdot K)$，$h_2 = 5300 W/(m^2 \cdot K)$，故有传热过程的各分热阻为：

加热器内壁面热阻为：$\frac{1}{h_1} = \frac{1}{83} = 0.0120482 \, [(m^2 \cdot K)/W]$

加热器壁面导热热阻为：$\frac{\delta}{\lambda} = \frac{0.001}{45} = 0.0000222 \, [(m^2 \cdot K)/W]$

加热器外壁面热阻为：$\frac{1}{h_2} = \frac{1}{5300} = 0.0001887 \, [(m^2 \cdot K)/W]$

所以，换热器单位面积的总传热热阻为：

$$\frac{1}{\kappa} = \frac{1}{h_1} + \frac{\delta}{\lambda} + \frac{1}{h_2} = 0.0122591 \, [(m^2 \cdot K)/W]$$

因此可求得该加热器的传热系数为：

$$\kappa = 81.57 \, [W/(m^2 \cdot K)]$$

因此该加热器的传热量为

$$\Phi = \frac{A\Delta t}{\frac{1}{h_1} + \frac{\delta}{\lambda} + \frac{1}{h_2}} = 39399.3 \, (W)$$

12.1.2 通过圆筒壁的传热过程

如图 12-2 所示，一单层圆筒壁，其内、外半径分别为 r_1、r_2，长度为 l，热导率 λ 为常数，无内热源，圆筒壁内外两侧流体温度分别为 t_{f1}、t_{f2}，且 $t_{f1} > t_{f2}$，两侧的表面传热系数分别为 h_1、h_2。根据牛顿冷却公式以及圆筒壁稳态导热计算公式，通过圆筒壁的热流量为：

$$\Phi = \frac{t_{f1} - t_{w1}}{\dfrac{1}{\pi d_1 l h_1}} = \frac{t_{f1} - t_{w1}}{R_{h1}}$$

$$\Phi = \frac{t_{w1} - t_{w2}}{\dfrac{1}{2\pi\lambda l}\ln\dfrac{d_2}{d_1}} = \frac{t_{w1} - t_{w2}}{R_\lambda}$$

$$\Phi = \frac{t_{w2} - t_{f2}}{\dfrac{1}{\pi d_2 l h_2}} = \frac{t_{w2} - t_{f2}}{R_{h2}}$$

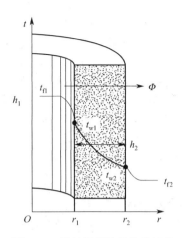

图 12-2 通过圆筒壁的传热过程

经整理可得：

$$\Phi = \frac{t_{f1} - t_{f2}}{\dfrac{1}{\pi d_1 l h_1} + \dfrac{1}{2\pi\lambda l}\ln\dfrac{d_2}{d_1} + \dfrac{1}{\pi d_2 l h_2}}$$

$$= \frac{t_{f1} - t_{f2}}{R_{h1} + R_\lambda + R_{h2}} = \frac{t_{f1} - t_{f2}}{R_k} \tag{12-7}$$

上式还可以写成

$$\Phi = \pi d_2 l k_o (t_{f1} - t_{f2}) \tag{12-8}$$

式中，k_o 是以圆筒外壁面面积为基准的总传热系数。

$$k_o = \frac{t_{f1} - t_{f2}}{\dfrac{d_2}{d_1}\dfrac{1}{h_1} + \dfrac{d_2}{2\lambda}\ln\dfrac{d_2}{d_1} + \dfrac{1}{h_2}} \tag{12-9}$$

对于通过无内热源的多层圆筒壁的稳态传热过程，若各层材料的导热系数分别为 λ_1、λ_2、$\cdots$、λ_n，且为常数，内外直径分别为 d_1、d_2、$\cdots$、d_{n+1}，各层之间接触良好，无接触热阻，则通过多层平壁的传热量为：

$$\Phi = \frac{t_{f1} - t_{f2}}{\dfrac{1}{\pi d_1 l h_1} + \sum_{i=1}^{n}\dfrac{1}{2\pi\lambda_i l}\ln\dfrac{d_{i+1}}{d_i} + \dfrac{1}{\pi d_{i+1} l h_2}} \tag{12-10}$$

工程上，为了减少热流体输送管道的散热损失，通常用保温材料在管道外面加一层或多层保温层。管道外加保温层后，从管道内壁面到外壁面的总热阻可表示为：

$$R_k = R_{h1} + R_{\lambda 1} + R_{\lambda x} + R_{h2} = \frac{1}{h_1 \pi l d_1} + \frac{1}{2\pi l \lambda_1}\ln\frac{d_2}{d_1} + \frac{1}{2\pi l \lambda_x}\ln\frac{d_x}{d_2} + \frac{1}{h_2 \pi l d_x} \tag{12-11}$$

从上式可见，随着保温层厚度 d_x 的增加，管内对流换热热阻与管壁导热热阻之和保持不变，保温层的导热热阻加大，但保温层外侧的对流换热热阻减小。当 d_2 较小时，总热阻 R_k 有可能先随着 d_x 的增大而减小，然后再随着 d_x 的增大而增大，中间出现极小值，相应热流量出现极大值。总热阻 R_k 取得极小值时的保温层外径称为临界绝缘直径，用 d_c 表示，可由下式求出：

$$\frac{\mathrm{d}R_k}{\mathrm{d}d_x} = 0$$

得：

$$d_x = \frac{2\lambda_x}{h_2} = d_c \tag{12-12}$$

当管道外径 d_2 大于 d_c 时，加保温层总会起到隔热保温的作用，但管道外径 d_2 小

于 d_c 时，必须考虑临界绝缘直径的问题。工程上，绝大多数需要加保温层的管道外径通常都大于临界绝缘直径，所以随着保温层厚度增加，管道热损失减小。

【例 12-2】 夏天供空调用的冷水管道的外直径为 76mm，管壁厚为 3mm，导热系数为 43.5 W/(m·K)，管内为 5℃的冷水，冷水在管内的对流换热系数为 3150 W/(m²·K)。如果用导热系数为 0.037 W/(m·K) 的泡沫塑料保温，并使管道冷损失小于 70 W/m，保温层需要多厚？假定周围环境温度为 36℃，保温层外的换热系数为 11W/(m²·K)。

解 已知 $t_1 = 5℃$，$t_o = 36℃$，$q_1 = 70W/m$，$d_1 = 0.07$ m，$d_2 = 0.076$m，d_3 为待求量，$h_1 = 3150$ W/(m²·K)，$h_o = 11$ W/(m²·K)，$\lambda_1 = 43.5$ W/(m·K)，$\lambda_2 = 0.037$ W/(m·K)。

此为圆筒壁传热问题，其单位管长的传热量为：

$$q_l = \frac{t_1 - t_0}{\dfrac{1}{\pi d_1 h_1} + \dfrac{1}{2\pi \lambda_1}\ln\dfrac{d_2}{d_1} + \dfrac{1}{2\pi \lambda_2}\ln\dfrac{d_3}{d_2} + \dfrac{1}{\pi d_3 h_0}}$$

代入数据有：

$$q_1 = -70W/m$$

$$-70 = \frac{5-36}{\dfrac{1}{\pi \times 0.07 \times 3150} + \dfrac{1}{2\pi \times 43.5}\ln\dfrac{0.076}{0.07} + \dfrac{1}{2\pi \times 0.037}\ln\dfrac{d_3}{0.076} + \dfrac{1}{\pi d_3 \times 11}}$$

整理上式得：

$$\ln\frac{d_3}{0.076} + \frac{1}{59.4 d_3} = 0.0441$$

由上式解得：$d_3 = 0.0997$m

12.1.3 通过肋壁的传热过程

在表面传热系数较小的一侧采用肋壁是强化传热的一种行之有效的方法。如图 12-3 所示，未加肋侧面积为 A_i，加肋侧肋根面积 A_1，肋根温度为 t_{wo}，肋片面积为 A_2。肋侧总面积为 $A_o = A_1 + A_2$。假设肋壁材料的热导率 λ 为常数，肋侧表面的传热系数 h_o 为常数。稳态条件下，可以分别写出传热过程三个环节的换热量。

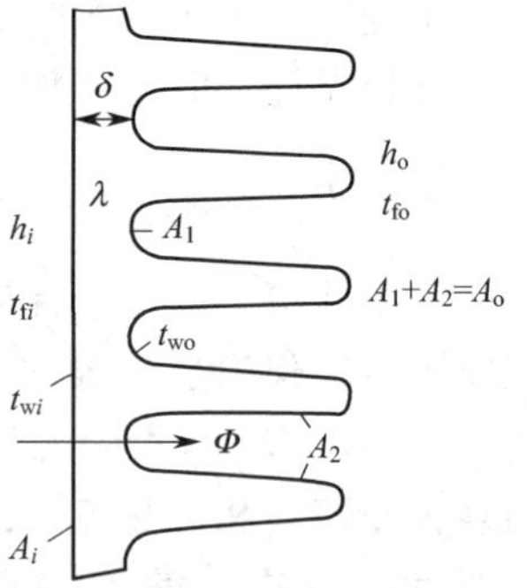

未加肋侧对流换热量：

图 12-3 通过肋壁的传热过程

$$\Phi = A_i h_i (t_{fi} - t_{wi}) = \frac{t_{fi} - t_{wi}}{\dfrac{1}{A_i h_i}} \tag{12-13}$$

肋壁导热量：

$$\Phi = \frac{t_{wi} - t_{wo}}{\dfrac{\delta}{A_i \lambda}} \tag{12-14}$$

肋侧对流换热量：

$$\Phi = A_1 h_o (t_{wo} - t_{fo}) + A_2 h_o \eta_f (t_{wo} - t_{fo}) = A_o h_o \eta_0 (t_{wo} - t_{fo}) = \frac{t_{wo} - t_{fo}}{\dfrac{1}{A_o h_o \eta_0}} \tag{12-15}$$

式中，$\eta_0 = (A_1 + A_2 \eta_f)/A_o$，称为肋面总效率。

整理可得：

$$\Phi = \frac{t_{fi} - t_{fo}}{\dfrac{1}{A_i h_i} + \dfrac{\delta}{A_i \lambda} + \dfrac{1}{A_o h_o \eta_0}} = k_i A_i \Delta t \tag{12-16}$$

上式中，以光壁面积为基准的传热系数为：

$$k_i = \frac{1}{\dfrac{1}{h_i} + \dfrac{\delta}{\lambda} + \dfrac{A_i}{A_o h_o \eta_0}} = \frac{1}{\dfrac{1}{h_i} + \dfrac{\delta}{\lambda} + \dfrac{1}{h_o \eta_0 \beta}} \tag{12-17}$$

式中，$\beta = \dfrac{A_o}{A_i}$，称为肋化系数。当 $\eta_0 \beta > 1$ 时，肋片就可以起到强化换热的效果。由于 β 值常常远大于 1，$\eta_0 \beta$ 的值总是远大于 1，这就使得肋化侧的热阻显著减小，从而增大传热系数。

12.2 换热器

换热器是两种不同温度的流体进行热量交换的设备。它的主要功能是保证工艺过程对介质所要求的特定温度，同时也是提高能源利用率的主要设备之一。

12.2.1 换热器的分类

换热器作为传热设备被广泛用于生产生活的各个领域，按传热原理分类，换热器可分为混合式换热器、蓄热式换热器、间壁式换热器三类。混合式换热器（直接接触式换热器）是通过冷、热流体的直接接触、混合进行热量交换的换热器，如化工厂和发电厂所用的凉水塔等。蓄热式换热器（回流式换热器）是利用冷、热流体交替流经蓄热室中的蓄热体（填料）表面，从而进行热量交换的换热器，如发电厂中的空气预热器等。这类换热器主要用于回收和利用高温废气的热量。间壁式换热器（表面式换热器）内冷、热流体被固体间壁隔开，并通过间壁进行热量交换。以上三类换热器中，间壁式换热器应用最广，下面重点介绍间壁式换热器的结构类型、计算方法。

根据传热面的结构，间壁式换热器又可分为套管式换热器、板式换热器、管壳式换热器及交叉流换热器。

(1) 套管式换热器

套管式换热器是用两种尺寸不同的标准管连接而成的同心圆套管，外面的叫壳程，内部的叫管程。两种不同介质可在壳程和管程内逆向或同向流动以达到换热的效果。每一段套管称为"一程"，程的内管（传热管）借 U 形肘管，而外管用短管依次连接成排，固定于支架上图（12-4）。

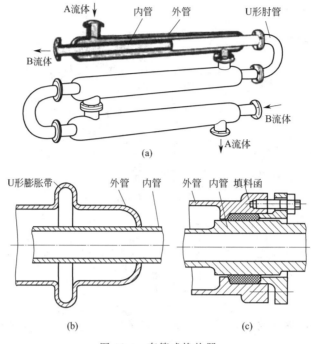

图 12-4　套管式换热器

（2）管壳式换热器

管壳式换热器由壳体、传热管束、管板、折流板（挡板）和管箱等部件组成。壳体多为圆筒形，内部装有管束，管束两端固定在管板上。进行换热的冷热两种流体，一种在管内流动，称为管程流体；另一种在管外流动，称为壳程流体。流体每通过管束一次称为一个管程，每通过壳体一次称为一个壳程。图 12-5 为最简单的单壳程两管程换热器，简称为 1-2 型换热器。为提高管内流体速度，可在两端管箱内设置隔板，将全部管子均分成若干组。这样流体每次只通过部分管子，因而在管束中往返多次，称为多管程。同样，为提高管外流速，也可在壳体内安装纵向挡板，迫使流体多次通过壳体空间，称为多壳程。多管程与多壳程可配合应用。

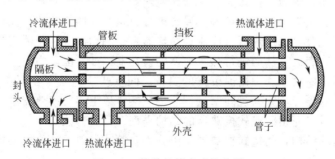

图 12-5　简单的管壳式换热器

（3）板式换热器

板式换热器（图 12-6）是由若干片压制成形的波纹状金属传热板片叠加而成的，板四角开有角孔，相邻板片之间用特制的密封垫片隔开，使冷、热流体分别由一个角孔流入，间隔地在板间沿着由垫片和波纹所设定的流道流动，然后在另一对角线角孔流出。它具有换热效率高、热损失小、结构紧凑轻巧、占地面积小、安装清洗方便、应用广泛、使用寿命长等特点。在相同压力损失情况下，其传热系数比列管式换热器高3～5倍，占地面积为管式换热器的$\frac{1}{3}$，热回收率可高达90%以上。

图 12-6　板式换热器

(4) 交叉流换热器

交叉流换热器是两流体相互成垂直方向流动的换热器，可以分为带肋片和不带肋片两种类型，具体的可分为管束式、管翅式、管带式及板翅式几种。图 12-7 (a) 为锅炉装置中的蒸汽过热器、省煤器及空气预热器采用的管束式交叉流换热器，图 12-7 (b) 是家用空调器中的冷凝器与蒸发器常采用的管翅式交叉流换热器。在该类换热器中，管内流体在各自的管子内流动，管与管间不相互掺混，而管外的流体（一般为气体）则在管子与各种翅片所构成的空间中流动。

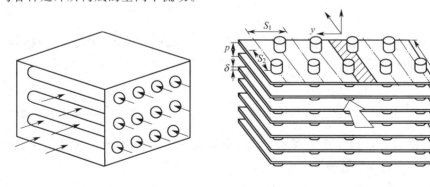

(a) 管束式交叉流换热器　　　　　　　　(b) 管翅式交叉流换热器

图 12-7　交叉流换热器

12.2.2　换热器中传热平均温差的计算

在分析通过平壁、圆管壁及肋壁的传热过程时都假设 Δt 为定值。但在换热器内，冷、热流体沿换热面不断换热，它们的温度沿流向不断变化，冷、热流体间的传热温差 Δt 沿程也发生变化，如图 12-8 所示。因此，对于换热器的传热计算，基本计算公式 (12-1) 中的传热温差应该是整个换热器传热面的平均温差 Δt_m。于是换热器传热方程式的形式应为：

$$\Phi = kA\Delta t_m \tag{12-18}$$

根据换热器中冷、热流体流动方向的不同，换热器可分为顺流换热器及逆流换热器两种，如图 12-8 所示。顺流时，冷、热流体的进口处于换热器同一侧，而出口处于换热器另一侧；逆流时，冷热流体的高温段处于换热器的同一侧，而低温段处于换热器的另一侧。顺流时，换热器入口处两流体的温差最大，并沿传热表面逐渐减小。逆流时，沿传热表面两流体的温差分布较均匀。

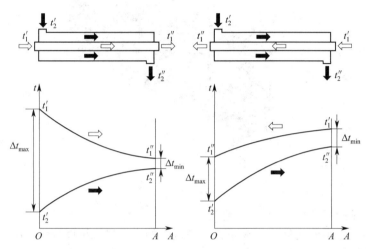

图 12-8　换热器中流体温度变化

无论换热器中流体逆流还是顺流流动，其对数平均温差均采用下式进行计算：

$$\Delta t_m = \frac{\Delta t_{max} - \Delta t_{min}}{\ln \dfrac{\Delta t_{max}}{\Delta t_{min}}} \tag{12-19}$$

式中，Δt_{max} 代表换热器两侧冷、热流体温度差值的较大者，而 Δt_{min} 代表换热器两侧冷、热流体温度差值的较小者。由于计算式中出现了对数，故常把 Δt_m 称为对数平均温差。

当 $\Delta t_{max}/\Delta t_{min} \leq 2$ 时，可用算数平均温差 $\Delta t_m = \dfrac{\Delta t_{max} + \Delta t_{min}}{2}$ 来取代对数平均温差，两者的差别小于 4%。对于流动形式复杂的换热器，可以看作是介于顺流和逆流之间，其平均传热温差可以采用下式计算：

$$\Delta t_m = \psi (\Delta t_m)_{cf} \tag{12-20}$$

式中，$(\Delta t_m)_{cf}$ 为按逆流布置的对数平均温差；ψ 是小于 1 的修正系数。其求取方法如下：

① 由换热器冷、热流体的进出口温度，按照逆流方式计算出相应的对数平均温差 $(\Delta t_m)_{cf}$；

② 从修正图表由两个无量纲数 $P = \dfrac{t''_2 - t'_2}{t'_1 - t'_2}$ 和 $R = \dfrac{t'_1 - t''_1}{t''_2 - t'_2}$ 查出修正系数 ψ；

③ 由 $(\Delta t_m)_{cf}$ 求取流动形式复杂换热器的对数平均温差。

这里给出了几种流动形式的修正图，如图 12-9～图 12-12 所示。

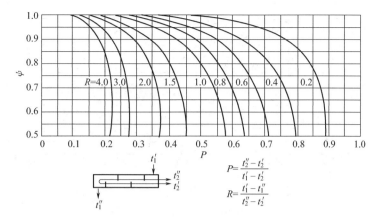

图 12-9　一壳程、多管程的 ψ 值

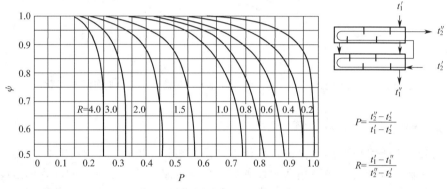

图 12-10　两壳程、多管程的 ψ 值

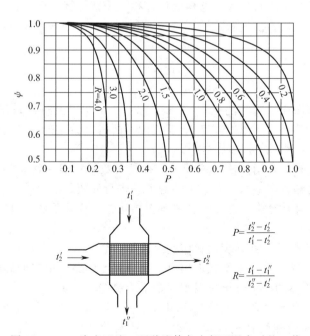

图 12-11　一次交叉流、两种流体各自都不混合时的 ψ 值

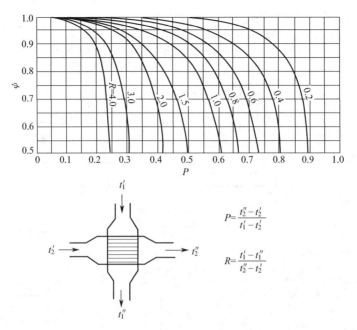

图 12-12　一次交叉流、一种流体混合而另一种流体不混合时的修正系数

12.2.3　换热器的传热计算

在两种情况下需要对换热器进行设计，一是已知某一换热的工艺条件，需要设计一台新的换热器，确定所需的换热面积，以满足热量传递的需求，这样的计算称为设计计算；另一种情况是对已有或已选定了换热面积的换热器，在非设计工况条件下，核算现有换热器能否胜任规定的新任务，这样的计算称为校核计算。但无论是设计计算还是校核计算，其计算依据均为换热器热计算的基本方程式（传热方程式及热平衡式），即：

$$\Phi = \kappa A \Delta t_m$$
$$\Phi = q_{m1} c_{p1} (t_1^{'} - t_1^{''})$$
$$\Phi = q_{m2} c_{p2} (t_2^{''} - t_2^{'})$$

对于设计计算而言，给定的是 q_{m1}、c_{p1}、q_{m2}、c_{p2} 以及进出口温度中的三个，最终求换热面积 A 及其余一个温度。对于校核计算而言，给定的一般是 q_{m1}、c_{p1}、q_{m2}、c_{p2} 以及两个进口温度，待求的是 $t_1^{''}$、$t_2^{''}$。

换热器换热计算的常用方法有两种，一种是对数平均温差法，另一种是效能-传热单元数法。限于篇幅，本书只对对数平均温差法进行介绍。

在换热器的设计计算中，应用对数平均温差法进行换热面积的计算，主要遵循以下步骤：

① 初步布置换热面，并计算出相应的总传热系数 κ；

② 根据给定条件，由热平衡式求出进、出口温度中那个待定的温度；

③ 由冷、热流体的四个进出口温度确定平均温差 Δt_m；

④ 由传热方程式计算所需的换热面积 A；

⑤ 计算换热面两侧流体的流动阻力。如果流动阻力过大，则需要改变方案重新设计。

在换热器的校核计算中，应用对数平均温差法进行换热器传热量的计算，主要遵循以下步骤：

① 先假设一个流体的出口温度，根据热平衡式计算另一个出口温度；

② 根据四个进出口温度求得平均温差 Δt_{m}；

③ 根据换热器的结构，算出相应工作条件下的总传热系数 κ；

④ 已知 κ、A 和 Δt_{m}，按传热方程计算在假设出口温度下的传热量 Φ；

⑤ 根据四个进出口温度，用热平衡式计算另一个 Φ 值，这个值和第④步得到的 Φ 值，都是在假设出口温度下得到的，因此，都不是真实的换热量；

⑥ 比较两个 Φ 值，满足精度要求则结束，否则，重新假定出口温度，重复①～⑥，直至满足精度要求。

应用对数平均温差法进行校核计算时，所假定的出口温度的数值对于应用热平衡方程计算得到的 Φ 值与应用传热方程计算得到的 Φ 值是否相符有很明显的影响。而在效能-传热单元数法中，出口温度对计算结果的影响就较小。

思　考　题

12-1　什么是传热过程？

12-2　传热系数 κ 与对流表面传热系数 h 有何不同？

12-3　传热基本公式中各量的物理意义是什么？

12-4　什么是临界绝缘直径？其大小与哪些因素有关？是否任何管道保温都存在临界绝缘直径的问题？

12-5　在换热器中，流体流动方向上的顺流、逆流各有什么特点？

习　题

12-1　冬季室内空气温度 $t_{\mathrm{f1}}=25℃$，室外大气温度 $t_{\mathrm{f2}}=-5℃$；室内空气对壁面的表面传热系数 $h_1=8\mathrm{W/(m^2\cdot K)}$，室外壁面对大气的放热系数 $h_2=20\mathrm{W/(m^2\cdot K)}$。已测得室内空气的结露温度 $t_{\mathrm{d}}=14℃$，若墙壁由 $\lambda=0.6\mathrm{W/(m\cdot K)}$ 的红砖砌成，为了防止墙壁内表面结露，则该墙壁的厚度至少为多少？

12-2　一玻璃窗，尺寸为 $70\mathrm{cm}\times50\mathrm{cm}$，厚度为 $4\mathrm{mm}$，冬天室内外温度分别为 $20℃$ 和 $-8℃$，内表面的自然对流表面传热系数 $h_1=7\mathrm{W/(m^2\cdot K)}$，外表面的强迫对流表面传热系数 $h_2=22\mathrm{W/(m^2\cdot K)}$，玻璃的导热系数 $\lambda=0.80.6\mathrm{W/(m\cdot K)}$，试确定通过玻璃的热损失。

12-3　蒸汽管的内、外径分别为 $300\mathrm{mm}$ 和 $320\mathrm{mm}$，管外敷有 $120\mathrm{mm}$ 厚的石棉热绝缘层，其导热系数 $\lambda_2=0.1\mathrm{W/(m\cdot K)}$，钢管的导热系数 $\lambda_1=50\mathrm{W/(m\cdot K)}$。管内蒸汽的温度 $t_{\mathrm{f1}}=300℃$，管外周围空气的温度 $t_{\mathrm{f2}}=20℃$，管子内、外侧的对流表面传热系数 $h_1=150\mathrm{W/(m^2\cdot K)}$，$h_2=10\mathrm{W/(m^2\cdot K)}$。试求每米管长的热损失 q_l 及石棉热绝缘层内、外表面温度 t_{w1} 和 t_{w2}。

12-4　管外径为 $30\mathrm{mm}$，壁厚为 $2\mathrm{mm}$，装有环肋（高 $20\mathrm{mm}$，厚 $0.4\mathrm{mm}$），肋与肋之间的距离为 $2.6\mathrm{mm}$，外侧的对流表面传热系数为 $h_{\mathrm{o}}=80\mathrm{W/(m^2\cdot K)}$，管子和肋壁的材料相同，导热系数 $\lambda=200\mathrm{W/(m\cdot K)}$，管内水蒸气凝结表面传热系数 $h_i=12000\mathrm{W/(m^2\cdot K)}$，试计算肋管以内表面为基准的总传热系数。

12-5 厚10mm、导热系数 $\lambda=50\text{W}/(\text{m}\cdot\text{K})$ 的平壁，两侧表面积均为 A_1，表面传热系数分别为 $h_1=200\text{W}/(\text{m}^2\cdot\text{K})$、$h_2=10\text{W}/(\text{m}^2\cdot\text{K})$，在一侧加肋后的肋化系数 $\beta=13$，肋面总效率 $\eta_0=0.9$，两侧流体温度分别为 $t_{f1}=75℃$ 和 $t_{f2}=15℃$，求加肋前后热流量的变化。

12-6 在一传热面积为 15.8m^2 逆流套管式换热器中，用油加热冷水，油的流量为 2.85kg/s，进口温度为110℃，水的流量为0.667kg/s，进口温度为35℃，油和水的平均比热分别为 1.9kJ/(kg·K) 和 4.18kJ/(kg·K)，换热器的总传热系数为320W/($\text{m}^2\cdot\text{K}$)，求水的出口温度。

12-7 一换热器用100℃的水蒸气将一定流量的油从20℃加热到80℃。现将油的流量增大一倍，其他条件不变，油的出口温度变为多少？

12-8 某换热器用100℃的饱和水蒸气加热冷水。单台使用时，冷水的进口温度为10℃，出口温度为30℃。若保持水流量不变，将此种五台换热器串联使用，水的出口温度变为多少？总换热量提高多少倍？

12-9 一套管式换热器中，苯在换热器的管内流动，流量为 1.25 kg/s，由80℃冷却至30℃；冷却水在管间与苯呈逆流流动，冷却水进口温度为20℃，出口温度不超过50℃。已知换热器的传热系数为470W/($\text{m}^2\cdot\text{K}$)，苯的平均比热为1900J/(kg·K)。若忽略换热器的散热损失，试采用对数平均温差法计算所需要的传热面积。

12-10 在套管式换热器中用锅炉给水冷却原油。已知换热器的传热面积为100m^2，原油的流量为8.33kg/s，要求将温度由150℃降到65℃；锅炉给水的流量为9.17kg/s，其进口温度为35℃；原油与水之间呈逆流流动。已知换热器的传热系数为250W/($\text{m}^2\cdot\text{K}$)，原油的平均比热为2160J/(kg·K)。若忽略换热器的散热损失，该换热器是否合用？若在实际操作中采用该换热器，则原油的出口温度将为多少？

附　　录

附录1　几种气体的比定压热容

$$c_p = C_0 + C_1\theta + C_2\theta^2 + C_3\theta^3 \quad kJ/(kg \cdot K), \quad \theta = \{T\}_K/1000$$

适用范围：250~1200 K，带 * 物质的最高适用温度为 500 K

气体	分子式	C_0	C_1	C_2	C_3
水蒸气	H_2O	1.79	0.107	0.586	−0.20
乙炔	C_2H_2	1.03	2.91	−1.92	0.54
空气	—	1.05	−0.365	0.85	−0.39
氨	NH_3	1.6	1.4	1.0	−0.7
氩	Ar	0.52	0	0	0
正丁烷	C_4H_{10}	0.163	5.7	−1.906	−0.049
二氧化碳	CO_2	0.45	1.67	−1.27	0.39
一氧化碳	CO	1.1	−0.46	1.9	−0.454
乙烷	C_2H_6	0.18	5.92	−2.31	0.29
乙醇	C_2H_5OH	0.2	−4.65	−1.82	0.03
乙烯	C_2H_4	1.36	5.58	−3.0	0.63
氦	He	5.193	0	0	0
氢	H_2	13.46	4.6	−6.85	3.79
甲烷	CH_4	1.2	3.25	0.75	−0.71
甲醇	CH_3OH	0.66	2.21	0.81	−0.89
氮	N_2	1.11	−0.48	0.96	−0.42
正辛烷	C_8H_{18}	−0.053	6.75	−3.67	0.775
氧	O_2	0.88	−0.0001	0.54	−0.33
丙烷	C_3H_8	−0.096	6.95	−3.6	0.73
R22*	$CHClF_2$	0.2	1.87	−1.35	0.35
R134a*	CF_3CH_2F	0.165	2.81	−2.23	1.11
二氧化硫	SO_2	0.37	1.05	−0.77	0.21

注：此表引自 Richard E Sonntag, Class Borgnakke Gordon, J Van Wylen. Fundamentals of Thermodynamics. 6th ed. New York：John Wiley & Sons Inc.，2003。

附录 2　理想气体的平均比定压热容

kJ/（kg·K）

温度	O_2	N_2	CO	CO_2	H_2O	SO_2	空气
0	0.915	1.039	1.040	0.815	1.859	0.607	1.004
100	0.923	1.040	1.042	0.866	1.873	0.636	1.006
200	0.935	1.043	1.046	0.910	1.894	0.662	1.012
300	0.950	1.049	1.054	0.949	1.919	0.687	1.019
400	0.965	1.057	1.063	0.983	1.948	0.708	1.028
500	0.979	1.066	1.075	1.013	1.978	0.724	1.039
600	0.993	1.076	1.086	1.040	2.009	0.737	1.050
700	1.005	1.087	1.093	1.064	2.042	0.754	1.061
800	1.016	1.097	1.109	1.085	2.075	0.762	1.071
900	1.026	1.108	1.120	1.104	2.110	0.775	1.081
1000	1.035	1.118	1.130	1.122	2.144	0.783	1.091
1100	1.043	1.127	1.140	1.138	2.177	0.791	1.100
1200	1.051	1.136	1.149	1.153	2.211	0.795	1.108
1300	1.058	1.145	1.158	1.166	2.243	—	1.117
1400	1.065	1.153	1.166	1.178	2.274	—	1.124
1500	1.071	1.160	1.173	1.189	2.305	—	1.131
1600	1.077	1.167	1.180	1.200	2.335	—	1.138
1700	1.083	1.174	1.187	1.209	2.363	—	1.144
1800	1.089	1.180	1.192	1.218	2.391	—	1.150
1900	1.094	1.186	1.198	1.226	2.417	—	1.156
2000	1.099	1.191	1.203	1.233	2.442	—	1.161
2100	1.104	1.197	1.208	1.241	2.466	—	1.166
2200	1.109	1.201	1.213	1.247	2.489	—	1.171
2300	1.114	1.206	1.218	1.253	2.512	—	1.176
2400	1.118	1.210	1.222	1.259	2.533	—	1.180
2500	1.123	1.214	1.226	1.264	2.554	—	1.184
2600	1.127	—	—	—	2.574	—	—
2700	1.131	—	—	—	2.594	—	—

附录 3　气体的平均比定压热容的直线关系式

气体	平均比热容
空气	$\{c_v\}_{kJ/(kg·K)} = 0.7088 + 0.000093\{t\}_{℃}$ $\{c_p\}_{kJ/(kg·K)} = 0.9956 + 0.000093\{t\}_{℃}$
H_2	$\{c_v\}_{kJ/(kg·K)} = 10.12 + 0.0005945\{t\}_{℃}$ $\{c_p\}_{kJ/(kg·K)} = 14.33 + 0.0005945\{t\}_{℃}$

续表

气体	平均比热容
N_2	$\{c_v\}_{kJ/(kg \cdot K)} = 0.7304 + 0.00008955\{t\}_{℃}$ $\{c_p\}_{kJ/(kg \cdot K)} = 1.03 + 0.00008955\{t\}_{℃}$
O_2	$\{c_v\}_{kJ/(kg \cdot K)} = 0.6594 + 0.0001065\{t\}_{℃}$ $\{c_p\}_{kJ/(kg \cdot K)} = 0.919 + 0.0001065\{t\}_{℃}$
CO	$\{c_v\}_{kJ/(kg \cdot K)} = 0.7331 + 0.00009681\{t\}_{℃}$ $\{c_p\}_{kJ/(kg \cdot K)} = 1.035 + 0.00009681\{t\}_{℃}$
H_2O	$\{c_v\}_{kJ/(kg \cdot K)} = 1.372 + 0.0003111\{t\}_{℃}$ $\{c_p\}_{kJ/(kg \cdot K)} = 1.833 + 0.0003111\{t\}_{℃}$
CO_2	$\{c_v\}_{kJ/(kg \cdot K)} = 0.6837 + 0.0002406\{t\}_{℃}$ $\{c_p\}_{kJ/(kg \cdot K)} = 0.8725 + 0.002406\{t\}_{℃}$

附录4 空气的热力性质

T/K	$t/℃$	$h/(kJ/kg)$	p_r	v_r	$s^0/[kJ/(kg \cdot K)]$
200	−73.15	201.87	0.3414	585.82	6.3000
210	−63.15	211.94	0.4051	518.39	6.3491
220	−53.15	221.99	0.4768	461.41	6.3959
230	−43.15	232.04	0.5571	412.85	6.4406
240	−33.15	242.08	0.6466	371.17	6.4833
250	−23.15	252.12	0.7458	335.21	6.5243
260	−13.15	262.15	0.8555	303.92	6.5636
270	−3.15	272.19	0.9761	276.61	6.6015
280	6.85	282.22	1.1084	252.62	6.6380
290	16.85	292.25	1.2531	231.43	6.6732
300	26.85	302.29	1.4108	212.65	6.7072
310	36.85	312.33	1.5823	195.92	6.7401
320	46.85	322.37	1.7682	180.98	6.7720
330	56.85	332.42	1.9693	167.57	6.8029
340	66.85	342.47	2.1865	155.50	6.8330
350	76.85	352.54	2.4204	144.60	6.8261
360	86.85	362.61	2.6720	134.73	6.8905
370	96.85	372.69	2.9419	125.77	6.9181
380	106.85	382.79	3.2312	117.60	6.9450
390	116.85	392.89	3.5407	110.15	6.9713
400	126.85	403.01	3.8712	103.33	6.9969
410	136.85	413.14	4.2238	97.069	7.0219
420	146.85	423.29	4.5993	91.318	7.0464
430	156.85	433.45	4.9989	86.019	7.0703
440	166.85	443.62	5.4234	81.130	7.0937
450	176.85	453.81	5.8739	76.610	7.1166
460	186.85	464.02	6.3516	75.423	7.1390
470	196.85	474.25	6.8575	68.538	7.1610
480	206.85	484.49	7.3927	64.929	7.1826

续表

T/K	$t/℃$	$h/(kJ/kg)$	p_r	v_r	$s^0/[kJ/(kg \cdot K)]$
490	216.85	494.76	7.9584	61.570	7.2037
500	226.85	505.04	8.5558	58.440	7.2245
510	236.85	515.34	9.1861	55.519	7.2449
520	246.85	525.66	9.8506	52.789	7.2650
530	256.85	536.01	10.551	50.232	7.2847
540	266.85	546.37	11.287	47.843	7.3040
550	276.85	556.76	12.062	45.598	7.3231
560	286.85	567.16	12.877	43.448	7.3418
570	296.85	577.59	13.732	41.509	7.3603
580	306.85	588.04	14.630	39.645	7.3785
590	316.85	598.52	15.572	37.885	7.3964
600	326.85	609.02	16.559	36.234	7.4140
610	336.85	619.54	17.593	34.673	7.4314
620	346.85	630.08	18.676	33.198	7.4486
630	356.85	640.65	19.810	31.802	7.4655
640	366.85	651.24	20.995	30.483	7.4821
650	376.85	661.85	22.234	29.235	7.4986
660	386.85	672.49	23.528	28.052	7.5148
670	396.85	683.15	24.880	26.929	7.5309
680	406.85	693.84	26.291	25.864	7.5467
690	416.85	704.55	27.763	24.853	7.5623
700	426.85	715.28	29.298	23.892	7.5778
750	476.85	769.32	37.989	19.743	7.6523
800	526.85	823.94	48.568	16.472	7.7228
850	576.85	879.15	61.325	13.861	7.7898
900	626.85	934.91	76.576	11.753	7.8535
950	676.85	992.20	94.667	10.035	7.9144
1000	726.85	1047.99	115.97	8.6229	7.9727
1100	826.85	1162.95	169.88	6.4752	8.0822
1200	926.85	1279.54	241.90	4.9607	8.1836
1300	1026.85	1397.58	336.19	3.8669	8.2781

注：此表数据摘自 J. B. Jones，R. E. Dugan. Engineering Thermodynamics. New Jersey：Prentice Hall Inc. 1996。

附录5 气体的热力性质

H_m 的单位为 J/mol，S_m^0 的单位为 J/（mol · K）

T/K	CO		CO_2		H_2		H_2O		N_2	
	H_m	S_m^0	H_m	S_m^0	H_m	S_m^0	H_m	S_m^0	H_m	S_m^0
200	5804.9	185.991	5951.8	199.980	5667.8	119.303	6626.8	175.506	5803.1	179.944
298.2	8671.0	197.653	9364.0	213.795	8467.0	130.680	9904.0	188.834	8670.0	191.609
300	8724.9	197.833	9432.8	214.052	8520.4	130.858	9966.1	189.042	8723.9	191.789
400	11646.2	206.236	13366.7	225.314	11424.9	139.212	13357.0	198.792	11640.4	200.179
500	14601.4	212.828	17668.9	234.901	14348.6	145.736	16830.2	206.538	14580.2	206.737
600	17612.7	218.317	22271.3	243.284	17278.6	151.078	20405.0	213.054	17564.2	212.176
700	20692.6	223.063	27120.0	250.754	20215.1	155.604	24096.2	218.741	20606.6	216.865
800	23845.9	227.273	32172.6	257.498	231656.4	159.545	27907.2	223.828	23715.2	221.015
900	27070.6	231.070	37395.9	263.648	26141.9	163.049	31842.5	228.461	26891.8	224.756

T/K	CO		CO₂		H₂		H₂O		N₂	
	H_m	S_m^0	H_m	S_m^0	H_m	S_m^0	H_m	S_m^0	H_m	S_m^0
1000	30359.8	234.535	42763.1	269.302	29147.3	166.215	35904.6	232.740	30132.2	228.169
1100	33705.1	237.723	48248.5	274.529	32187.4	169.112	40094.1	236.732	33428.8	231.311
1200	37099.6	240.676	53836.7	279.391	35266.4	171.791	44412.4	240.489	36778.0	234.225
1300	40537.1	243.428	59512.8	283.934	38386.7	174.289	48851.4	244.041	40173.0	236.942
1400	44012.0	246.003	65263.1	288.195	41549.8	176.633	53403.6	247.414	43607.8	239.487

T/K	NO		CH₄		C₂H₂		C₂H₄		O₂	
	H_m	S_m^0	H_m	S_m^0	H_m	S_m^0	H_m	S_m^0	H_m	S_m^0
200	6253.1	198.797	6691.7	172.733	6076.7	185.062	6818.6	204.417	5814.7	193.481
298.2	9192.0	210.758	10018.7	186.233	10005.4	200.936	10511.6	219.308	8683.0	205.147
300	9247.1	210.942	10089.9	186.471	10093.7	201.231	10597.4	219.595	9737.3	205.329
400	12243.2	219.534	13888.9	197.367	14843.4	214.853	15406.8	233.362	11708.9	213.872
500	15262.9	226.290	18225.3	207.019	20118.2	226.605	21188.4	246.224	14767.3	220.693
600	18358.2	231.931	23151.4	215.984	25783.2	236.924	27850.1	258.347	17926.1	226.449
700	21528.3	236.817	28659.1	224.463	31759.0	246.130	35281.9	269.789	21181.4	231.466
800	24770.9	241.146	34704.6	232.528	38003.7	254.465	43372.8	280.584	24519.3	235.922
900	28079.3	245.042	41232.6	240.212	44496.0	262.109	52027.1	290.771	27924.0	239.931
1000	31449.2	248.591	48200.7	247.550	51217.3	269.188	61180.4	300.411	31384.4	243.576
1100	34871.9	251.853	55567.3	254.568	58143.2	275.788	70773.3	309.551	34893.5	246.921
1200	38339.5	254.870	63290.1	261.285	65261.1	281.980	80761.2	318.239	38441.1	250.007
1300	41845.3	257.676	71325.4	267.716	72552.1	287.815	91092.2	326.506	42022.9	252.874
1400	45383.8	260.298	79634.7	273.872	79999.2	293.333	101721.0	334.382	45635.9	255.551
1500	48950.2	262.759	88183.9	279.770	87587.2	298.568	112608.4	341.893	49277.4	258.064
1600	52540.4	265.076	96964.5	285.442	95302.5	303.547	123720.8	349.064	52945.4	260.430

注：此表数据摘自 J. B. Jones, R. E. Dugan. Engineering Thermodynamics. New Jersey：Prentice Hall Inc，1996。

附录6 低压时一些常用气体的比热容

T/K	C_p	C_V	γ	C_p	C_V	γ	C_p	C_V	γ
	kJ/(kg·K)	kJ/(kg·K)		kJ/(kg·K)	kJ/(kg·K)		kJ/(kg·K)	kJ/(kg·K)	
	空气			氮气(N₂)			氧气(O₂)		
250	1.003	0.716	1.401	1.039	0.742	1.4	0.913	0.653	1.398
300	1.005	0.718	1.4	1.039	0.743	1.4	0.918	0.658	1.395
350	1.008	0.721	1.398	1.041	0.744	1.399	0.928	0.668	1.389
400	1.013	0.726	1.395	1.044	0.747	1.397	0.941	0.681	1.382
450	1.02	0.733	1.391	1.049	0.752	1.395	0.956	0.696	1.373
500	1.029	0.742	1.387	1.056	0.759	1.391	0.972	0.712	1.365
600	1.051	0.764	1.376	1.075	0.778	1.382	1.003	0.743	1.35
700	1.075	0.788	1.364	1.098	0.801	1.371	1.031	0.771	1.337
800	1.099	0.812	1.354	1.121	0.825	1.36	1.054	0.794	1.327
900	1.121	0.834	1.344	1.145	0.849	1.394	1.074	0.814	1.319
1000	1.142	0.855	1.336	1.167	0.87	1.341	1.09	0.83	1.313

续表

T/K	C_p kJ/(kg·K)	C_V kJ/(kg·K)	γ	C_p kJ/(kg·K)	C_V kJ/(kg·K)	γ	C_p kJ/(kg·K)	C_V kJ/(kg·K)	γ
	二氧化碳(CO_2)			一氧化碳(CO)			氢气(H_2)		
250	0.791	0.602	1.314	1.039	0.743	1.4	14.051	9.927	1.416
300	0.846	0.657	1.288	1.04	0.744	1.399	14.307	10.183	1.405
350	0.895	0.706	1.268	1.043	0.746	1.398	14.427	10.302	1.4
400	0.939	0.75	1.252	1.047	0.751	1.395	14.476	10.352	1.398
450	0.978	0.79	1.239	1.054	0.757	1.392	14.501	10.377	1.398
500	1.014	0.825	1.229	1.063	0.767	1.387	14.513	10.389	1.397
600	1.075	0.886	1.213	1.087	0.79	1.376	14.546	10.422	1.396
700	1.126	0.937	1.202	1.113	0.816	1.364	14.604	10.48	1.394
800	1.169	0.98	1.193	1.139	0.842	1.353	14.695	10.57	1.39
900	1.204	1.015	1.186	1.163	0.866	1.343	14.822	10.698	1.385
1000	1.234	1.045	1.181	1.185	0.888	1.335	14.983	10.859	1.38

注：此表引自 Michael J Moran，Howard N Shapiro. Fundamentals of Engineering Thermodynamics. 3rd ed. New York：John Wiley&·Sons Inc.，1995。

附录 7　一些常用气体 25℃、 100kPa* 时的比热容

物质	分子式	M 10^{-3}kg/mol	R_g J/(kg·K)	ρ kg/m³	c_p kJ/(kg·K)	c_V kJ/(kg·K)	$\kappa=\dfrac{c_p}{c_V}$
乙炔	C_2H_2	26.038	319.3	1.05	1.669	1.380	1.231
空气	—	28.97	287.0	1.169	1.004	0.717	1.400
氨	NH_3	17.031	488.2	0.694	2.130	1.640	1.297
氩	Ar	39.948	208.1	1.613	0.520	0.312	1.667
正丁烷	C_4H_{10}	58.124	143.0	2.407	1.716	1.573	1.091
二氧化碳	CO_2	44.01	188.9	1.775	0.842	0.653	1.289
一氧化碳	CO	28.01	296.8	1.13	1.041	0.744	1.399
乙烷	C_2H_6	30.07	276.5	1.222	1.766	1.490	1.186
乙醇	C_2H_5OH	46.069	180.5	1.883	1.427	1.246	1.145
乙烯	C_2H_4	29.054	296.4	1.138	1.548	1.252	1.237
氦	He	4.003	2077.1	0.1615	5.193	3.116	1.667
氢	H_2	2.016	4124.3	0.0813	14.209	10.085	1.409
甲烷	CH_4	16.043	518.3	0.648	2.254	1.736	1.299
甲醇	CH_3OH	32.042	259.5	1.31	1.405	1.146	1.227
氮	N_2	28.013	296.8	1.13	1.042	0.745	1.400
正辛烷	C_8H_{18}	114.232	72.79	0.092	1.711	1.638	1.044
氧	O_2	31.999	259.8	1.292	0.922	0.622	1.393
丙烷	C_3H_8	44.094	188.6	1.808	1.679	1.490	1.126
R22	$CHClF_2$	86.469	96.16	3.54	0.658	0.562	1.171
R134a	CF_3CH_2F	102.03	81.49	4.20	0.852	0.771	1.106
二氧化硫	SO_2	64.063	129.8	2.618	0.624	0.494	1.263
水蒸气	H_2O	18.015	461.5	0.0231	1.872	1.410	1.327

* 若饱和压力小于100kPa，则为饱和压力。此表中物质的摩尔质量和临界参数引自：Richard E Sonntag, Class Borgnakke Gordon，J Van Wylen. Fundamentals of Thermodynamics. 6th ed. New York：John Wiley &· Sons Inc.，2003。

附录8 饱和水和饱和蒸汽的热力性质（按温度排列）

t	p	v'	v"	h'	h"	r	s'	s"
℃	MPa	m³/kg			kJ/kg		kJ/(kg·K)	
0	0.0006112	0.0010002	206.154	−0.05	2500.51	2500.6	−0.0002	9.1544
0.01	0.0006117	0.0010002	206.012	0.00	2500.53	2500.5	0.0000	9.1541
5	0.0008725	0.0010001	147.048	21.02	2509.71	2488.7	0.0763	9.0236
10	0.0012279	0.0010003	106.341	42.00	2518.90	2476.9	0.1510	8.8988
15	0.0017053	0.0010009	77.910	62.95	2528.07	2465.1	0.2243	8.7794
20	0.0023385	0.0010019	57.786	83.86	2537.20	2453.3	0.2963	8.6652
25	0.0031687	0.0010030	43.362	104.77	2546.29	2441.5	0.3670	8.5560
30	0.0042451	0.0010044	32.8990	125.68	2555.35	2429.7	0.4366	8.4514
40	0.0073811	0.0010079	19.5290	167.50	2573.36	2405.9	0.5723	8.2551
50	0.0123446	0.0010122	12.0365	209.33	2591.19	2381.9	0.7038	8.0745
60	0.019933	0.0010171	7.6740	251.15	2608.79	2357.6	0.8312	7.9080
70	0.031178	0.0010228	5.0443	293.01	2626.10	2333.1	0.9550	7.7540
80	0.047376	0.0010290	3.4086	334.93	2643.06	2308.1	1.0753	7.6112
90	0.070121	0.0010359	2.3616	376.94	2659.63	2282.7	1.1926	7.4783
100	0.101325	0.0010434	1.6736	419.06	2675.71	2256.6	1.3069	7.3545
110	0.143243	0.0010516	1.2106	461.33	2691.26	2229.9	1.4186	7.2386
120	0.198483	0.0010603	0.89219	503.76	2706.18	2202.4	1.5277	7.1297
130	0.270012	0.0010697	0.66873	546.38	2720.39	2174.0	1.6346	7.0272
140	0.36119	0.0010797	0.50900	589.21	2733.81	2144.6	1.7393	6.9302
150	0.47571	0.0010905	0.39286	632.28	2746.35	2114.1	1.8420	6.8381
160	0.61766	0.0011019	0.30709	675.62	2757.92	2082.3	1.9429	6.7502
170	0.79147	0.0011142	0.24283	719.25	2768.42	2049.2	2.0420	6.6661
180	1.00193	0.0011273	0.19403	763.22	2777.74	2014.5	2.1396	6.5852
190	1.25417	0.0011414	0.15650	807.56	2785.80	1978.2	2.2358	6.5071
200	1.55366	0.0011564	0.12793	852.34	2792.47	1940.1	2.3307	6.4312
220	2.31783	0.0011900	0.086157	943.46	2801.20	1857.7	2.5175	6.2846
240	3.34459	0.0012292	0.059743	1037.2	2802.88	1765.7	2.7013	6.1422
260	4.68923	0.0012758	0.042195	1134.3	2796.14	1661.8	2.8837	6.0007
280	6.41273	0.0013324	0.030165	1236.0	2779.08	1543.1	3.0668	5.8564
300	8.58308	0.0014037	0.021669	1344.0	2748.71	1404.7	3.2533	5.7042
320	11.278	0.0014984	0.015479	1461.2	2699.72	1238.5	3.4475	5.5356
340	14.593	0.0016373	0.010790	1593.7	2621.32	1027.6	3.6586	5.3345
360	18.657	0.0018942	0.006958	1761.1	2481.68	720.6	3.9155	5.0536
370	21.033	0.0022148	0.004982	1891.7	2338.79	447.1	4.1125	4.8076
371	21.286	0.0022797	0.004735	1911.8	2314.11	402.3	4.1429	4.7674
372	21.542	0.0023653	0.004451	1936.1	2282.99	346.9	4.1796	4.7173
373	21.802	0.0024960	0.004087	1968.8	2237.98	269.2	4.2292	4.6458
373.99	22.064	0.0031060	0.003106	2085.9	2085.87	0.0	4.4092	4.4092

附录 9　饱和水和饱和蒸汽的热力性质（按压力排列）

p	t	v'	v''	h'	h''	r	s'	s''
MPa	℃	m³/kg		kJ/kg			kJ/(kg · K)	
0.01	45.799	0.0010103	14.6730	191.76	2583.72	2392.0	0.6490	8.1481
0.02	60.065	0.0010172	7.6497	251.43	2608.90	2357.5	0.8320	7.9068
0.04	75.872	0.0010264	3.9939	317.61	2636.10	2318.5	1.0260	7.6688
0.06	85.950	0.0010331	2.7324	359.91	2652.97	2293.1	1.1454	7.5310
0.08	93.511	0.0010385	2.0876	391.71	2665.33	2273.6	1.2330	7.4339
0.1	99.634	0.0010432	1.6943	417.52	2675.14	2257.6	1.3028	7.3589
0.2	120.240	0.0010605	0.88585	504.78	2706.53	2201.7	1.5303	7.1272
0.3	133.556	0.0010732	0.60587	561.58	2725.26	2163.7	1.6721	6.9921
0.4	143.642	0.0010835	0.46246	604.87	2738.49	2133.6	1.7769	6.8961
0.5	151.867	0.0010925	0.37486	640.35	2748.59	2108.2	1.8610	6.8214
0.6	158.863	0.0011006	0.31563	670.67	2756.66	2086.0	1.9315	6.7600
0.7	164.983	0.0011079	0.27281	697.32	2763.29	2066.0	1.9925	6.7079
0.8	170.444	0.0011148	0.24037	721.20	2768.86	2047.7	2.0464	6.6625
0.9	175.389	0.0011212	0.21491	742.90	2773.59	2030.7	2.0948	6.6222
1.0	179.916	0.0011272	0.19438	762.84	2777.67	2014.8	2.1388	6.5859
1.2	187.995	0.0011385	0.16328	798.64	2784.29	1985.7	2.2166	6.5225
1.4	195.078	0.0011489	0.14079	830.24	2789.37	1959.1	2.2841	6.4683
1.6	201.410	0.0011586	0.12375	858.69	2793.29	1934.6	2.3440	6.4206
1.8	207.151	0.0014679	0.11037	884.67	2796.33	1911.7	2.3979	6.3781
2.0	212.417	0.0011767	0.09959	908.64	2798.66	1890.9	2.3447	6.3395
2.2	217.288	0.0011851	0.09070	930.97	2800.41	1869.4	2.4924	6.3041
2.4	221.829	0.0011933	0.083244	951.91	2801.67	1849.8	2.5344	6.2714
2.6	226.085	0.0012013	0.076898	971.67	2802.51	1830.8	2.5736	6.2409
2.8	230.096	0.0012090	0.071427	990.41	2803.01	1812.6	2.6105	6.2123
3.0	233.893	0.0012166	0.066662	1008.2	2803.19	1794.9	2.6454	6.1854
3.2	237.499	0.0012240	0.062471	1025.3	2803.10	1777.8	2.6784	6.1599
3.4	240.936	0.0012312	0.058757	1041.6	2802.76	1761.1	2.7098	6.1356
3.6	244.222	0.0012384	0.055441	1057.4	2802.21	1744.8	2.7398	6.1124
3.8	247.370	0.0012454	0.052462	1072.5	2801.46	1728.9	2.7686	6.0901
4.0	250.394	0.0012524	0.049771	1087.2	2800.53	1713.4	2.7962	6.0688
4.2	253.304	0.0012592	0.047326	1101.4	2799.44	1698.1	2.8227	6.0482
4.4	256.110	0.0012661	0.045096	1115.1	2798.19	1683.1	2.8483	6.0283
4.6	258.820	0.0012728	0.043053	1128.5	2796.80	1668.3	2.8730	6.0091
4.8	261.441	0.0012795	0.041173	1141.5	2795.28	1653.8	2.8969	5.9905
5.0	263.980	0.0012862	0.039440	1154.2	2793.64	1639.5	2.9201	5.9724
5.2	266.443	0.0012928	0.037830	1166.5	2791.88	1625.4	2.9425	5.9548
5.4	268.835	0.0012994	0.036341	1178.6	2790.02	1611.4	2.9644	5.9376
5.6	271.159	0.0013059	0.034952	1190.4	2788.05	1597.6	2.9857	5.9209
5.8	273.422	0.0013125	0.033654	1202.0	2785.98	1584.0	3.0064	5.9045
6.0	275.625	0.0013190	0.032440	1213.3	2783.82	1570.5	3.0266	5.8885
6.2	277.773	0.0013255	0.031301	1224.4	2781.57	1557.2	3.0463	5.8728

p	t	v'	v''	h'	h''	r	s'	s''
MPa	℃	m³/kg		kJ/kg			kJ/(kg·K)	
6.4	279.868	0.0013320	0.030230	1235.3	2779.23	1543.9	3.0656	5.8574
6.6	281.914	0.0013385	0.029222	1246.0	2776.81	1530.8	3.0845	5.8423
6.8	283.914	0.0013450	0.028271	1256.6	2774.30	1517.7	3.1029	5.8275
7.0	285.869	0.0013515	0.027371	1266.9	2771.72	1504.8	3.1210	5.8125
7.2	287.781	0.0013581	0.026519	1277.1	2769.07	1491.9	3.1388	5.7985
7.4	289.654	0.0013646	0.025712	1287.2	2766.33	1479.1	3.1562	5.7843
7.6	291.488	0.0013711	0.024944	1297.1	2763.53	1466.4	3.1733	5.7704
7.8	293.285	0.0013777	0.024215	1306.9	2760.65	1453.8	3.1901	5.7566
8.0	295.048	0.0013843	0.023520	1316.5	2757.70	1441.2	3.2066	5.7430
8.2	296.777	0.0013903	0.022857	1326.1	2754.68	1428.6	3.2228	5.7295
8.4	298.474	0.0013976	0.022224	1335.3	2751.59	1416.1	3.2388	5.7162
8.6	300.140	0.0014043	0.021619	1344.8	2748.44	1403.7	3.2546	5.7031
8.8	301.777	0.0014110	0.021040	1354.0	2745.21	1391.3	3.2701	5.6900
9.0	303.385	0.0014177	0.020485	1363.1	2741.92	1378.9	3.2854	5.6771
9.2	304.966	0.0014245	0.019953	1372.1	2738.56	1366.5	3.3005	5.6643
9.4	306.721	0.0014314	0.019443	1381.0	2735.14	1354.2	3.3154	5.6515
9.6	308.050	0.0014383	0.018952	1389.8	2731.64	1341.8	3.3302	5.6389
9.8	309.555	0.0014452	0.018480	1398.6	2728.08	1329.5	3.3447	5.6264
10.0	311.037	0.0014522	0.018026	1407.2	2724.46	1317.2	3.3591	5.6139
10.4	313.933	0.0014664	0.017167	1424.4	2717.01	1292.6	3.3874	5.5892
10.8	316.743	0.0014808	0.016367	1441.3	2709.30	1268.0	3.4151	5.5647
11.2	319.474	0.0014955	0.015619	1457.9	2701.31	1243.4	3.4422	5.5403
11.6	322.130	0.0015106	0.014920	1474.4	2693.05	1218.6	3.4689	5.5161
12.0	324.715	0.0015260	0.014263	1490.7	2684.50	1193.8	3.4952	5.4920
12.2	325.983	0.0015338	0.013949	1498.8	2680.11	1181.3	3.5082	5.4800
12.4	327.234	0.0015417	0.013644	1506.8	2675.65	1168.8	3.5211	5.4680
12.6	328.469	0.0015498	0.013348	1514.9	2671.11	1156.3	3.5340	5.4559
12.8	329.689	0.0015580	0.013060	1522.8	2666.50	1143.7	3.5467	5.4439
13.0	330.894	0.0015662	0.012780	1530.8	2661.80	1131.0	3.5594	5.4318
13.2	332.084	0.0015747	0.012508	1538.8	2657.03	1118.3	3.5720	5.4197
13.4	333.260	0.0015832	0.012242	1546.7	2652.17	1105.5	3.5846	5.4076
13.6	334.422	0.0015919	0.011984	1554.6	2647.23	1092.6	3.5971	5.3955
13.8	335.571	0.0016007	0.011732	1562.5	2642.19	1079.7	3.6096	5.3833
14.0	336.707	0.0016097	0.011486	1570.4	2637.03	1066.7	3.6220	5.3711
14.2	337.829	0.0016188	0.011246	1578.3	2631.86	1053.6	3.6344	5.3588
14.4	338.939	0.0016281	0.011011	1586.1	2626.55	1040.4	3.6467	5.3465
14.6	340.037	0.0016376	0.010783	1594.0	2621.14	1027.1	3.6590	5.3341
14.8	341.122	0.0016473	0.010559	1601.9	2615.63	1013.7	3.6713	5.3217
15.0	342.196	0.0016571	0.010340	1609.8	2610.01	1000.2	3.6836	5.3091
16.0	347.396	0.0017099	0.009311	1649.4	2580.21	930.8	3.7451	5.2450

附录10 水和过热蒸汽的热力性质

	0.01MPa $t_s=45.799℃$			0.02MPa $t_s=60.065℃$			0.04MPa $t_s=75.872℃$		
t	v'	h'	s'	v'	h'	s'	v'	h'	s'
	0.0010103	191.76	0.6490	0.0010431	417.52	1.3028	0.0010605	504.78	1.5303
	v''	h''	s''	v''	h''	s''	v''	h''	s''
	14.673	2583.7	8.1481	1.6943	2675.1	7.3589	0.8859	2706.5	7.1272
℃	m³/kg	kJ/kg	kJ/(kg·K)	m³/kg	kJ/kg	kJ/(kg·K)	m³/kg	kJ/kg	kJ/(kg·K)
0	0.0010002	−0.05	−0.0002	0.0010002	−0.05	−0.0002	0.0010001	−0.05	−0.0002
10	0.0010003	42.01	0.1510	0.0010003	42.01	0.1510	0.0010002	42.2	0.1510
20	0.0010018	83.87	0.2963	0.0010018	83.87	0.2963	0.0010018	84.05	0.2963
30	0.0010044	125.68	0.4366	0.0010044	125.68	0.4366	0.0010043	125.86	0.4365
40	0.0010079	167.50	0.5723	0.0010078	167.50	0.5723	0.0010078	167.67	0.5722
50	14.869	2591.8	8.1732	0.0010121	209.34	0.7038	0.0010121	209.49	0.7037
60	15.336	2610.8	8.2313	0.0010171	251.15	0.8312	0.0010170	251.31	0.8311
70	15.802	2629.9	8.2876	7.8835	2628.1	7.9636	0.0010227	293.15	0.9549
80	16.268	2648.9	8.3422	8.1181	2674.4	8.0189	4.0431	2644.2	7.6919
90	16.732	2667.9	8.3954	8.3520	2666.6	8.0725	4.1618	2663.8	7.7466
100	17.196	2686.9	8.4471	8.5855	2658.8	8.1246	4.2799	2683.3	7.7996
120	18.124	2725.1	8.5466	9.0514	2724.1	8.2248	4.5151	2722.2	7.9011
140	19.050	2763.6	8.6414	9.5163	2762.5	8.3201	4.7492	2761.0	7.9973
160	19.976	2801.7	8.7322	9.9804	2801.0	8.4111	4.9826	2799.7	8.0889
180	20.901	2840.2	8.8192	10.4439	2839.7	8.4984	5.2154	2838.6	8.1776
200	21.826	2879.0	8.9029	10.9071	2878.5	8.5822	5.4479	2877.6	8.2608
240	23.674	2957.1	9.0614	11.8326	2956.8	8.7410	5.9119	2956.1	8.4200
280	25.522	3036.2	9.2097	12.7575	3035.9	8.8894	6.3752	3035.3	8.5668
300	26.446	3076.0	9.2805	13.2197	3075.8	8.9602	6.6066	3075.3	8.6397
350	28.755	3176.6	9.4488	14.3748	3176.5	9.1287	7.1849	3176.1	8.8083
400	31.063	3278.7	9.6064	15.5296	3278.6	9.2863	7.7628	3278.3	8.9661
450	33.372	3382.3	9.7548	16.6842	3382.2	9.4347	8.3405	3381.9	9.1146
500	35.680	3487.4	9.8953	17.8386	3487.3	9.5753	8.9179	3487.1	9.2552
530	37.065	3551.3	9.9764	18.5312	3551.2	9.6564	9.2644	3551.0	9.3364
560	38.450	3616.0	10.0554	19.2237	3615.9	9.7355	9.6108	3615.7	9.4154
600	40.296	3703.4	10.1579	20.1470	3703.3	9.8379	10.0726	3703.1	9.5179
640	42.142	3792.3	10.2575	21.0703	3792.3	9.9376	10.5343	3792.1	9.6175
680	43.989	3882.9	10.3546	21.9936	3882.8	10.0346	10.9961	3882.7	9.7146
700	44.912	3928.8	10.4022	22.4552	3928.7	10.0823	11.2269	3928.6	9.7623
720	45.835	3975.0	10.4492	22.9168	3974.9	10.1293	11.4578	3974.8	9.8093
740	46.758	4021.6	10.4957	23.3784	4021.5	10.1757	11.6886	4021.4	9.8557
760	47.681	4068.4	10.5414	23.8400	4068.3	10.2215	11.9195	4068.2	9.9015
800	49.527	4162.8	10.6311	24.7632	4162.7	10.3111	12.3811	4162.6	9.9912

	0.06MPa	t_s=85.950℃		0.08MPa	t_s=93.511℃		0.1MPa	t_s=99.634℃	
t	v'	h'	s'	v'	h'	s'	v'	h'	s'
	0.0010331	359.91	1.1454	0.0010385	391.71	1.2330	0.0010431	417.52	1.3028
	v''	h''	s''	v''	h''	s''	v''	h''	s''
	2.7324	2653.0	7.531	2.0876	2665.3	7.4339	1.6943	2675.1	7.3589
℃	m³/kg	kJ/kg	kJ/(kg·K)	m³/kg	kJ/kg	kJ/(kg·K)	m³/kg	kJ/kg	kJ/(kg·K)
0	0.0010002	−0.05	−0.0002	0.0010002	−0.05	−0.0002	0.0010002	-0.05	-0.0002
10	0.0010003	42.01	0.151	0.0010003	42.01	0.1510	0.0010003	42.01	0.1510
20	0.0010018	83.87	0.2963	0.0010018	83.87	0.2963	0.0010018	83.87	0.2963
30	0.0010044	125.68	0.4366	0.0010044	125.68	0.4366	0.0010044	125.68	0.4366
40	0.0010079	167.55	0.5723	0.0010079	167.50	0.5723	0.0010078	167.50	0.5723
50	0.0010122	209.34	0.7038	0.0010121	209.34	0.7038	0.0010121	209.34	0.7038
60	0.0010171	251.15	0.8312	0.0010171	251.15	0.8312	0.0010171	251.15	0.8312
70	0.0010227	293.02	0.955	0.0010227	293.02	0.9550	0.0010227	293.02	0.9550
80	0.0010290	334.94	1.0753	0.0010290	334.94	1.0753	0.0010290	334.94	1.0753
90	2.7648	2661.1	7.5534	0.0010359	376.94	1.1926	0.0010359	376.94	1.1926
100	2.8446	2680.9	7.6073	2.1268	2678.4	7.4693	1.6961	2675.9	7.3609
150	3.2385	2778.9	7.8539	2.4247	2777.5	7.7185	1.9364	2776.0	7.6128
200	3.6281	2876.7	8.0722	2.7182	2875.7	7.9379	2.1723	2874.8	7.8334
240	3.9383	2955.4	8.2319	2.9515	2954.6	8.1981	2.3594	2953.9	7.9940
280	4.2477	3034.8	8.3809	3.1840	3034.2	8.2473	2.5458	3033.6	8.1436
320	4.5567	3115.0	8.5209	3.4161	3114.5	8.3875	2.7317	3114.1	8.2840
360	4.8654	3196.0	8.6531	3.6478	3195.7	8.5199	2.9173	3195.3	8.4165
400	5.1739	3278.0	8.7786	3.8794	3277.6	8.6455	3.1027	3277.3	8.5422
440	5.4822	3360.8	8.8981	4.1108	3360.5	8.7651	3.2879	3360.3	8.6618
480	5.7903	3444.6	9.0125	4.3420	3444.4	8.8795	3.4730	3444.1	8.7763
520	6.0984	3529.5	9.1222	4.5732	3529.3	8.9893	3.6581	3529.1	8.8861
560	6.4064	3615.5	9.2281	4.8043	3615.3	9.0952	3.8430	3615.2	8.9920
600	6.7144	3703.0	9.3306	5.0353	3702.8	9.1977	4.0279	3702.7	9.0946
640	7.0224	3792.0	9.4303	5.2664	3791.8	9.2974	4.2128	3791.7	9.1943
680	7.3302	3882.6	9.5274	5.4973	3882.5	9.3945	4.3976	3882.3	9.2914
720	7.6381	3947.7	9.6221	5.7283	3974.6	9.4892	4.5824	3974.5	9.3862
760	7.9460	4068.1	9.7143	5.9592	4068.0	9.5815	4.7671	4067.9	9.4784
780	8.0999	4115.2	9.7595	6.0747	4115.1	9.6266	4.8595	4115.0	9.5236
800	8.2538	4162.6	9.8040	6.1910	4162.5	9.6711	4.9519	4162.4	9.5681
820	8.4077	4210.0	9.8478	6.3056	4210.0	9.7150	5.0443	4209.9	9.6119
840	8.5616	4257.7	9.8910	6.4210	4257.6	9.7582	5.1366	4257.5	9.6551
860	8.7155	4305.5	9.9335	6.5634	4305.4	9.8007	5.2290	4305.3	9.6977
880	8.8694	4353.4	9.9755	6.6519	4353.3	9.8426	5.3214	4353.2	9.7396

	0.5MPa t_s=151.867℃			1MPa t_s=179.916℃			2MPa t_s=212.417℃		
	v'	h'	s'	v'	h'	s'	v'	h'	s'
t	0.0010925	640.35	1.8160	0.0011272	762.84	2.1388	0.0011767	908.64	2.4471
	v''	h''	s''	v''	h''	s''	v''	h''	s''
	0.37486	2748.6	6.8214	0.19438	2777.7	6.5859	0.099588	2798.7	6.3395
℃	m³/kg	kJ/kg	kJ/(kg·K)	m³/kg	kJ/kg	kJ/(kg·K)	m³/kg	kJ/kg	kJ/(kg·K)
0	0.0010000	0.46	−0.0001	0.0009997	0.97	−0.0001	0.0009992	1.99	0.0000
10	0.0010001	42.49	0.1509	0.0009999	42.98	0.1509	0.0009994	43.95	0.1508
30	0.0010042	126.13	0.4364	0.0010040	126.59	0.4363	0.0010035	127.50	0.4360
50	0.0010119	209.75	0.7035	0.0010117	210.18	0.7033	0.0010113	211.04	0.7028
70	0.0010225	293.39	0.9547	0.0010223	293.80	0.9544	0.0010219	294.62	0.9538
90	0.0010357	377.27	1.1923	0.0010335	377.66	1.1919	0.0010350	378.43	1.1912
100	0.0010432	419.36	1.3066	0.0010430	419.74	1.3062	0.0010425	420.49	1.3054
120	0.0010601	503.97	1.5275	0.0010599	504.32	1.5270	0.0010593	505.03	1.5261
140	0.0010796	589.30	1.7392	0.0010793	589.62	1.7386	0.0010787	590.27	1.7376
150	0.0010904	632.30	1.8420	0.0010901	632.61	1.8414	0.0010894	633.22	1.8403
160	0.38336	2767.2	6.6847	0.0011017	675.82	1.9424	0.0011009	676.43	1.9412
170	0.39412	2789.6	6.9160	0.0011140	719.36	2.0418	0.0011133	719.91	2.0405
180	0.40450	2811.7	9.9651	0.19443	2777.9	6.5864	0.0011265	763.72	2.1382
200	0.42487	2854.9	7.0585	0.20590	2827.3	6.6931	0.0011560	852.52	2.3300
210	0.43490	2876.2	7.1030	0.21143	2851.0	6.7427	0.0011725	897.65	2.4244
220	0.44485	2897.3	7.1462	0.21686	2874.2	6.7903	0.102116	2820.8	6.3847
240	0.46455	2939.2	7.2295	0.22745	2919.6	6.8804	0.108415	2875.6	6.4936
250	0.47432	2960.0	7.2697	0.23264	2941.8	6.9233	0.111412	2901.5	6.5436
260	0.48404	2980.8	7.3091	0.23779	2963.8	9.9650	0.114331	2926.7	6.5914
270	0.49372	3001.5	7.3476	0.24288	2985.6	7.0056	0.117185	2951.3	6.6371
280	0.50336	3022.2	7.3853	0.24793	3007.3	7.0451	0.119985	2975.4	6.6811
290	0.81297	3042.9	7.4224	0.25294	3028.9	7.0838	0.122737	2999.2	6.7236
300	0.52255	3063.6	7.4588	0.25793	3050.4	7.1216	0.125449	3022.6	6.7648
320	0.54164	3104.9	7.5297	0.26781	3093.2	7.1950	0.130773	3068.6	6.8437
340	0.56064	3146.3	7.5983	0.27760	3135.7	7.2656	0.135989	3113.8	6.9188
350	0.57012	3167.0	7.6319	0.28247	3157.0	7.2999	0.138564	3136.2	6.9550
360	0.57958	3187.8	7.6649	0.28732	3178.2	7.3337	0.141120	3158.5	6.9905
380	0.59846	3229.4	7.7295	0.29698	3220.7	7.3997	0.146183	3202.8	7.0594
390	0.60788	3250.2	7.7612	0.30179	3241.9	7.4320	0.148693	3224.8	7.0929
400	0.61729	3271.1	7.7924	0.30658	3263.1	7.4638	0.151190	3246.8	7.1258
410	0.62669	3292.0	7.8233	0.31137	3284.4	7.4951	0.153676	3268.8	7.1582
420	0.63608	3312.9	7.8537	0.31615	3305.6	7.5260	0.156151	3290.7	7.1900
430	0.64546	3333.9	7.8838	0.32092	3326.9	7.5565	0.158617	3312.6	7.2214
440	0.65483	3354.9	7.9135	0.32568	3348.2	7.5866	0.161074	3334.5	7.2523

	4MPa t_s=250.394℃			6MPa t_s=275.625℃			8MPa t_s=95.048℃		
t	v'	h'	s'	v'	h'	s'	v'	h'	s'
	0.0012524	1087.2	2.7962	0.001319	1213.3	3.0266	0.0013843	1316.5	3.2066
	v''	h''	s''	v''	h''	s''	v''	h''	s''
	0.039439	2800.5	6.0688	0.032440	2783.8	5.8885	0.023520	2757.7	5.7430
℃	m³/kg	kJ/kg	kJ/(kg·K)	m³/kg	kJ/kg	kJ/(kg·K)	m³/kg	kJ/kg	kJ/(kg·K)
0	0.0009982	4.03	0.0001	0.0009972	6.05	0.0002	0.0009962	8.08	0.0003
10	0.009984	45.89	0.1507	0.0009975	47.83	0.1505	0.0009965	49.77	0.1502
20	0.0010000	87.62	0.2955	0.0009991	89.49	0.2950	0.0009982	91.36	0.2946
30	0.0010026	129.32	0.4353	0.0010018	131.14	0.4347	0.0010009	132.95	0.4341
40	0.0010061	171.04	0.5708	0.0010052	172.81	0.5700	0.0010044	174.57	0.5692
50	0.0010104	212.77	0.7019	0.0010095	214.49	0.7010	0.0010086	216.21	0.7001
80	0.0010272	338.07	1.0727	0.0010262	339.67	1.0714	0.0010253	341.26	1.0701
120	0.0010582	506.44	1.5243	0.0010571	507.85	1.5225	0.0010560	509.26	1.5207
160	0.0010095	677.60	1.9389	0.0010981	678.78	1.9365	0.0010967	679.97	1.9342
200	0.0011539	853.34	2.3268	0.0011519	854.17	2.3237	0.0011500	855.02	2.3207
240	0.0012282	1037.2	2.6998	0.0012250	1037.5	2.6955	0.0012220	1037.7	2.6912
250	0.0012514	1085.3	2.7925	0.0012478	1085.2	2.7877	0.0012443	1085.2	2.7829
260	0.051731	2835.4	6.1347	0.0012730	1134.1	2.8802	0.0012689	1133.8	2.8749
270	0.053639	2869.0	6.1973	0.0013014	1184.3	2.9735	0.0012965	1183.7	2.9676
280	0.055443	2900.7	6.2550	0.033171	2803.6	5.9243	0.0013278	1235.1	3.0614
290	0.057165	2930.7	6.3088	0.034722	2845.2	5.9989	0.0013638	1288.6	3.1572
300	0.058821	2959.5	6.3595	0.036148	2883.1	6.0656	0.024255	2784.5	5.7900
340	0.064980	3066.3	6.5397	0.041097	3012.8	6.2847	0.028959	2951.8	6.0727
380	0.070668	3165.0	6.6958	0.045381	3124.3	6.4608	0.032643	3080.0	6.2754
420	0.076769	3259.7	6.8365	0.049318	3227.0	6.6135	0.035883	3192.4	6.4426
460	0.081310	3352.2	6.9663	0.053045	3325.1	6.7512	0.038876	3296.9	6.5892
500	0.086417	3443.6	7.0877	0.056632	3420.6	6.8781	0.041712	3397.0	6.7221
540	0.091433	3534.7	7.2025	0.060122	3514.9	6.9970	0.044443	3494.7	6.8453
580	0.096382	3626.0	7.3122	0.063540	3608.7	7.1096	0.047097	3591.1	6.9611
620	0.101278	3708.0	7.4176	0.066904	3702.8	7.2173	0.049697	3687.2	7.0712
660	0.106134	3811.0	7.5194	0.070226	3797.4	7.3210	0.052254	3783.6	7.1767
700	0.110956	3905.1	7.6181	0.073515	3892.9	7.4212	0.054778	3880.5	7.2784
740	0.115753	4000.2	7.7139	0.076777	3989.2	7.5182	0.057276	3978.0	7.3766
780	0.120527	4096.1	7.8067	0.080017	4086.2	7.6121	0.059752	4076.0	7.4715
800	0.122907	4144.3	7.8521	0.081630	4134.9	7.6579	0.060982	4125.2	7.5178
820	0.125283	4192.7	7.8967	0.083238	4183.6	7.7029	0.062209	4174.4	7.5632
840	0.127654	4241.1	7.9406	0.084842	4232.5	7.7472	0.063431	4223.7	7.6079
860	0.130023	4289.6	7.9838	0.086443	4281.4	7.7907	0.064649	4273.0	7.6518
880	0.132288	4338.2	8.0264	0.088040	4330.4	7.8336	0.065863	4322.4	7.6950

t	10MPa $t_s=311.037℃$			15MPa $t_s=342.196℃$			20MPa $t_s=365.789℃$		
	v'	h'	s'	v'	h'	s'	v'	h'	s'
	0.0014522	1407.2	3.3591	0.0016571	1609.8	3.7451	0.0020379	1827.2	4.0153
	v''	h''	s''	v''	h''	s''	v''	h''	s''
	0.018026	2724.5	5.6139	0.010340	2610.0	5.2450	0.0058702	2413.1	4.9322
℃	m³/kg	kJ/kg	kJ/(kg·K)	m³/kg	kJ/kg	kJ/(kg·K)	m³/kg	kJ/kg	kJ/(kg·K)
0	0.0009952	10.09	0.0004	0.0009928	15.10	0.0006	0.0009904	20.58	0.0006
10	0.0009956	51.70	0.1500	0.0009933	56.51	0.1494	0.0009911	61.59	0.1488
50	0.0010078	217.93	0.6992	0.0010056	222.22	0.6969	0.0010035	226.50	0.6946
100	0.0010385	426.51	1.2993	0.0010360	430.29	1.2955	0.0010336	434.06	1.2917
150	0.0010842	638.22	1.8316	0.0010810	641.37	1.8262	0.0010779	644.56	1.8210
200	0.0011481	855.88	2.3176	0.0011434	858.08	2.3102	0.0011389	860.36	2.3029
250	0.0012408	1085.3	2.7783	0.0012327	1085.6	2.7671	0.0012251	1086.2	2.7564
270	0.0012919	1183.2	2.9618	0.0012809	1182.1	2.9481	0.0012709	1181.5	2.9351
290	0.0013569	1287.0	3.1496	0.0013411	1283.7	3.1318	0.0013270	1281.2	3.1154
310	0.0014465	1400.9	3.3482	0.0014206	1393.4	3.3230	0.0013990	1387.6	3.3010
320	0.019248	2780.5	5.7092	0.0014725	1453.0	3.4243	0.0014442	1444.4	3.3977
330	0.020421	2833.5	5.7978	0.0015386	1517.7	3.5326	0.0014990	1504.9	3.4987
340	0.021463	2880.0	5.8743	0.0016307	1591.5	3.6539	0.0015685	1570.6	3.6068
350	0.022415	2922.1	5.9423	0.011469	2691.2	5.4403	0.0016645	1645.3	3.7275
360	0.023299	2960.9	6.0041	0.012571	2768.1	5.5628	0.0018248	1739.6	3.8777
370	0.024130	2997.2	6.0610	0.013481	2830.2	5.6601	0.0069052	2523.7	5.1048
380	0.024920	3031.5	6.1140	0.014275	2883.6	5.7424	0.0082557	2658.5	5.3130
400	0.026402	3095.8	6.2109	0.015652	2974.6	5.8798	0.0099458	2816.8	5.5520
420	0.027787	3155.8	6.2988	0.016851	3052.9	5.9944	0.0111896	2928.3	5.7154
440	0.029100	3212.9	6.3799	0.017937	3123.3	6.0946	0.0121196	3019.6	5.8453
460	0.030357	3267.7	6.4557	0.018944	3188.5	6.1849	0.0131490	3099.4	5.9557
480	0.031571	3320.9	6.5273	0.019893	3250.1	6.2677	0.0139876	3171.9	6.0532
500	0.032750	3372.8	6.5954	0.020797	3309.0	6.3449	0.0147681	3239.3	6.1415
520	0.033900	3423.8	6.6605	0.021665	3365.8	6.4175	0.0155046	3303.0	6.2229
540	0.035027	3474.1	6.7232	0.022504	3421.1	6.4863	0.0162067	3364.0	6.2989
560	0.036133	3523.9	6.7837	0.023317	3475.2	6.5520	0.0168811	3422.9	6.3705
580	0.037222	3573.3	6.8423	0.024109	3528.3	6.6150	0.0175328	3480.3	6.4385
600	0.038297	3622.5	6.8992	0.024882	3580.7	6.6757	0.0181655	3536.3	6.5035
640	0.040413	3720.5	7.0090	0.026385	3683.8	6.7912	0.0193848	3645.7	6.6259
680	0.042493	3818.6	7.1141	0.027842	3785.6	6.9003	0.0205554	3752.4	6.7403
720	0.044545	3917.0	7.2153	0.029268	3886.8	7.0043	0.0216877	3857.5	6.8483
760	0.046574	4015.9	7.3129	0.030673	3988.0	7.1042	0.0227894	3961.6	7.0494
800	0.048584	4115.1	7.4072	0.032064	4089.3	7.2004	0.0238669	7065.1	7.0494

附录 11　氨（NH$_3$）饱和液和饱和蒸气的热力性质

温度	压力	比体积		比焓		比熵	
		液体	蒸气	液体	蒸气	液体	蒸气
$t/℃$	p/kPa	v_f /(m^3/kg)	v_g/(m^3/kg)	h_f /(kJ/kg)	h_g /(kJ/kg)	s_f /[kJ/(kg·K)]	s_g /[kJ/(kg·K)]
−30	119.5	0.001476	0.96339	44.26	1404.0	0.1856	5.7778
−25	151.6	0.001490	0.77119	66.58	1411.2	0.2763	5.6947
−20	190.2	0.001504	0.62334	89.05	1418.0	0.3657	5.6155
−15	236.3	0.001519	0.50838	111.66	1424.6	0.4538	5.5397
−10	290.9	0.001534	0.41808	134.41	1430.8	0.5408	5.4673
−5	354.9	0.001550	0.34648	157.31	1436.7	0.6266	5.3997
0	429.6	0.001556	0.28920	180.36	1442.2	0.7114	5.3309
5	515.9	0.001583	0.24299	203.85	1447.3	0.7951	5.2666
10	615.2	0.001600	0.20504	226.97	1452.0	0.8779	5.2045
15	728.6	0.001619	0.17462	250.54	1456.3	0.9598	5.1444
20	857.5	0.001638	0.14922	274.30	1460.2	1.0408	5.0860
25	1003.2	0.001658	0.12813	298.25	1463.5	1.1210	5.0293
30	1167.0	0.001680	0.11049	322.42	1466.3	1.2005	4.9738
35	1350.4	0.001702	0.09567	346.80	1468.6	1.2792	4.9169
40	1154.9	0.001725	0.08313	371.43	1470.2	1.3574	4.8662
45	1782.0	0.001750	0.07428	396.31	1471.2	1.4350	4.8136
50	2033.1	0.001777	0.06337	421.48	1471.5	1.5121	4.7614
55	2310.1	0.001804	0.05555	446.96	1471.0	1.5888	4.7095
60	2614.4	0.001834	0.04880	472.79	1469.7	1.6652	4.6577
65	2947.8	0.001866	0.04296	499.01	1467.5	1.7415	4.6057
70	3312.0	0.001900	0.03787	525.69	1464.4	1.8178	4.5533
75	3709.0	0.001937	0.03341	552.88	1460.1	1.8943	4.5001
80	4140.5	0.001978	0.02951	580.69	1454.6	1.9712	4.4458
90	5115.3	0.002071	0.02300	638.59	1439.4	2.1273	4.3325
100	6253.7	0.002188	0.01784	700.64	1416.9	2.2893	4.2088
110	7757.7	0.002347	0.01363	769.15	1383.7	2.4625	4.0665
120	9107.2	0.002589	0.01003	849.36	1331.7	2.6593	3.8861
132.3	11333.2	0.004255	0.00426	1085.85	1085.9	3.2316	3.2316

注：本表引自 C. Borgnakke，R. E. Sonntag. Thermodynamic and Transport Properties. New York：John Wiley & Sons Inc.，1997。

附录 12 过热氨（NH₃）蒸气的热力性质

	$p=100\text{kPa}(t_s=-33.60℃)$			$p=150\text{kPa}(t_s=-25.22℃)$			$p=200\text{kPa}(t_s=-18.86℃)$		
t	v	h	s	v	h	s	v	h	s
℃	m³/kg	kJ/kg	kJ/(kg·K)	m³/kg	kJ/kg	kJ/(kg·K)	m³/kg	kJ/kg	kJ/(kg·K)
−20	1.21007	1428.8	5.9626	0.79774	1422.9	5.7465	—	—	—
−10	1.26213	1450.8	6.0477	0.83364	1445.7	5.8349	0.61926	1440.6	5.6791
0	1.31362	1472.6	6.1291	0.86892	1468.3	5.9189	0.64648	1463.8	5.7659
10	1.36465	1494.4	6.2073	0.90373	1490.6	5.9992	0.67319	1486.8	5.8484
20	1.41532	1516.1	6.2826	0.93815	1512.8	6.0761	0.69951	1509.4	5.9270
30	1.46569	1537.7	6.3553	0.97227	1534.8	6.1502	0.72553	1531.9	6.0025
40	1.51582	1559.5	6.4258	1.00615	1556.9	6.2217	0.75129	1554.3	6.0751
50	1.56577	1581.2	6.4943	1.03984	1578.9	6.2910	0.77685	1576.6	6.1453
60	1.61557	1603.1	6.5609	1.07338	1601.0	6.3583	0.80226	1598.9	6.2133
70	1.66525	1625.1	6.6258	1.10678	1623.2	6.4238	0.82754	1621.3	6.2794
80	1.71482	1647.1	6.6892	1.14009	1645.4	6.4877	0.85271	1643.7	6.3437
100	1.81373	1691.7	6.8120	1.20646	1690.2	6.6112	0.90282	1688.8	6.4679
120	1.91240	1736.9	6.9300	1.27259	1735.6	6.7297	0.95268	1734.4	6.5869
140	2.01091	1782.8	7.0439	1.33855	1781.7	6.8439	1.00237	1780.6	6.7015
160	2.10927	1829.4	7.1540	1.40437	1828.4	6.9544	1.05192	1827.4	6.8123
180	2.20754	1876.8	7.2609	1.47009	1875.9	7.0615	1.10136	1875.0	6.9196

	$p=250\text{kPa}(t_s=-13.66℃)$			$p=300\text{kPa}(t_s=-9.24℃)$			$p=350\text{kPa}(t_s=-5.36℃)$		
t	v	h	s	v	h	s	v	h	s
℃	m³/kg	kJ/kg	kJ/(kg·K)	m³/kg	kJ/kg	kJ/(kg·K)	m³/kg	kJ/kg	kJ/(kg·K)
0	0.51293	1459.3	5.6441	0.42382	1454.7	5.5420	0.36011	1449.9	5.4532
10	0.53481	1482.9	5.7288	0.44251	1478.9	5.6290	0.37654	1474.9	5.5427
20	0.55629	1506.0	5.8093	0.46077	1502.6	5.7113	0.39251	1499.1	5.6270
30	0.57745	1529.0	5.8861	0.47870	1525.9	5.7896	0.40814	1522.9	5.7068
40	0.59835	1551.7	5.9599	0.49636	1549.0	5.8645	0.42350	1546.3	5.7828
50	0.61904	1574.3	6.0309	0.51382	1571.9	5.9365	0.43865	1569.5	5.8557
60	0.63958	1596.8	6.0997	0.53111	1594.7	6.0600	0.45362	1592.6	5.9259
70	0.65998	1619.4	6.1663	0.54827	1617.5	6.0732	0.46846	1615.5	5.9938
80	0.68028	1641.9	6.2312	0.56532	1640.2	6.1385	0.48319	1638.4	6.0596
100	0.72063	1687.3	6.3561	0.59916	1685.8	6.2642	0.51240	1684.3	6.1860
120	0.76073	1733.1	6.4756	0.63276	1731.8	6.3842	0.54135	1730.5	6.3066
140	0.80065	1779.4	6.5906	0.66618	1778.3	6.4996	0.57012	1777.2	6.4223
160	0.84044	1826.4	6.7016	0.69946	1825.4	6.6109	0.59876	1824.4	6.5340
180	0.88012	1874.1	6.8093	0.73263	1873.2	6.7188	0.62728	1872.3	6.6421
200	0.91972	1922.5	6.9138	0.76572	1921.7	6.8235	0.65571	1920.9	6.7470
220	0.95923	1971.6	7.0155	0.79872	1970.9	6.9254	0.68407	1970.2	6.8491

	$p=400\text{kPa}(t_s=-1.89℃)$			$p=500\text{kPa}(t_s=4.13℃)$			$p=600\text{kPa}(t_s=9.28℃)$		
t	v	h	s	v	h	s	v	h	s
℃	m³/kg	kJ/kg	kJ/(kg·K)	m³/kg	kJ/kg	kJ/(kg·K)	m³/kg	kJ/kg	kJ/(kg·K)
10	0.32701	1470.7	5.4663	0.25757	1462.3	5.3340	0.21115	1453.4	5.2205
20	0.34129	1495.6	5.5525	0.26949	1488.3	5.4244	0.22154	1480.8	5.3156
30	0.35520	1519.8	5.6338	0.28103	1513.5	5.5090	0.23152	1507.1	5.4037
40	0.36884	1543.6	5.7111	0.29227	1538.1	5.5889	0.24118	1532.5	5.4862
50	0.38226	1567.1	5.7850	0.30328	1562.3	5.6647	0.25059	1557.3	5.5641
60	0.39550	1590.4	5.7560	0.31410	1586.1	5.7373	0.25981	1581.6	5.6383

	$p=400\text{kPa}(t_s=-1.89℃)$			$p=500\text{kPa}(t_s=4.13℃)$			$p=600\text{kPa}(t_s=9.28℃)$		
t	v	h	s	v	h	s	v	h	s
℃	m³/kg	kJ/kg	kJ/(kg·K)	m³/kg	kJ/kg	kJ/(kg·K)	m³/kg	kJ/kg	kJ/(kg·K)
70	0.40860	1613.6	5.9244	0.32478	1609.6	5.8070	0.26888	1605.7	5.7094
80	0.42160	1636.7	5.9907	0.33535	1633.1	5.8744	0.27783	1629.5	5.7778
100	0.44732	1682.8	6.1179	0.35621	1679.8	6.0031	0.29545	1676.8	5.9081
120	0.47279	1729.2	6.2390	0.37681	1726.6	6.1253	0.31281	1724.0	6.0314
140	0.49808	1776.0	6.3552	0.39722	1773.8	6.2422	0.32997	1771.5	6.1491
160	0.52323	1823.4	6.4671	0.41748	1821.4	6.3548	0.34699	1817.4	6.2623
180	0.54827	1871.4	6.5755	0.43764	1869.6	6.4636	0.36389	1867.8	6.3717
200	0.57321	1920.1	6.6806	0.45771	1918.5	6.5691	0.38071	1916.9	6.4776
220	0.59809	1969.5	6.7828	0.47770	1968.1	6.6717	0.39745	1966.6	6.5806
240	0.62289	2019.6	6.8825	0.49763	2018.3	6.7717	0.41412	2017.1	6.6808
280	0.67234	1211.1	7.0747	0.53731	2121.1	6.9644	0.44729	2120.1	6.8741

	$p=800\text{kPa}(t_s=17.85℃)$			$p=1000\text{kPa}(t_s=17.85℃)$			$p=1200\text{kPa}(t_s=30.94℃)$		
t	v	h	s	v	h	s	v	h	s
℃	m³/kg	kJ/kg	kJ/(kg·K)	m³/kg	kJ/kg	kJ/(kg·K)	m³/kg	kJ/kg	kJ/(kg·K)
20	0.16138	1464.9	5.1328	—	—	—	—	—	—
30	0.16947	1493.5	5.2287	0.13206	1479.1	5.0826	—	—	—
40	0.17720	1520.8	5.3171	0.13868	1508.5	5.1778	0.11287	1495.4	5.0564
50	0.18465	1547.0	3.3996	0.14499	1536.3	5.2654	0.11846	1525.1	5.1497
60	0.19189	1572.5	5.4774	0.15106	1563.1	5.3471	0.12378	1553.3	5.2357
70	0.19896	1597.5	5.5513	0.15695	1589.1	5.4240	0.12890	1580.5	5.3159
80	0.20590	1622.1	5.6219	0.16270	1614.6	5.4971	0.13387	1606.8	5.3916
100	0.21949	1670.6	5.7555	0.17389	1664.3	5.6342	0.14347	1658.0	5.5325
120	0.23280	1718.7	5.8811	0.18477	1713.4	5.7622	0.15275	1708.0	5.6631
140	0.20590	1766.9	6.0006	0.19545	1762.2	5.8834	0.16181	1757.5	5.7860
160	0.25886	1815.3	6.1150	0.20597	1811.2	5.9992	0.17071	1807.1	5.9031
180	0.27170	1864.2	6.2254	0.21638	1860.5	6.1105	0.17950	1856.9	6.0156
200	0.28445	1913.6	6.3322	0.22669	1910.4	6.2182	0.18819	1907.1	6.1241
220	0.29712	1963.7	6.4358	0.23693	1960.8	6.3226	0.19680	1957.9	6.2292
240	0.30973	2014.5	6.5367	0.24710	2011.9	6.4241	0.20534	2009.3	6.3313
280	—	—	—	0.45726	2116.0	6.6194	0.22225	2114.0	6.5278

附录 13　氟利昂 134a 的饱和性质（温度基准）

t	p_s	v''	v'	h''	h'	s''	s'	e''_x	e'_x
℃	kPa	m³/kg×10⁻³		kJ/kg		kJ/(kg·K)		kJ/kg	
−85.00	2.56	5889.997	0.64884	345.37	94.12	1.8702	0.5348	−112.877	34.014
−80.00	3.87	4045.366	0.65501	348.41	99.89	1.8535	0.5668	−104.855	30.243
−75.00	5.72	2816.477	0.66106	351.48	105.68	1.8379	0.5974	−97.131	36.914
−70.00	8.27	2004.070	0.66719	354.57	111.46	1.8239	0.6272	−89.867	23.818
−65.00	11.72	1442.296	0.67327	357.68	117.38	1.8107	0.6562	−82.815	21.091
−60.00	16.29	1055.363	0.67947	360.81	123.37	1.7987	0.6487	−76.104	18.584
−55.00	22.24	785.161	0.68583	363.95	129.42	1.7878	0.7127	−69.740	16.266
−50.00	29.90	593.412	0.69238	367.10	135.54	1.7782	0.7405	−63.706	14.122
−45.00	39.58	454.926	0.69916	370.25	141.72	1.7695	0.7678	−57.971	12.145
−40.00	51.69	353.529	0.70619	373.40	147.96	1.7618	0.7949	−52.521	10.329

t	p_s	v''	v'	h''	h'	s''	s'	e''_x	e'_x
℃	kPa	$m^3/kg \times 10^{-3}$		kJ/kg		kJ/(kg·K)		kJ/kg	
−35.00	66.63	278.087	0.71348	376.54	154.26	1.7549	0.8216	−47.328	8.671
−30.00	84.85	221.302	0.72105	379.67	160.62	1.7488	0.8479	−42.382	7.168
−25.00	106.86	177.937	0.72892	382.79	167.04	1.7434	0.8740	−37.656	5.815
−20.00	133.18	144.450	0.73712	385.89	173.52	1.7387	0.8997	−33.138	4.611
−15.00	164.36	118.481	0.74572	388.97	180.04	1.7346	0.9253	−28.847	3.528
−10.00	201.00	97.832	0.75463	392.01	186.63	1.7309	0.9504	−24.704	2.614
−5.00	243.71	81.304	0.76388	395.01	193.29	1.7276	0.9753	−20.709	1.858
0.00	293.14	68.164	0.77365	397.98	200.00	1.7248	1.0000	−16.915	1.203
5.00	394.96	57.470	0.78384	400.90	206.78	1.7223	1.0244	−13.258	0.701
10.00	414.88	48.721	0.79453	403.76	213.63	1.7201	1.0486	−9.740	0.331
15.00	486.60	41.532	0.80577	406.57	220.55	1.7182	1.0727	−6.363	0.091
20.00	571.88	35.576	0.81762	409.30	227.55	1.7165	1.0965	−3.120	0.018
25.00	665.49	30.603	0.83017	411.96	234.63	1.7149	1.1202	−0.001	0.000
30.00	770.21	26.424	0.84374	414.52	241.80	1.7135	1.1437	2.995	1.148
35.00	886.87	22.899	0.85768	416.99	249.07	1.7121	1.1672	5.868	0.419
40.00	1016.32	19.983	0.87284	419.34	256.44	1.7108	1.1906	8.629	0.828
45.00	1159.45	17.320	0.88919	421.55	263.94	1.7093	1.2139	11.274	1.364
50.00	1317.19	15.112	0.90694	423.62	271.57	1.7078	1.2373	13.795	2.031
55.00	1490.52	13.203	0.92634	425.51	279.36	1.7061	1.2607	16.195	2.834
60.00	1680.47	11.538	0.94775	427.18	287.33	1.7041	1.2842	18.471	3.780
70.00	2114.81	8.788	0.99902	429.70	303.94	1.6986	1.3321	22.609	6.119
80.00	2630.48	6.601	1.06869	430.53	321.92	1.6898	1.3822	26.073	9.158
90.00	3240.89	4.751	1.18024	427.99	342.54	1.6732	1.4379	28.483	13.189
100.00	3969.25	2.779	1.53410	412.19	375.04	1.6230	1.5234	27.656	20.192
101.00	4051.31	2.382	1.98610	404.50	392.88	1.6018	1.5707	26.276	23.917
101.15	4064.00	1.969	1.96850	393.07	393.07	1.5712	1.5712	23.976	23.976

附录 14 氟利昂 134a 的饱和性质（压力基准）

p_s	t	v''	v'	h''	h'	s''	s'	e''_x	e'_x
kPa	℃	$m^3/kg \times 10^{-3}$		kJ/kg		kJ/(kg·K)		kJ/kg	
10.00	−67.32	1676.284	0.67044	356.24	114.63	1.8166	0.6428	−86.039	22.331
20.00	−56.74	868.908	0.68353	362.86	127.30	1.7195	0.7030	−71.922	17.053
30.00	−49.94	591.338	0.69247	367.14	135.62	1.7780	0.7408	−63.631	14.095
40.00	−44.81	450.539	0.69942	370.37	141.95	1.7692	0.7688	−57.762	12.074
50.00	−40.64	364.782	0.70527	373.00	147.16	1.7627	0.7914	−53.199	10.553
60.00	−37.08	306.836	0.71041	375.24	151.64	1.7577	0.8105	−49.457	9.342
80.00	−31.52	234.033	0.71913	378.90	159.04	1.7503	0.8414	−43.593	7.528
100.00	−26.45	189.737	0.72667	381.89	165.50	1.7451	0.8665	−39.050	6.157
120.00	−22.37	159.324	0.73319	384.42	170.43	1.7409	0.8875	−35.262	5.165
140.00	−18.82	137.932	0.73920	386.63	175.04	1.7378	0.9059	−32.146	4.306
160.00	−15.64	121.490	0.74461	388.58	179.20	1.7351	0.9220	−29.390	3.654
180.00	−12.79	108.637	0.74955	390.31	182.95	1.7328	0.9364	−26.969	3.130
200.00	−10.14	98.326	0.75438	391.93	186.45	1.7310	0.9497	−24.813	2.636
250.00	−4.35	79.485	0.76517	395.41	194.16	1.7273	0.9786	−20.221	1.750

p_s	t	v''	v'	h''	h'	s''	s'	e_x''	e_x'
kPa	℃	$m^3/kg \times 10^{-3}$		kJ/kg		kJ/(kg·K)		kJ/kg	
300.00	0.63	66.694	0.77492	398.36	200.85	1.7245	1.0031	−16.447	1.132
350.00	5.00	57.477	0.78383	400.90	206.77	1.7223	1.0244	−13.260	0.701
400.00	8.93	50.444	0.79220	403.16	212.16	1.7206	1.0435	−10.478	0.399
450.00	12.44	45.016	0.79992	405.14	217.00	1.7191	1.0604	−8.064	0.205
500.00	15.72	40.612	0.80744	406.96	221.55	1.7180	1.0761	−5.892	0.006
550.00	18.75	36.955	0.81464	408.62	225.79	1.7169	1.0906	−3.914	−0.003
600.00	21.55	33.870	0.82129	410.11	229.74	1.7158	1.1038	−2.104	0.006
650.00	24.21	31.327	0.82813	411.54	233.50	1.7152	1.1164	−0.483	−0.012
700.00	26.72	29.081	0.83465	412.85	237.09	1.7144	1.1283	1.045	0.038
800.00	31.32	25.428	0.84714	415.18	243.71	1.7131	1.1500	3.771	0.208
900.00	35.50	22.569	0.85911	417.22	249.80	1.7120	1.1695	6.154	0.459
1000.00	39.39	20.228	0.87091	419.05	255.53	1.7109	1.1877	8.303	0.773
1200.00	46.31	16.708	0.89371	422.11	265.93	1.7089	1.2201	11.948	1.526
1400.00	52.48	14.130	0.91633	424.58	275.42	1.7069	1.2489	15.002	2.416
1600.00	57.94	12.198	0.93864	426.52	284.01	1.7049	1.2745	17.547	3.371
2000.00	67.56	9.398	0.98526	429.21	299.80	1.7002	1.3203	21.656	5.490
2400.00	75.72	7.482	1.03576	430.45	314.01	1.6941	1.3604	24.689	7.761
2800.00	82.93	6.036	1.09510	430.28	327.59	1.6861	1.3977	26.919	10.214
3000.00	56.25	5.421	1.13032	429.55	334.34	1.6809	1.4159	27.752	11.525
3200.00	89.39	4.860	1.17107	428.32	341.14	1.6746	1.4342	28.381	12.900
3400.00	92.33	4.340	1.21992	426.45	348.12	1.6670	1.4527	28.784	14.357
4064.00	101.15	1.969	1.96850	393.07	393.07	1.5712	1.5712	23.976	23.976

附录 15   过热氟利昂 134a 蒸气的热力性质

	$p=0.05MPa$ ($t_s=-40.64℃$)			$p=0.10MPa$ ($t_s=-26.45℃$)			$p=0.15MPa$ ($t_s=-17020℃$)		
t	v	h	s	v	h	s	v	h	s
℃	m^3/kg	kJ/kg	kJ/(kg·K)	m^3/kg	kJ/kg	kJ/(kg·K)	m^3/kg	kJ/kg	kJ/(kg·K)
−20.0	0.40477	388.69	1.8282	0.19379	383.10	1.7510			
−10.0	0.42195	396.49	1.8584	0.20742	395.08	1.7975	0.13584	393.63	1.7607
0.0	0.43898	404.43	1.8880	0.21633	403.20	1.8282	0.14203	401.93	1.7916
10.0	0.45586	412.53	1.9171	0.22508	411.44	1.8578	0.14813	410.32	1.8218
20.0	0.47273	420.79	1.9458	0.23379	419.81	1.8868	0.15410	418.81	1.8512
30.0	0.48945	429.21	1.9740	0.24242	428.32	1.9154	0.16002	427.42	1.8801
40.0	0.50617	437.79	2.0019	0.25094	436.98	1.9435	0.16586	436.17	1.9085
50.0	0.52281	446.53	2.0294	0.25945	445.79	1.9712	0.17168	445.05	1.9365
60.0	0.53945	455.43	2.0565	0.26793	454.76	1.9985	0.17742	454.08	1.9640
70.0	0.55602	464.50	2.0833	0.27637	463.88	2.0955	0.18313	463.25	1.9911
80.0	0.57258	473.73	2.1098	0.28477	473.15	2.0521	0.18883	472.57	2.0179
90.0	0.58906	483.12	2.1360	0.29313	482.58	2.0784	0.19449	482.04	2.0443
100.0	—						0.20016	491.66	2.0704

	$p=0.20MPa$ ($t_s=-10.14℃$)			$p=0.3MPa$ ($t_s=-0.63℃$)			$p=0.4MPa$ ($t_s=8.93℃$)		
t	v	h	s	v	h	s	v	h	s
℃	m^3/kg	kJ/kg	kJ/(kg·K)	m^3/kg	kJ/kg	kJ/(kg·K)	m^3/kg	kJ/kg	kJ/(kg·K)
−10.0	0.09998	392.14	1.7329	—			—		
0.0	0.10486	400.63	1.7646	—			—		
10.0	0.10961	409.17	1.7953	0.07103	406.81	1.7560	—		

	$p=0.20\text{MPa}\ (t_s=-10.14℃)$			$p=0.3\text{MPa}(t_s=-0.63℃)$			$p=0.4\text{MPa}(t_s=8.93℃)$		
t	v	h	s	v	h	s	v	h	s
℃	m^3/kg	kJ/kg	$kJ/(kg\cdot K)$	m^3/kg	kJ/kg	$kJ/(kg\cdot K)$	m^3/kg	kJ/kg	$kJ/(kg\cdot K)$
20.0	0.11426	417.79	1.8252	0.07434	415.70	1.7868	0.05433	413.51	1.7578
30.0	0.11881	426.51	1.8545	0.07756	424.64	1.8168	0.05689	422.70	1.7886
40.0	0.12332	435.34	1.8831	0.08072	433.66	1.8461	0.05939	431.92	1.8185
50.0	0.12775	444.30	1.9113	0.08381	442.77	1.8747	0.06183	441.20	1.8477
60.0	0.13215	453.39	1.9390	0.08688	451.99	1.9028	0.06420	450.56	1.8762
70.0	0.13652	462.62	1.9663	0.08989	461.33	1.9305	0.06655	460.02	1.9042
80.0	0.14086	471.98	1.9932	0.09288	470.80	1.9576	0.06886	469.59	1.9316
90.0	0.14516	481.50	2.0197	0.09583	480.40	1.9844	0.07114	479.28	1.9587
100.0	0.14945	491.15	2.0460	0.09875	190.13	2.0109	0.07341	489.09	1.9854
110.0	—	—	—	0.10168	500.00	2.0370	0.07564	499.03	2.0117
120.0	—	—	—	—	—	—	0.07786	509.11	2.0376
130.0	—	—	—	—	—	—	0.08006	519.31	2.0632

	$p=0.50\text{MPa}\ (t_s=15.72℃)$			$p=0.72\text{MPa}(t_s=26.72℃)$			$p=0.90\text{MPa}(t_s=35.50℃)$		
t	v	h	s	v	h	s	v	h	s
℃	m^3/kg	kJ/kg	$kJ/(kg\cdot K)$	m^3/kg	kJ/kg	$kJ/(kg\cdot K)$	m^3/kg	kJ/kg	$kJ/(kg\cdot K)$
20.0	0.04227	411.22	1.7336	—	—	—	—	—	—
30.0	0.04445	420.68	1.7653	0.03013	416.37	1.7207	—	—	—
40.0	0.04656	430.12	1.7960	0.03183	426.32	1.7593	0.02355	422.19	1.7287
50.0	0.04860	439.58	1.8257	0.03344	436.19	1.7904	0.02494	432.57	1.7613
60.0	0.05059	449.09	1.8547	0.03498	446.04	1.8204	0.02626	442.81	1.7925
70.0	0.05253	458.68	1.8830	0.03648	455.91	1.8496	0.02752	453.00	1.8227
80.0	0.05444	468.36	1.9108	0.03794	465.82	1.8780	0.02874	463.19	1.8519
90.0	0.05632	478.14	1.9832	0.03936	475.81	1.9059	0.02992	473.40	1.8804
100.0	0.05817	488.04	1.9651	0.04076	486.89	1.9333	0.03106	483.67	1.9083
110.0	0.06000	498.05	1.9915	0.04213	496.06	1.9602	0.03219	494.01	1.9375
120.0	0.06183	508.19	2.0177	0.04348	506.33	1.9867	0.03329	504.43	1.9625
130.0	0.06363	518.46	2.0435	0.04483	516.72	2.0128	0.03438	514.95	1.9889
140.0	—	—	—	0.04615	527.23	2.0385	0.03544	525.57	2.0150

	$p=1.0\text{MPa}\ (t_s=39.39℃)$			$p=1.2\text{MPa}(t_s=46.31℃)$			$p=1.4\text{MPa}(t_s=52.48℃)$		
t	v	h	s	v	h	s	v	h	s
℃	m^3/kg	kJ/kg	$kJ/(kg\cdot K)$	m^3/kg	kJ/kg	$kJ/(kg\cdot K)$	m^3/kg	kJ/kg	$kJ/(kg\cdot K)$
40.0	0.02061	419.97	1.7145	—	—	—	—	—	—
50.0	0.02194	430.64	1.7481	0.01739	426.53	1.7233	—	—	—
60.0	0.02319	441.12	1.7800	0.01854	437.55	1.7569	0.01516	433.66	1.7351
70.0	0.02437	451.49	1.8107	0.01962	448.33	1.7888	0.01618	444.96	1.7685
80.0	0.02551	461.82	1.8404	0.02064	458.99	1.8914	0.01713	456.01	1.8003
90.0	0.02660	472.16	1.8692	0.02161	469.60	1.8490	0.01802	466.92	1.8308
100.0	0.02766	482.53	1.8974	0.02255	480.19	1.8778	0.01888	477.77	1.8602
110.0	0.02870	492.96	1.9250	0.02346	490.81	1.9059	0.01970	488.60	1.8889
120.0	0.02971	503.46	1.9520	0.02434	501.48	1.9334	0.02050	499.45	1.9168
130.0	0.03071	514.05	1.9787	0.02521	512.21	1.9603	0.02127	510.34	1.9442
140.0	0.03169	524.73	2.0048	0.02606	523.02	1.9868	0.02202	521.28	1.9710
150.0	0.03265	535.52	2.0306	0.02689	533.92	2.0129	0.02276	532.30	1.9773

注：此表引自朱明善等著．绿色环保制冷剂．北京：科学出版社，1995。

附录16 水蒸气焓-熵（h-s）图

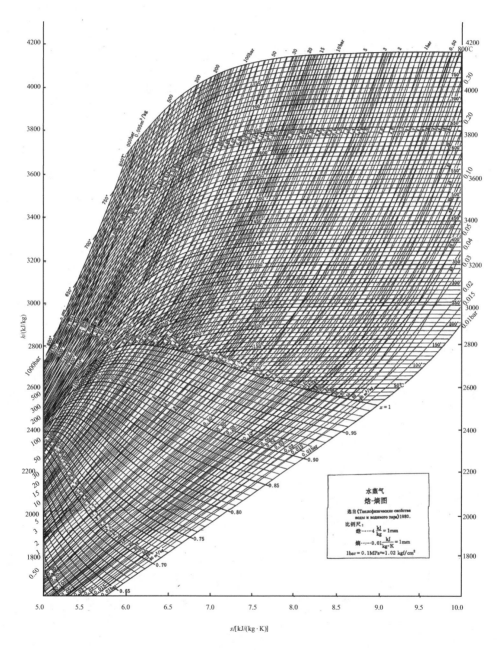

附图1 水蒸气焓-熵（h-s）图

参考文献
REFERENCE

[1] 沈维道，童钧耕．工程热力学［M］．4版．北京：高等教育出版社，2007.

[2] 严家騄．工程热力学［M］．4版．北京：高等教育出版社，2006.

[3] 王补宣．工程传热质学：上册［M］．北京：科技出版社，1982.

[4] 王补宣．工程传热质学：下册［M］．北京：科技出版社，1998.

[5] 杨世铭，陶文铨．传热学［M］．4版．北京：高等教育出版社，2006.

[6] 何燕，张晓光，孟祥文，传热学［M］．北京：化学工业出版社，2015.

[7] 张学学．热工基础［M］．3版．北京：高等教育出版社，2015.

[8] 王修彦，张晓东．热工基础［M］．2版．北京：中国电力出版社，2013.

[9] 童钧耕，赵镇南．热工基础［M］．北京：高等教育出版社，2009.

[10] 童钧耕，王平阳，叶强．热工基础［M］．3版．上海：上海交通大学出版社，2016.

[11] 傅秦生．热工基础与应用［M］．3版．北京：机械工业出版社，2007.

[12] CENGEL，YUNUSA. Thermodynamics：an engineering approach［M］.7th ed. New York：McGraw-Hill，2016.